湖北省烟草科学研究院
中国烟草白肋烟试验站

湖北省植烟土壤中微量元素丰缺诊断及施用

主编 ◎ 孙敬国　陈振国　孙光伟

华中科技大学出版社
http://www.hustp.com
中国·武汉

图书在版编目(CIP)数据

湖北省植烟土壤中微量元素丰缺诊断及施用/孙敬国,陈振国,孙光伟主编.—武汉:华中科技大学出版社,2022.6
　　ISBN 978-7-5680-8193-1

　　Ⅰ.①湖…　Ⅱ.①孙…　②陈…　③孙…　Ⅲ.①烟草-耕作土壤-土壤肥力-测定-湖北　②烟草-耕作土壤-合理施肥-湖北　Ⅳ.①S572.06

　　　　　　　中国版本图书馆 CIP 数据核字(2022)第 104192 号

湖北省植烟土壤中微量元素丰缺诊断及施用　　　　孙敬国　陈振国　孙光伟　主编
Hubei Sheng Zhi-Yan Turang Zhong-Weiliang Yuansu Feng-Que Zhenduan ji Shiyong

策划编辑:曾　光
责任编辑:刘　静
封面设计:孢　子
责任监印:徐　露
出版发行:华中科技大学出版社(中国·武汉)　　电话:(027)81321913
　　　　　武汉市东湖新技术开发区华工科技园　　邮编:430223
录　　排:华中科技大学惠友文印中心
印　　刷:武汉邮科印务有限公司
开　　本:787mm×1092mm　1/16
印　　张:16.25
字　　数:401 千字
版　　次:2022 年 6 月第 1 版第 1 次印刷
定　　价:80.00 元

《湖北省植烟土壤中微量元素丰缺诊断及施用》

编 委 会

序

　　近 100 年来,氮磷钾肥的施用量急剧增加,而随作物带走的中微量元素养分却没有得到系统补给。据统计,全世界缺乏中微量元素土壤面积达 25 亿公顷,中国中低产田面积占总耕地面积的 70% 以上,其中大部分缺乏中微量元素。烟草是我国重要的经济作物,湖北省主要烟区均存在不同程度的中微量元素缺乏问题,其中以镁、钙、硫、硼、锌和钼的缺乏问题较为突出。这些中微量元素不仅在烤烟生长、发育及营养代谢方面起着重要的作用,而且深刻地影响着烟叶的产量和品质。施用中微量元素肥料是提高烤烟产量和品质的重要措施,然而,在实际生产中,还缺乏指导烤烟合理施用中微量元素肥料的土壤丰缺指标和营养诊断指标,影响了肥料的施用效果。

　　在"高香气施肥及配套栽培技术研究与应用"等项目的支持下,湖北省烟草科学研究院科研人员详细调查了湖北省植烟土壤类型及养分特征,系统研究了中微量元素镁、钙、硫、硼、锌和钼在烤烟中的生理功能及对产量和品质的影响,建立了湖北省烤烟土壤及植株中微量元素丰缺诊断指标体系并提出了矫正施肥方法。本书正是汇集湖北省烟草科学研究院研究人员多年来在植烟土壤、烟草中微量元素营养与施肥方面的研究成果编写而成的,凝聚着湖北省烟草科学研究院科研人员的智慧和心血,以期为湖北省烟草肥料的合理施用尤其是中微量元素肥料的合理施用提供技术与理论支撑。

　　本书共十一章,其中第一至四章主要讲述了湖北省烤烟的种植区域规划、气候特征、品质特性;第五章介绍了湖北省植烟土壤类型及养分特征,明确了中微量元素镁、钙、硫、硼、锌和钼是湖北省植烟土壤中的主要养分障碍因子;第六至十一章逐一阐述了湖北植烟土壤中微量元素镁、钙、硫、锌、硼和钼丰缺特征、生理功能、土壤及植株诊断指标、施肥方法及调控措施。

　　本书内容丰富,数据翔实,并配有案例、图表等资料,附上了烤烟镁肥施用技术规程、烤烟锌肥施用技术规程、烤烟硼肥施用技术规程等,对土壤、肥料、植物营养与施肥、作物、生态尤其是烟草栽培等学科领域的科技工作者具有较高的参考价值。可以预见,该书的出版将对湖北省烤烟乃至全国烟草中微量元素肥料的合理施用产生推动作用。

国产雪茄烟叶开发与应用重大专项首席专家
烟草行业烟叶栽培与调制学科带头人
国家烟草专卖局、中国烟草总公司第十届科技委委员
湖北省烟草科学研究院党支部书记、院长
2022 年 5 月

目　录

第一章　湖北省植烟区域概况

湖北省地处长江中下游,南北纬度和东西经度差异大,地貌类型、成土母质、气候条件复杂多样,具有发展优质烟叶生产得天独厚的生态环境。目前,湖北省烟叶产区主要分布在鄂西的恩施、宜昌、襄阳、十堰等4个市(州),该种植区域具有优质烟叶生长的生态环境条件,是烟草生长的生态最适宜区或适宜区。

第一节　湖北省植烟区域地理概况

湖北省位于我国中部,地跨东经108°21′42″~116°07′50″,北纬29°01′53″~33°06′47″。东邻安徽省,南界江西省、湖南省,西连重庆市,西北与陕西省接壤,北与河南省毗邻。东西长约740 km,南北宽约470 km。全省总面积18.59万平方千米,占全国总面积的1.94%。

湖北省处于中国地势第二级阶梯向第三级阶梯的过渡地带,地貌类型是山地、丘陵、岗地和平原兼备。在全省总面积中,山地占56%,丘陵占24%,平原湖区占20%。湖北省地势大致为东、西、北三面环山,中间低平,略呈向南敞开的不完整盆地。

湖北省鄂西地区多为山地,大致分为西北和西南大块。西北山地为秦岭东延部分和大巴山的东段。秦岭东延部分称武当山脉,呈西北—东南走向,岭脊海拔一般在1000 m以上,最高处为武当山天柱峰,海拔1621.1 m;大巴山东段由神农架、荆山、巫山组成,神农架最高峰为神农顶,海拔3106.2 m;荆山呈北西—南东走向,其地势向南趋降为海拔为250~500 m的丘陵地带;巫山地质条件复杂,一般相对高度为700~1500 m,局部达2000多米。西南山地为云贵高原的东北延伸部分,主要有大娄山和武陵山,呈东北—西南走向,一般海拔高度为700~1000 m,最高处狮子垴海拔2152 m。

湖北省烟叶种植区多属于丘陵山区,包括海拔在800 m以下的低山区、海拔为800~1200 m的中山区(或称半高山区、二高山区)和海拔在1200 m以上的高山区。湖北省烟田种植区域主要分布在海拔为800~1200 m的二高山地区及海拔在1200 m以上的高山地区。湖北省烟区除襄阳市的襄阳区和老河口市属于鄂北岗地以外,其他种植区域均为山区,海拔为600~1800 m,其中80%的植烟区海拔为800~1300 m,烟叶种植区域地势大多在坡度小于15°的旱地。

第二节 湖北省烟草种植概况

湖北省烟叶产区是我国重要的烟叶产区之一,所产烤烟烟叶是醇甜香型烟叶,是醇甜香型烟叶的典型代表区域。从行政区划的角度划分,湖北省的植烟区域分为四个:鄂西南恩施烟区(恩施、利川、建始、巴东、宣恩、鹤峰、来凤、咸丰等 8 个植烟县(市))、鄂西南宜昌烟区(包括五峰、秭归、长阳、兴山等 4 个植烟县(市))、鄂北襄阳烟区(包括保康、南漳、襄阳、枣阳等 4 个植烟县(市))、鄂西北十堰烟区(包括房县、竹溪、竹山、郧西、丹江口等 5 个植烟县(市))。

湖北省植烟区域总体属烟叶生长的生态适宜区,具有优质烟叶生长的生态环境条件,烟叶质量具有可选择性强、适配面宽、配伍性强等特点。湖北省省内烟叶类型齐全,烤烟、白肋烟、香料烟、地方晾晒烟均有种植。其中烤烟面积占比最大,生产历史较长。20 世纪 70 年代以来,鄂西烤烟生产有了较大的发展,目前已发展成为我国烤烟的主产区之一;20 世纪 60 年代以来,鄂西部分地区引种白肋烟成功,烟叶质量较好,已经发展成为我国白肋烟主要产地;十堰市郧西县则是我国目前三大香料烟生产基地之一;宜昌市五峰县还有少量马里兰烟生产。

近年来,国内雪茄烟市场呈现爆发式增长,在中国烟草总公司总体规划及大力支持下,湖北省雪茄烟叶保持较高的发展速度,种植面积从几十亩(15 亩=10 000 平方米)增长至近 4000 亩,并与数个工业企业拟定了收购计划。2019 年,湖北省烟草科学研究院主持发布了《国产雪茄烟叶开发与应用重大专项方案》。该方案明确提出了总体目标是用 5 年左右时间,初步突破国产雪茄烟叶开发与应用关键技术瓶颈,打通国产雪茄烟叶开发和应用的产业链,实现对进口原料的部分替代。

烤烟是湖北省烟叶生产主要类型,湖北省所生产烤烟烟叶颜色金黄—深黄,化学成分协调,钾氯比值较高,糖含量也较高,烟叶香气质较好,配伍性和耐加工性较好,是卷烟主料烟叶之一,部分烟区生产的烟叶也常作为辅料烟或优质填充料烟叶使用。

第三节 湖北省植烟区域气候概况

湖北省属于典型的亚热带湿润季风气候,热量丰富,无霜期长,降水充沛,雨热同期。其中鄂西地区,区域气候特色明显,全年雨热同期,冬暖春早、冬干夏雨,秋季多阴雨、降温早。

湖北省烟叶种植区域分布在海拔 500~1500 m 地区,热量资源较为丰富,平均气温为 11~18 ℃,10 ℃ 初日至 20 ℃ 终日在 180 d 以上,≥10 ℃ 的年积温在 5000 ℃ 左右,但不同地区之间,积温差异大,其中以三峡河谷积温最高,达 5500 ℃。湖北省自北向南降水量为 800~1600 mm,其中 70% 的降水量集中在 3~8 月。湖北省四季降水变率大于年降水变率,其中雨量最多的是夏季,降水季变率最小,地区差异也小;雨量最少的是冬季,降水季变率和地区差异均最大。湖北省烟区太阳辐射能和日照时数受地形、云雨的共同影响,太阳能年总辐射量为 3100~4700 MJ/m²,其中鄂西南是湖北省太阳能资源的低值区,而鄂西北是湖北省太阳能资源的高值区之一。

湖北省烟叶种植区域立体气候明显,海拔每升高 100 m,年均气温下降约 0.6 ℃,≥10

℃的年活动积温减少 150～190 ℃,无霜期缩短 3～4 d,降水量增加约 35 mm,季节也随海拔高度变化而异。

优质烟叶生产对气候条件有严格要求,烟叶生产不同生育期对气温、降雨等气候条件均有不同的要求,具体分析如下。

气温条件:烟株还苗期与伸根期要求气温为 18～28 ℃,旺长期要求气温为 20～28 ℃,成熟期要求气温为 20～25 ℃,这样有利于优质烟叶的生产。据统计,还苗期湖北省鄂西各植烟区温度低于最优值,仅宜昌市烟叶产区达到要求,但是气温的变异系数较大;旺长期和成熟期 4 个主产区(恩施、宜昌、襄阳、十堰)日均温都满足优质烟区大田生产的温度。

降雨条件:还苗期至伸根期降雨量要求为 80～100 mm,旺长期降雨量要求为 100～200 mm,成熟期降雨量要求为 80～100 mm。从总的生育期来看,鄂西南地区的降雨量要高于鄂西北地区,特别是在伸根期;鄂西北十堰市、襄阳市烟区旺长期降水偏少,部分烟区有一定的干旱而影响上部叶的生长发育。总体来看,鄂西烟区雨量充沛,基本符合烟叶生长发育的需水量。

热量条件:烟草生长需要充足而不强烈的日照提供足够的热量,优质烟叶一般要求无霜期为 120 d,大田≥10 ℃积温在 2600 ℃以上,日照时数在 500～600 h 以上。鄂西烟区具有无霜期长、≥10 ℃积温高、大田期日照时数长的特点。无霜期和≥10 ℃积温均是鄂西南地区较鄂西北地区要大,各产区大田期的日照条件均能满足优质烟草种植需求,日照率在 40%以上,仅恩施州地区大田期日照时数较少,特别是在 5 月中旬和 7 月中旬。

第四节　湖北省烟叶概况

20 世纪 50 年代,朱尊权等老一辈科学家将全国烤烟划分为浓、中、清三大香型。随着我国经济社会高速发展,在行业"大市场、大企业、大品牌"战略推进的背景下,中式卷烟品类构建对烟叶原料风格多样化提出更高需求,工业企业对烟叶原料的利用由粗放向精细化转变。

2017 年,郑州烟草研究院联合行业十多家工业企业、中国农科院资划所等,在继承传统三大香型的基础上,构建了全国烤烟烟叶香型风格区划体系,将全国烤烟烟叶划分为西南高原生态区-清甜香型、黔桂山地生态区-蜜甜香型、武陵秦巴生态区-醇甜香型、黄淮平原生态区-焦甜焦香型、南岭丘陵生态区-焦甜醇甜香型、武夷丘陵生态区-清甜蜜甜香型、沂蒙丘陵生态区-蜜甜焦香型、东北平原生态区-木香蜜甜香型等八大香型。湖北烟区属武陵秦巴生态区,烟叶香型风格以干草香、醇甜香为主体,辅以蜜甜香、木香、青香、焦香、辛香、酸香、烘焙香、焦甜香等,其特征就是醇甜香突出。

一、烟叶外观质量

湖北省烤烟烟叶烘烤调制后,颜色橘黄至浅橘黄色,成熟度较高,叶片结构疏松,身份适中,有油分,色度强至中。湖北省烤烟烟叶外观质量如表 1-1 所示。

表 1-1　湖北省烤烟烟叶外观质量　　　　　　　　　　　　　　单位:分

部位	颜色	成熟度	叶片结构	身份	油分	色度	综合得分
上	7.8	8.0	6.2	7.1	6.5	6.3	41.9

续表

部位	颜色	成熟度	叶片结构	身份	油分	色度	综合得分
中	8.2	8.5	8.4	8.0	6.6	5.3	45.0
下	8.0	8.2	8.4	5.7	5.5	5.8	41.5
平均	8.0	8.2	7.7	6.9	6.2	5.8	42.8

注：数据来源于湖北省烟草产品质量监督检测站。

二、烟叶化学成分

湖北省烤烟烟叶综合质量得分为 71.7 分，化学指标协调性得到改善，烟叶配伍性强。烟叶烟碱、钾、氯含量以及钾氯比、氮碱比均比较适宜，总氮含量略偏低，还原糖、总糖含量以及糖碱比较高。湖北省烤烟烟叶化学成分如表 1-2 所示。

表 1-2　湖北省烤烟烟叶化学成分

部位	烟碱 /(%)	还原糖 /(%)	总糖 /(%)	氯 /(%)	钾 /(%)	总氮 /(%)	糖碱比	氮碱比	钾氯比	两糖比	综合得分 /分
上	3.44	23.8	27.54	0.45	1.76	2.11	8.31	0.62	5.93	0.85	75.1
中	2.51	26.9	31.15	0.33	2.16	1.76	13.07	0.72	9.92	0.84	71.2
下	1.86	27.5	30.96	0.35	2.51	1.64	17.56	0.91	11.18	0.86	68.8
平均	2.60	26.10	29.88	0.37	2.15	1.84	12.98	0.75	9.01	0.85	71.7

注：数据来源于湖北省烟草产品质量监督检测站。

三、烟叶感官质量

湖北省烟叶感官质量较好，综合得分为 83.8 分。烤烟烟叶香气质中等或较好，香气量尚充足或较足，杂气较轻或有，刺激性微有或有，余味尚舒适或舒适，燃烧性强，灰色白，浓度、劲头适中，可用性中等或较好。全省中部叶香气质纯正，香气量较足，有一定的满足感，杂气较轻，烟气指标协调，评吸质量得到改善。湖北省烤烟烟叶感官质量如表 1-3 所示。

表 1-3　湖北省烤烟烟叶感官质量　　　　　　　　　　　　　　　　单位：分

部位	香气质(18)	香气量(16)	杂气 (16)	刺激性(20)	余味 (22)	燃烧性(4)	灰色(4)	合计 (100)
上	14.8	13.4	12.9	17.1	17.2	4.0	4.0	83.4
中	15.3	13.5	13.4	17.5	17.7	4.0	4.0	85.4
下	14.4	12.9	13.0	17.2	17.2	4.0	4.0	82.7
平均	14.8	13.3	13.1	17.3	17.4	4.0	4.0	83.8

注：数据来源于湖北省烟草产品质量监督检测站，括号内数字代表该项指标的满分值。

参考文献

[1]　陈益银.海拔等因素对鄂西南烟叶发育及品质影响的研究[D].郑州：河南农业大

学,2008.

[2]　梁荣.湖北烟区生态因素分析[J].安徽农业科学,2008,36(5):1902-1904.

[3]　李华.湖北巴东烟草业与烟文化探略[D].武汉:中南民族大学,2008.

[4]　钟华.湖北省不同生态型烟区烟草优化灌溉制度研究[D].南京:河海大学,2006.

第二章 湖北省烟草种植区域区划特征

我国是最大的烟草生产国,烟草产量占世界总量的44%,烟草相关产业在我国国民经济中占重要地位。烟草种植对环境条件有着广泛的适应性,在我国从东经75°左右到东经134°,从北纬18°到北纬50°,即东起黑龙江省抚远市,西至新疆维吾尔自治区的莎车县,南起海南省三亚市,北至黑龙江的爱辉区,共26个省(区)的1741个县(市)都曾有过烟草种植历史。烟草按调制分类主要分为烤烟和晾晒烟。目前,烤烟主产区在云南、贵州、河南、福建、湖南、山东、重庆、湖北、陕西等省(市),晾晒烟主要集中在四川、广东、贵州、湖北等产区。近年来,各地亦有所调整。湖北省烟草种植种类比较齐全,包括烤烟、雪茄烟、白肋烟、马里兰烟、晒烟、香料烟等。烟草种植区划是根据对烟草的产量、种类和品质形成有决定意义的区划指标,遵循气候灾害、自然生态环境条件等,采用一定的区划方法,将某一区域划分为农业气候、生态环境条件具有明显差异的不同等级的区域单元。

第一节 烟草种植区划

烟草种植受多种因素,包括种植区域的海拔、土壤的类型和性质以及生态环境的多种因子,尤其是气象因子的影响及制约。据相关统计,我国每年因风灾、雹灾、旱灾、洪涝和病虫害等灾害对烟叶生产造成的平均产量损失在10%~15%范围内波动。因此,通过对烟草种植进行风险评估来进行烟草种植区划,能有效促进烟草种植的合理分布,提高烟草质量和产出水平,实现烟草区域化生产,有依据、有计划地发展优质烟叶,保持烟草行业的良性发展。

一、烟草种植区划主要影响因素

烟草的适应性较广,但在不同的自然条件和栽培方式的影响下,植株的生长发育、烟叶的产量和品质有明显的差异。不同的烟草类型和品种,对自然条件的要求有所不同。总体来说,温暖、多光照的气候和排水良好的土壤,是优质烟草生长的气候、生态条件。

烟草科研工作者针对烟草生态适宜性进行了大量研究,研究结果认为,影响烟草种植的因素包括以下几个方面:①气候条件,如气温、降雨量、光照时长、无霜期、≥10 ℃有效积温、气温≥20 ℃持续日数等,在烟草种植的不同时期,对这些气象条件的要求也不尽相同;②土壤条件,如土壤的类型、质地、结构性、pH 值、有机质、肥力条件和0~60 cm 土壤含氯量等;③地形条件,包括地貌类型、坡度、坡向、海拔高度等;④栽培方式;⑤社会经济状况,如耕种面积、烟草生产成本、烟农主要收入状况及来源等。总结各类相关研究可知,种植区的土壤、气象和地形对香烟的产量和品质有较大的影响,气象条件产生决定性的影响。

二、烟草种植区划方法

烟草种植区划是为了合理利用自然资源,发挥地区烟草生产优势,达到合理布局的目的,实现烟草生产区域化、专业化。过去的烟草种植区划主要利用气候、地貌、土壤等生态因子作为区域因子,区划指标多采用等级划分方法,适用于气候资源差异明显的地区。近年来,一些学者用气象灾害指标进行烟草种植区划,利用气象灾害因子年次概率作为区划指标,效果理想。因此,更精细、更具指导性的区划需要综合考虑气候因素、生态环境因素、社会经济因素以及气象灾害来进行,尝试从充分利用环境、气候资源和回避气象灾害风险这两个方面,达到趋利避害的目的,为烟草生产合理布局及防范风险提供科学支撑。

(一)区划指标

区划指标的选择是进行种植区划需要解决的首要问题。指标要素的选取建立在对烟草产区基本资料的统计与分析的基础之上。通过收集、整理烟草品质及烟草种植区域土壤、气象、地形等生态环境条件和社会经济状况,建立数据库,按照稳定性、主导性、可量化性和可获取性这四个原则选择对烟草产量、品质形成有决定意义的影响因子作为区划指标,充分表征区域内的烟草生产特征。

在实际研究中,可以通过长期农业实践和经验直接选取合适的区划指标,也可以通过统计与分析,利用气候、生态环境资料与烟草产量、面积、灾情等数据,运用统计学、生物学等方法,结合田间试验确定烟草生长发育的关键条件作为区划指标。前者不需要大量数据资料的支撑,以定性研究为主,易于操作,常见的方法有问卷调查法、实验法、专家打分法等,采用专家打分法时专家的经验对区划的结果影响较大;后者对数据的依赖性大,以定量研究为主,精度高,划分结果客观。

综合大量学者的研究发现,区划指标选择大致可以分为三类:一是选取主导因子,将区划指标划分为一级、二级、三级等不同的级别,进行筛网式的选择,如我国第二次全国性的烟草种植区划的方法;二是采用综合因子指标法,即首先找出与气候资源地域分布差异有密切关系的多个因子,经过综合分析后,确定分区的综合指标,再进行区域划分;三是将主导因子与辅助因子相结合,即以主导因子来分大的区域,然后以辅助因子来划分亚带,这种划分方法也是将区域划分为不同的级别,但各个级别的区划指标不一样,下一级从属于上一级。

(二)区划原则

通过研究确定了烟草种植区划指标后,按照相似原理,采用合理的方法,划分出各个相同或不同的烟草种植区域单元。在区划过程中,要遵循三条区划原则;第一就是烟草类型、烟叶质量特点要具有相似性;第二就是烟草在种植过程中存在的风险及关键问题具有一致性;第三就是烟草种植区域的气候条件和自然生态环境具有共同性。

(三)区划思路

根据不同的烟草种植区域,依据区划指标及区划原则,具体区划思路主要有:
一是逐步分区法。这种分级方法对应的往往是指标的分级,即对应上面的主导因子与辅助因子相结合的区划方法,即首先根据一级区划指标划出一个大的烟草种植带,然后在每个农业气候带内根据次级区划指标分出若干个亚种植带。

二是集优。集优法又称重叠法,对应上面的综合因子指标法,各区划因子同等重要,无主次之分,分别将这些指标的情况绘制在一张图上,然后根据各个地区所占指标的数目,划分出不同适宜程度的农业气候区。

上述两种思路并不是独立的,在实际应用过程中可以单独使用,也可以结合起来使用。

(四)区划方法

在以上划分原则、思路的指导下,具体的区划方法可以分为两大类型。

一是定性方法。它包括指标分级法和专家分类法,原理是对某种指标或综合指标进行分级,按照指标达标的情况将烟草种植区域分为不同的级别,当具备所有最适种植指标时,该区为最适宜区;对有的指标具备有的指标不具备的地区,根据情况进一步分为适宜区或次适宜区;当所有指标均不达标时,为不适宜区。这种方法多用于早期的农业分区,虽然操作简单,易于推广,但分级标准过于机械,主要依赖于人员的经验和知识,主观性强。

二是定量方法。针对定性方法的优缺点,许多学者开始将数理分析方法,如相似性分析法、聚类分析法、层次分析法、回归分析法和系统分析法等引入烟草种植区划中,并且取得了很好的效果。总结相关的研究文献可知,用于烟草种植区划的数理分析方法主要有以下两种:

(1)聚类分析法。

聚类分析法是对不同事物进行分类的方法。该方法的指导思想就是使同类事物具有相同的特性,而不同类事物之间有显著的差异。该方法在农业气候区划中应用较为广泛,在烟草种植区划中也得到较多的应用。1994年,钱时祥等人就将聚类分析应用在烟草种植区划上,采用多点联合方差分析方法进行临界点的选择,将18个试验点分为8个生态相似区。王放等人采用聚类分析法研究了烤烟烟叶化学成分与产区的关系,并根据分析结果将广西百色烟区划分为3个烟区。蔡长春等人利用湖北省31个行政县(市)近50年的气象资料和近3年的土壤资料,采用SPSS统计分析软件的主成分分析方法,将26个区划指标简化成5个主要成分,并运用动态逐步聚类分析将湖北省烟区的生态气候类型区划成四大类。

(2)模糊数学法。

常用的模糊数学法有模糊聚类法、模糊综合评判法、模糊层次分析法等。模糊数学法是一种运用模糊数学原理分析和评价具有"模糊性"的事物的系统分析方法。它在模糊的环境中,考虑多种因素的影响,基于一定的目标或标准对评价对象做出综合的评价,对难以用精确数学方法描述的复杂系统问题表现出独特的优越性,常被用于资源与环境条件评价、生态评价等中。最初将这种方法引入烟草业时是对烟草质量进行评价。吴克宁等人采用模糊综合评判法,以分布在河南省72个植烟县的473个采样点为评价单元,选择了包括气候、地形、土壤共12个指标,将地貌类型和土壤质量转化成阶梯形精确函数,将其他指标转化为S形和反S形的曲线隶属函数,得到72个植烟县的总分值情况及适宜性级别,与当时河南省的烟草实际分布高度吻合。

模糊数学法由于需要对不同的区划指标赋权重值,因此常与其他的一些数理分析方法联用,如张久权等人运用模糊数学隶属函数确定山东烤烟的最佳种植区域时,就采用了层次分析法确定各因子的权重;杨尚英对咸阳各县区烤烟气候适宜性做定量分析时,采用了灰色关联分析法为模糊分析中区划因子的权重赋值。

第二节　湖北省烟草种植区划研究

湖北省烟草种植区域所在行政区划为恩施州、宜昌市、襄阳市和十堰市。湖北省烟草种植区研究主要集中在对烟区气候、土壤等生态条件的研究上。梁荣根据 40 年的气象资料和对主要植烟县市采集的 235 个土样的测定结果,系统分析了湖北 4 个主产烟区的气候和土壤条件,摸清了各主产烟区的生态特点。许自成等人分析了湖北烟区不同移栽条件下的气候状况,通过定量估算气候适生性指数(CFI),合理评价了烤烟种植的气候适生性,并对各植烟县(市)建议移栽期下的气候条件与国外优质烟区进行了相似性分析,为充分利用湖北烟区自然资源提供了参考依据。

何结望等人等人分析了湖北烟区烤烟种植的气候因素和土壤养分含量状况,并分别基于气候因素和土壤因素指标,采用聚类分析法将湖北植烟县(市)分为若干片区,如基于土壤因素指标将湖北植烟县(市)分为 3 类片区:第Ⅰ类包括 6 个植烟县市,即十堰全部产区和襄阳的老河口、襄阳;第Ⅱ类包括 13 个植烟县市,包括恩施的大部、宜昌的全部、襄阳的保康和南漳;第Ⅲ类仅有建始烟区。2011 年,蔡长春等人在 GIS 平台上,利用统计分析软件 SPSS 的主成分分析和动态逐步聚类方法对湖北省植烟区进行了生态气候类型区划试验。结果表明,湖北省植烟区可划分为四大类:第一类是以十堰市为主的环神农架植烟区;第二类是以恩施为核心的鄂西南地区;第三类是神农架地区;第四类是以襄阳和宜昌为核心的鄂西北地区。

由于生态环境和气候资源的不断变化,观测资料的积累、更新,烟草品种的更新换代等对烟草种植区划提出了新的要求,同时也需要不断加强新技术方法的研究,因此,烟草种植区划工作会是一个长期重复又不断创新的过程,同时不断加强湖北烟区种植区划研究。

一、加强区划指标体系的构建

烟草的种植不仅取决于气候、生态因素,还取决于生产技术及经济因素。另外,烟草的产量和品质不仅需要充分利用生态气候资源,也需要规避气候灾害。目前的区划指标多以气候、地形、土壤为主,较少考虑经济和社会发展因素,缺乏对资源和灾害两方面因素的综合考虑。因此,为了提高区划的合理性以及实用性,亟待建立包括气候资源、生态环境、地理因素、灾害指标、产量品质指标以及社会经济因子的新的区划指标体系,并且在构建区划指标时,需结合作物的生长模拟模型,结合木桶效应,确立有决定意义的限制因子并赋予更高的权重。

二、加强区划工作的动态研究

基于烟草种植大环境、社会需求、区划方法的不断变化,从管理层面上来说,烟草种植的区划工作需要保持一种动态的良性循环,即资源调查—综合评价—合理布局—优化配置—高效利用—动态监测—预警监测—资源调查这样一个周期;从技术层面上来说,对于生态环境或气候条件年际变化较大的地区,需要采取相应的调整措施,加强 GIS 与 RS、GPS 技术的联用,即采用 3S 技术,应用 RS 和 GPS 实现信息收集和分析的定时、定量、定位,确保不断更新 GIS 中的数据库,使资源具有时效性,使区划由静态走向动态。

三、加强成果信息的推广

受技术水平和经济能力等的限制,烟草种植区划信息系统提供的信息服务和烟农、政府需要的信息形式、信息量都存在一定的差距,成果的推广应用受到可提供的信息量及信息表达方式、途径的限制,成果的及时性不强。宜构建基于网页技术的开放式共享 GIS 烟草种植区划平台,为烟草种植及管理提供更高效、更广泛的服务。

参考文献

[1] 王现军,朱忠玉.中国烟草布局的特点和发展趋势[J].地域研究与开发,1995,14(2):14-18.

[2] 中国烟叶生产购销公司.中国烟叶生产实用技术指南[M].北京:中国烟叶生产购销公司,2002,2003,2004.

[3] 中国农业科学院烟草研究所.中国烟草栽培学[M].上海:上海科学技术出版社,1987:1-23,113-133.

[4] 廖要明,周小蓉.气候变化对我国烟草生产及其适生地选择的影响研究[J].中国生态农业学报,2003,11(4):137-138.

[5] 张振平.中国优质烤烟生态地质背景区划研究[D].咸阳:西北农林科技大学,2004.

[6] 彭新辉,易建华,周清明.气候对烤烟内在质量的影响研究进展[J].中国烟草科学,2009,30(1):68-72.

[7] 方加贵,刘春奎.土壤因素对烟叶品质的影响[J].农技服务,2010,27(7):886-887.

[8] 王建伟,张艳玲,过伟民,等.气象条件对烤烟烟叶主要化学成分含量的影响[J].烟草科技,2011,12:73-76,84.

[9] 谈丰.龙岩市烟叶气象灾害风险评价及其气象指数保险设计[D].南京:南京信息工程大学,2012.

[10] 杨丰政.基于 GIS 的徐水县气象灾害风险评估研究[D].南京:南京信息工程大学,2012.

[11] 云南省烟草农业科学研究院.基于 GIS 的云南烤烟种植区划研究[M].北京:科学出版社,2009:12.

[12] 张明洁,赵艳霞.近 10 年我国农业气候区划研究进展概述[J].安徽农业科学,2012,40(2):993-997.

[13] 李世奎,侯光良,欧阳海,等.中国农业气候资源和农业气候区划[M].北京:科学出版社,1988:124-145.

[14] 钱时祥,陈学平,郭家明.聚类分析在烟草种植区划上的应用[J].安徽农业大学学报,1994,21(1):21-25.

[15] 王放,梁开朝,黄谨,等.烤烟烟叶化学成分与产区关系的聚类分析研究[J].中国烟草科学,2009,30(2):57-61.

[16]　蔡长春,邓环,赵云飞,等.湖北省植烟区生态气候因子的主成分分析和区域划分[J].烟草科技,2011,2:64-69.

[17]　王志德,王民,金运芳.应用模糊数学原理对烤烟品种产质量进行综合评判[J].安徽农业科学,1990,(3):264-266.

[18]　高同启,张卫旗.卷烟质量多级模糊综合评判模型研究[J].合肥工业大学学报(自然科学版),1998,21(6):57-62.

[19]　吴克宁,杨扬,吕巧灵.模糊综合评判在烟草生态适宜性评价中的应用[J].土壤通报,2007,38(4):631-634.

[20]　张久权,张教侠,刘传峰,等.山东烤烟生态适应性综合评价[J].中国烟草科学,2008,29(5):11-17.

[21]　杨尚英.烤烟生产气候生态因子的定量分析[J].安徽农业科学,2005,33(8):1449-1450.

[22]　梁荣.湖北烟区生态因素分析[J].安徽农业科学,2008,36(5):1902-1904.

[23]　许自成,黎妍妍,毕庆文,等.湖北烟区烤烟气候适生性评价及与国外烟区的相似性分析[J].生态学报,2008,28(8):3832-3838.

[24]　何结望,毕庆文,袁家富,等.湖北烟区气候与土壤生态因素分析[J].中国烟草科学,2006,27(4):13-17.

[25]　王建林.现代农业气象业务[M].北京:气象出版社,2010:234.

第三章　湖北省烟区气候及气候变化特性分析

烟草是一种特殊的经济作物,烟叶质量的好坏直接影响到卷烟加工企业的生存和发展。2017年,国家烟草专卖局发行了《全国烤烟烟叶香型风格区划》,其中湖北烟区区划为武陵秦巴生态区,烟叶香型为醇甜香。

气候因子是影响烟叶品质的重要因素之一。烟草烤烟是叶用作物,同时也是嗜好类作物,气候因子对叶片的光合生产及物质积累有直接影响,同时也影响叶片的成熟采收,对烟叶产量与品质具有至关重要的作用。

第一节　气候因子对烟叶生长的影响

烟草对气候条件的变化十分敏感,气候条件的差异不仅影响烟草的形态特征和农艺性状,而且还能直接影响烟叶的化学成分和质量。某个区域的气候条件在很大程度上决定了该区域烟叶的特征,因此,优质烟产区的分布有很大的地域局限性。

气候因子是导致烤烟内含物存在地域分布差异和产量不同的重要生态环境因素之一。直接影响烤烟产量和质量的主要气候因子有光照、温度和降水等。区域气候因子目前尚难以人为调控,因此人们需要尊重气候条件及其变化规律,趋利避害,采取有利的措施,以最大限度地利用光、温、水资源,为烟草生长发育创造适宜的外部环境。

一、光照与烟叶生长

光照是植物光合作用的能量来源,对植物有着重要的影响。烤烟是一种喜光作物,适宜的光照有利于烟株的生长发育。光照主要通过光质、光照时间和光照强度三个方面对烤烟产生较大的影响。光照作为光合作用的能量来源,是植物生长发育的必要条件。烟草在生育期需要在较强的光照条件下才能旺盛生长,但是从对烟叶品质的要求这一角度来说,日光充足而不强烈对提高烟叶质量较为有利。

光照时间的长短也对烟叶的发育和品质的形成具有重要影响。杨军杰等人研究指出,与自然光照(不遮光)相比,在烟株的成熟期减少光照时数3小时和1.5小时时,上部和中部烟叶叶绿素a、叶绿素b和类胡萝卜素的含量均显著提高;陈伟等人的试验结果表明,相较于自然光而言,蓝光起着促进烟株生殖生长和延缓烟叶成熟的作用,而红光、黄光和白光对烟株的发育进程均没有明显影响;在烟株大田打顶期遮光有延长烟株大田生育期的趋势。

二、温度与烟叶生长

一般而言,温度升高,植物生理生化反应加快、生长发育加速;温度下降,植物生理生化反应变慢、生长发育迟缓。王彪等人经研究指出,烟草植株生长最适温度为 25～28 ℃。为了得到品质好的烟叶,烟叶成熟期的温度不宜低于 20 ℃。但是温度过高会促进烟叶成熟,缩短烟草生育期。优质烤烟在大田生长期间对气温条件的要求总体是前期温度相对低,后期温度要适当高些,这有利于同化物质的累积;比较理想的烟株成熟期温度是 24～26 ℃,同时保持较小的昼夜温差,并持续 30 d 以上。程林仙等人通过研究认为,当烤烟大田生长期温度高于 35 ℃时,叶片容易出现早衰,叶绿素遭到破坏,呼吸作用增强,消耗过多的光合产物,进而导致新陈代谢失调,高温明显地影响到烟株的生长、成熟和烟叶的品质。有效积温是促进叶片发生、生长和成熟的主导因子,如果积温不足,烟草的生育期就会延长,进而直接影响到烟草的产量和质量。

三、水分与烟叶生长

水分是植物进行光合作用的原料之一,缺乏水分可导致植物光合速率下降。缺水使植物气孔关闭,影响二氧化碳进入叶内;缺水使叶片淀粉水解加强、糖类堆积、光合产物输出缓慢,这些都将导致植物光合速率下降。崔元礼等人研究表明,烤烟不同生育期的需水量是:伸根期需水 60 mm,旺长期需水 110 mm,成熟期需水 240 mm。孙梅霞提出烟田不同生育时期适宜的土壤水分指标:伸根期土壤含水量占最大田间持水量的 61.9%,旺长期为 81.3%,成熟期为 77.3%;而不同生育期干旱指标分别为 50.1%、69.0%和 58.4%。据汪耀富等人研究,烟草在不同的生长发育阶段对水分的需求量是不一样的,伸根期以前烟草对水分的需求量较小,阶段耗水量占全生育期耗水总量的 16%～20%;旺长期烟草对水分的需求量最大,阶段耗水量占全生育期耗水总量的 44%～46%;成熟期烟草对水分的需求量又趋减少,阶段耗水量占全生育期耗水总量的 35%～37%。

第二节　湖北省烟区气象特征

不同气象要素在不同时间段的空间变化特征有着较大的差异,通过分析气象站的空间分布特征,计算气象要素与海拔、经度、纬度的相关性,选取合适的且充分考虑气象要素随高度变化特征的空间插值方法,得到湖北省烟区气象要素的精细空间分布。

一、湖北省烟区主要气候要素变化特征

(一)日照

一天的日照时数显著受云量或降水量的影响,空间变化不连续,但较长时间内的累计日照时数较为稳定。以 2010 年 5—9 月为例,这一期间各气象站日照时数与海拔高度、纬度的散点分布图分别如图 3-1 和图 3-2 所示,其中海拔高度与日照时数的相关性显著水平为0.053,未达到显著性相关水平。可见,日照时数主要呈现显著的南部分布,同时随海拔的升

高,日照时数相应有减小的趋势。

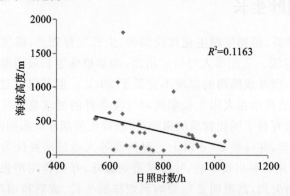

图 3-1 2010 年 5—9 月湖北省烟区各气象站日照时数与海拔高度的散点图

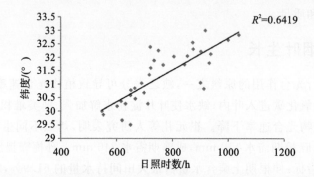

图 3-2 2010 年 5—9 月湖北省烟区各气象站日照时数与纬度的散点图

（二）温度

大气中,气温往往随海拔高度上升而下降,降幅随地点、时间、天气类型而变化。通常海拔高度每上升 100 m,气温降低 0.6 ℃左右。相应地,在较大区域内气温的空间分布也表现出与海拔的显著负相关。以 2010 年 8 月 8 日湖北省西部烟区及其周边县市的气象站所记录的平均气温为例,气象站海拔高度与日平均气温的相关系数为 0.913,海拔每升高 100 m气温降低 0.51 ℃,具体分布如图 3-3 所示。

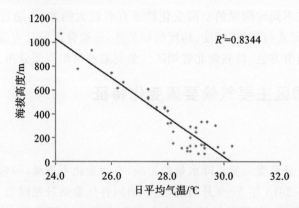

图 3-3 2010 年 8 月 8 日湖北省西部烟区及其周边县市各气象站日平均气温与海拔高度的散点图

　　同时考虑到气温的空间变化,使用逐步回归建立气象站经度、纬度、海拔高度与日平均气温的多元线性回归方程,相关系数为 0.924,达到极显著水平。方程相关系数如式(3-1)所示,其中纬度因相关性小而未引入多元线性回归方程。站点模拟值与实测值的误差绝大部分都在±0.5 ℃以内,最大误差为−1.5 ℃,如图 3-4 所示。

$$t=61.979-0.06×h-0.286×\text{lon} \tag{3-1}$$

式中,t 为日平均气温(℃),h 为海拔高度(m),lon 为经度(°)。

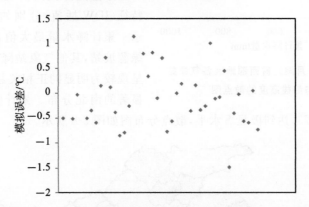

图 3-4　2010 年 8 月 8 日湖北省西部烟区及其周边县市各气象站日平均气温拟合误差

　　利用各气象站 2010 年 5 月 1 日—10 月 10 日期间日平均气温与站点经度、纬度、海拔高度,建立了多元线性回归方程,方程相关系数及气温随海拔高度的变率(气温直减率)如图 3-5所示。此时间段内相关系数均达到极显著水平,气温直减率因天气过程不同有所变化,平均值为 0.6 ℃/100 m。可见,使用经度、纬度、海拔高度建立多元线性回归方程模拟区域内任意地点的气温具有非常高的稳定性和可信度。

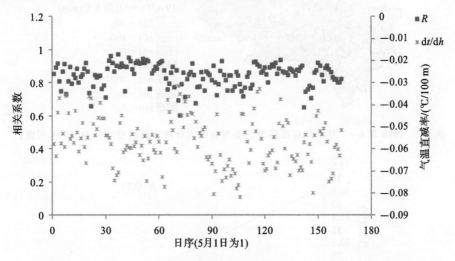

图 3-5　2010 年 5 月 1 日—10 月 10 日湖北省西部烟区及其周边县市各气象站日平均气温多元线性回归方程的相关系数及气温直减率

(三)降水量

日降水量具有较强的局地性。与气温的大范围内的连续变化特征不同,邻近区域间降

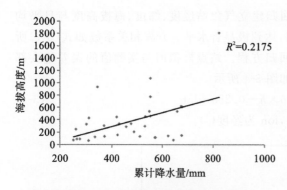

图 3-6　1996 年 6—7 月湖北省西部地区各气象站累计降水量与海拔高度的散点图

水量的差异经常会较大。日降水量受降水天气系统的移动路径及当地局地地形特征的影响,但较长一段时间内累计的降水量在空间分布上较为稳定。

以 1996 年 6—7 月累计降水量为例,累计降水量随海拔高度变化特征及空间分布特征(IDW 插值)分别如图 3-6 和图 3-7 所示。累计降水量最大值出现在海拔最高的绿葱坡站,其他气象站降水量也与海拔高度呈现较为明显的正相关趋势,同时降水呈现显著的南北分布。累计降水量与气象站纬度的相关系数为 0.73,达到极显著水平,散点分布图如图 3-8 所示。

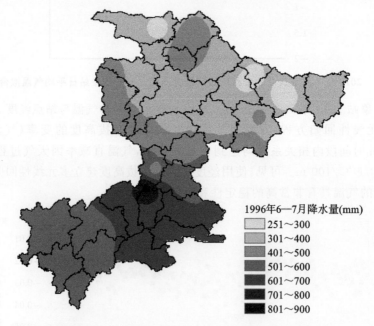

图 3-7　1996 年 6—7 月湖北省西部地区各气象站累计降水量的空间分布(IDW 插值)

1996年6—7月降水量(mm)

251～300
301～400
401～500
501～600
601～700
701～800
801～900

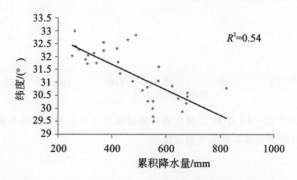

图 3-8　1996 年 6—7 月湖北省西部地区各气象站累计降水量与纬度的散点图

由降水量与纬度、海拔的相关性可知,降水量主要呈现南多北少的整体空间分布特征,这与影响鄂西南、鄂西北的主要天气系统有关。虽然鄂西南气象站海拔高度普遍高于鄂西北气象站海拔高度,但绿葱坡站的突出特征仍然能说明降水量在局地呈现出随海拔高度上升而增加的趋势。

二、湖北省主要烟区主要气候要素空间分布特征

(一)日照

湖北省西部地区 4、7、10、5—9 月多年平均日照时数分布(IDW 插值)如图 3-9 所示。与降水量南多北少的分布规律相对应,日照时数呈现南少北多的变化趋势,最大值出现在郧西、郧阳区附近,最小值出现在咸丰、鹤峰附近。

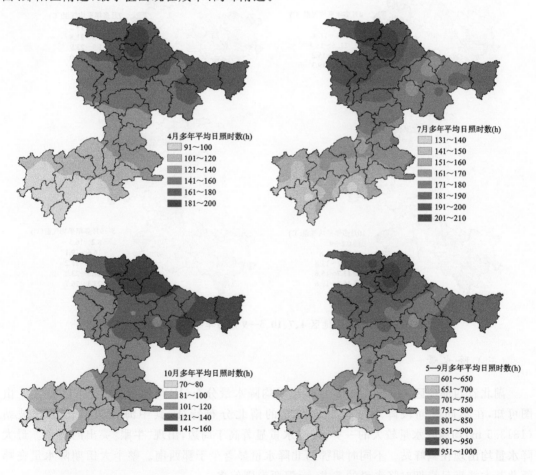

图 3-9　湖北省西部地区 4、7、10、5—9 月多年平均日照时数分布(IDW 插值)图

(二)温度

湖北省西部地区春季(以 4 月为代表)、夏季(以 7 月为代表)、秋季(以 10 月为代表)及烤烟主要大田期(5—9 月)多年平均气温空间分布如图 3-10 所示。由图可见,不同时期的气温均受海拔高度的影响,分布趋势基本一致。在襄阳、枣阳等岗地及三峡河谷等山谷低海拔

地区,春秋季平均气温主要为 15～20 ℃,夏季则高达 26～29 ℃,整个大田期平均气温为 23 ～27 ℃;在种植烤烟较多的二高山范围内,春秋季平均气温为 11～16 ℃,夏季为 22～26 ℃,高温较少,整个大田期平均气温为 19～23 ℃;在高山地区,如宣恩、恩施、利川等县市的高海拔地区,春秋季平均气温为 9～12 ℃,夏季为 19～22 ℃,大田期为 16～19 ℃;在神农架林区等 1800 m 海拔高度以上无烟草种植的地区,春秋平均气温为 0～9 ℃,夏季为 10～19 ℃。

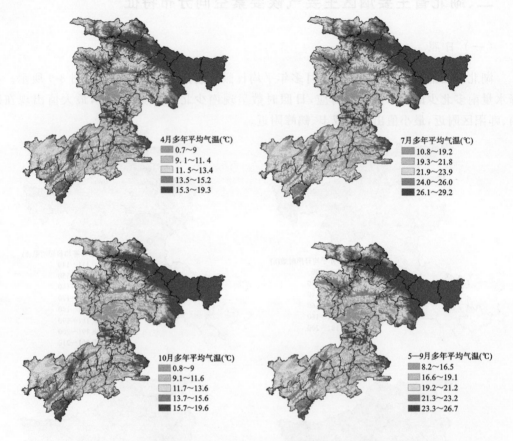

图 3-10　湖北省西部地区 4、7、10、5—9 月多年平均气温空间分布图

（三）降水量

湖北省西部地区 4、7、10、5—9 月多年平均降水量分布(IDW 插值)如图 3-11 所示。由图可知,在不同时间段降水量均呈现明显的南北分布特征,其中海拔最高的绿葱坡站(1813.5 m)均属降水量较大的一类,且降水量显著高于周边,出现"牛眼"突出的现象。最大降水量均出现在鹤峰站。不同时期鄂西北降水量显著少于鄂西南。整个大田期降水量在鄂西北基本能满足烤烟对降水量的需求,而鄂西南则偏多。

三、湖北省烟区主要气候要素时间分布特征

（一）日照

由图 3-12 可知,雨季 5—7 月间鄂西南的日照时数明显少于鄂西北,鄂西南、鄂西北日

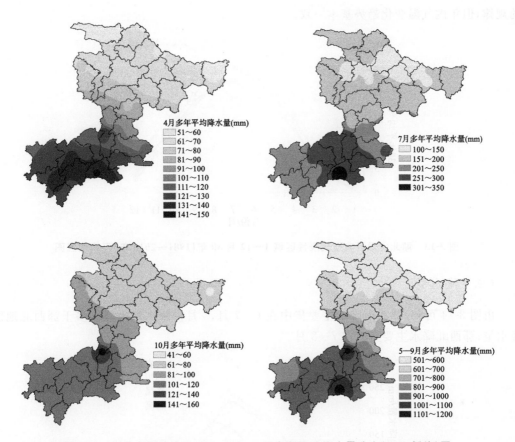

图 3-11　湖北省西地地区 4、7、10、5—9 月多年平均降水量分布(IDW 插值)图

照日数的最大值均出现在气温较高的 7、8 月。

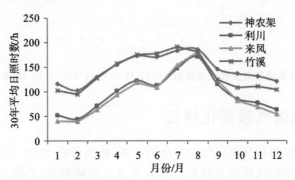

图 3-12　湖北省烟区典型代表性区域 1—12 月 30 年(1981—2010 年)平均日照时数图

(二)温度

在湖北省烟区,选取气象站海拔高度相近的来凤县(460 m)、竹溪县(450 m)分别作为鄂西南、鄂西北区域代表,另外取气象站海拔高度与烟草集中种植区域海拔高度较近的利川市(1070 m)、神农架(940 m)作为烟区代表。四地区 1—12 月 30 年(1981—2010 年)平均气温如图 3-13 所示。由图可知,鄂西北的气温明显低于鄂西南;鄂西北春季升温较快,秋季降温更快,大田期特别是前期气温与鄂西南差异较小,这说明海拔相近的地区气温呈现南高北低

的规律,但年内气温变化趋势基本一致。

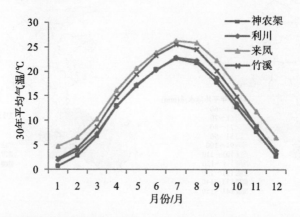

图 3-13 湖北省烟区典型代表性区域 1—12 月 30 年(1981—2010 年)平均气温图

（三）降水量

由图 3-14 可知,鄂西南降水主要集中在 6—7 月,5 月份降水量也显著多于鄂西北地区降水量;鄂西北降水主要集中在 7—8 月。

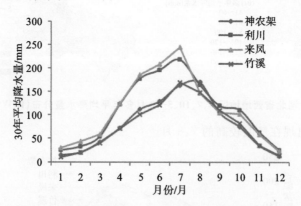

图 3-14 湖北省烟区典型代表性区域 1—12 月 30 年(1981—2010 年)平均降水量图

四、湖北省烟区气候变化特征

采用线性及非线性两种气候变化趋势分析方法,研究分析 1972—2012 年湖北省烟区主要生育期内温度和降水的气候变化特征。这两种方法相辅相成,不仅可以分析检验出气候的定性变化,而且能够计算出气候倾向率,即定量得到每 10 年内气候因子的变化量。

（一）气温

由图 3-15、图 3-16 可知,1972—2012 年鄂西北、鄂西南地区气温的变化趋势较为一致。鄂西 5 月、9 月气温显著增暖,每变化 10 年,气温增加 0.1～0.4 ℃,其中 5 月鄂西北变暖趋势更为显著,9 月鄂西南变暖趋势更为显著。8 月鄂西气温显著降低,每变化 10 年,气温降低 0.05～0.25 ℃。对于 5—9 月平均气温,鄂西略有升高趋势,其中鄂西南南部较为显著,每变化 10 年,气温升高 0.5 ℃左右。

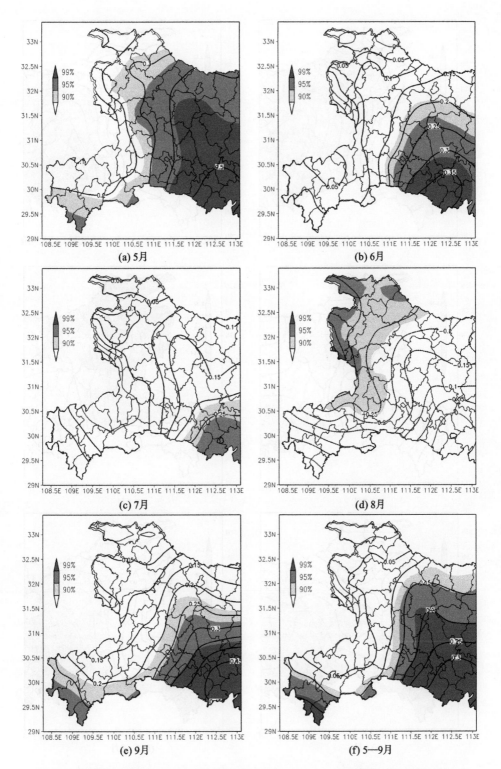

图 3-15 线性趋势检验 1972—2012 年鄂西烟区 5、6、7、8、9 月和 5—9 月气温气候变化

（等值线表示气候倾向率，正值表示增加量，负值表示减少量，阴影区表示通过显著性检验）

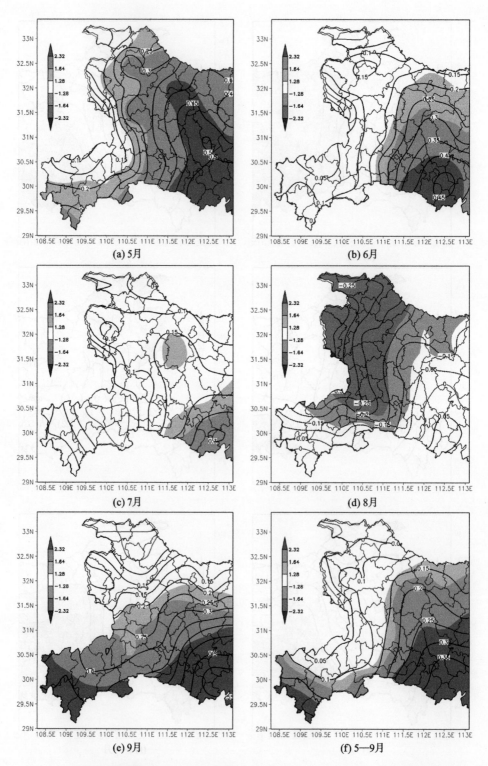

图 3-16 非线性趋势检验 1972—2012 年鄂西烟区 5、6、7、8、9 月和 5—9 月气温气候变化
（等值线表示气候倾向率，正值表示增加量，负值表示减少量，阴影区表示通过显著性检验）

（二）降水

由图 3-17、图 3-18 可知，近 40 年来鄂西北、鄂西南地区降水量变化趋势不一致。鄂西

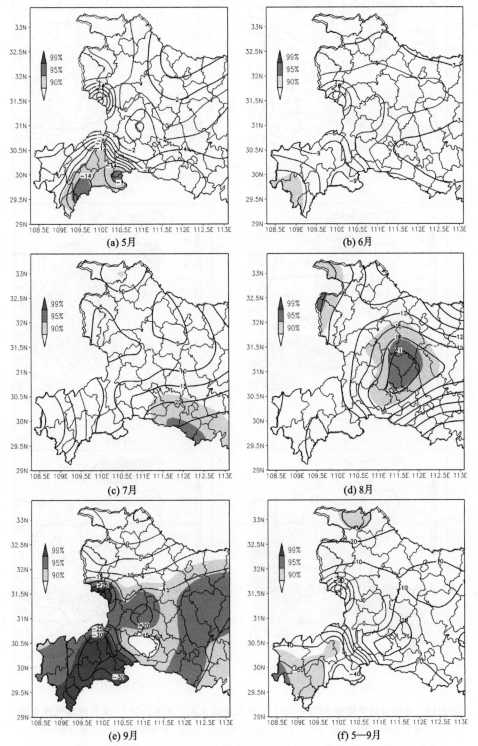

图 3-17　线性趋势检验 1972—2012 年鄂西烟区 5、6、7、8、9 月和 5—9 月降水气候变化

（等值线表示气候倾向率，正值表示增加量，负值表示减少量，阴影区表示通过显著性检验）

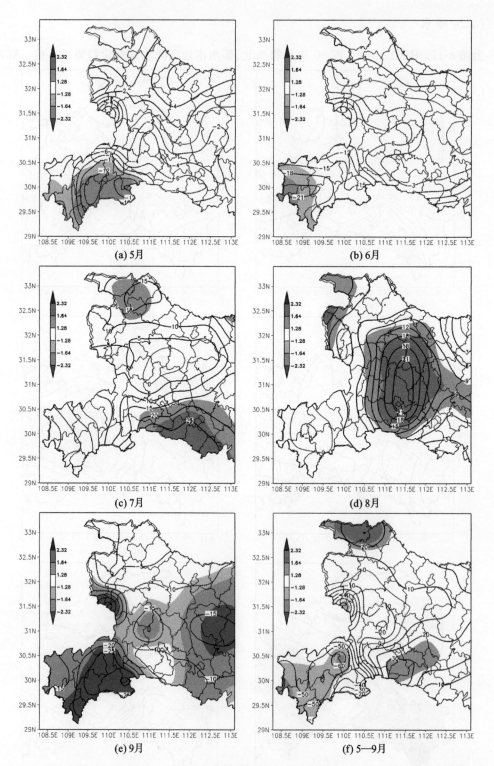

图 3-18　非线性趋势检验 1972—2012 年鄂西烟区 5、6、7、8、9 月和 5—9 月降水气候变化

（等值线表示气候倾向率,正值表示增加量,负值表示减少量,阴影区表示通过显著性检验）

南地区 5 月、6 月降水量为减少趋势,9 月降水量为显著减少趋势;尤其是 5 月、9 月,干旱趋势在显著加强,且鄂西南地区 5 月降水量每 10 年减少 6～14 mm,9 月降水量每 10 年减少 20～30 mm。鄂西北地区 7、8 月降水量有增加趋势。对于 1972—2012 年 5—9 月累计降水量,鄂西北为增加趋势(10～30 mm/10 a),鄂西南干旱趋势显著(−40～−60 mm/10 a)。

第三节　湖北省烟区气候特征小结

湖北省西部烟区气温与海拔高度呈显著的负相关关系,气温随海拔的升高会按气温直减率降低,5—9 月气温直减率平均为 0.6 ℃/100 m。鄂西北海拔高度要低于鄂西南,气温受海拔高度的影响,鄂西地区春季(4 月)、夏季(7 月)、秋季(10 月)及烤烟大田期(5—9 月)平均气温呈南低北高分布。而在同一高度层,鄂西北气温明显低于鄂西南,呈现出南高北低的规律,但年内气温的变化趋势基本一致。

鄂西烟区日降水量具有较强的局地性,主要受当日天气过程移动路径和当地地形的影响。较长时间段内的累计降水量表现出明显的南多北少的整体分布,在局地范围内呈现出明显的随海拔升高而增加的趋势。鄂西南降水主要集中在 6—7 月,鄂西北主要集中在 7—8 月,鄂西南 5—7 月降水量显著大于鄂西北。

在烟叶生长大田期(5—9 月),日照时数随海拔升高有减小趋势。日照时数与纬度显著相关,呈现出明显的南少北多规律,最大值出现在郧西、郧阳区附近,最小值出现在咸丰、鹤峰附近。雨季(5—7 月)间鄂西南日照时数明显少于鄂西北,鄂西南、鄂西北日照时数的最大值均出现在 7、8 月。日照时数与降水量的分布相对应,降水量多,日照时数相应少,一年中日照时数的极值要比降水量极值晚出现。

1972—2012 年,鄂西南地区气温总体有升高的趋势,鄂西南南部 5—9 月平均气温每 10 年上升 0.5 ℃左右;只有 8 月气温显著降低,每 10 年降低 0.05～0.25 ℃;气温日较差显著增加,5—9 月气温日较差平均每 10 年增加 0.2～0.3 ℃;降水显著减少,5—9 月累计降水量每 10 年降低 40～60 mm。鄂西北气温变化趋势与鄂西南基本一致,但没有鄂西南显著。鄂西北气温日较差与鄂西南相反,显著减少,每 10 年减少 0.1～0.2 ℃;降水则显著增加,5—9 月累计降雨量每 10 年增加 10～30 mm。总体来看,鄂西地区气温变化一致呈上升趋势,但气温日较差为南增北减,降水量为南减北增。

参考文献

[1]　刘国顺,杨兴有,位辉琴,等.光照强度对烤烟漂浮育苗成苗素质的影响[J].烟草科技, 2006,(8):51-54.

[2]　时向东,蔡恒,焦枫,等.光质对作物生长发育影响研究进展[J].中国农学通报, 2008,24(6):226-230.

[3]　顾少龙,史宏志.光照对烤烟生长发育及质量形成的影响研究进展[J].河南农业科学, 2010,(5):120-124.

[4]　杨兴有,刘国顺,余祥文,等.光照条件对烤烟叶片理化指标和致香物质含量的影响 [J].中国农业气象,2014,35(4):417-422.

[5]　洪其琨.我国烟草栽培技术的发展[J].作物杂志,1985,(4):4-5.

[6]　杨军杰,宋莹丽,于庆,等.成熟期减少光照时数对豫中烟区烟叶品质的影响[J].烟草科技,2014,(8):82-86.

[7]　陈伟,蒋卫,梁贵林,等.光质对烤烟生长发育、主要经济性状和品质特征的影响[J].生态环境学报,2011,20(12):1860-1866.

[8]　王彪,李天福.气象因子与烟叶化学成分关联度分析[J].云南农业大学学报,2005,20(5):742-745.

[9]　程林仙,王安柱.渭北旱作区干旱对烤烟产量和品质的影响及覆盖抗旱栽培技术[J].中国农业气象,1996,17(2):18-21.

[10]　中国农业科学院烟草研究所.中国烟草栽培学[M].上海:上海科学技术出版社,2005.

[11]　崔元礼,宋玉,张忠利,等.实行节水灌溉促进烤烟增产增收[J].新烟草,2001,15(5):13-14.

[12]　孙梅霞.烟田土壤水分指标与节水灌溉方式的研究[D].郑州:河南农业大学,2000.

[13]　汪耀富,阎栓年,于建军,等.土壤干旱对烤烟生长的影响及机理研究[J].河南农业大学学报,1994,28(3):250-256.

第四章 湖北省烟区烟草生育期、品质的垂直变化特征分析

本章根据调查问卷及烟叶品质检测结果,分析了鄂西烟草生育期、化学成分、感官质量随海拔的垂直变化特征,确定了影响生育期、化学成分、感官质量的关键气象因子,进行了烟草生育期的生理发育时间的预测。

第一节 烟草生育期的垂直变化

烟草的一生,从栽培的角度来看,可以分为苗床和大田两个生长时期。在烟草生产上,人们把从播种到移栽前的这一段时期称为苗床期。由于各地环境条件和农业技术措施的差异,苗床期的长短相差较大,一般为 50～60 d,个别地区可达 80 d 之长。但是不论苗床期长短,我们都可以根据烟苗生长的动态变化和阶段性形态特征,将苗床期分为出苗期(从播种到出苗)、十字期(从出苗到十字)、生根期(从十字到小耳)和成苗期(从小耳到成苗)4 个密切联系的生长发育时期。

在烟草生产上,人们把从烟苗移栽到大田至采收烟叶结束的这一阶段称为大田期。大田期的长短因品种和栽培条件不同而有差异,一般为 100～120 d。我们根据烟株生长的动态变化和阶段性形态特征,大致可以将大田期分为还苗期(从移栽到成活)、伸根期(从成活到团棵)、旺长期(从团棵到现蕾)和成熟期(从现蕾到烟叶采收结束)4 个密切联系的生长发育时期。目前随着农业技术水平的提高,烟草都在大棚中进行育苗,人工控制环境因素,达到最适生产条件,因此苗床期基本不受外界气象因素的影响。此次生育期调查只考虑大田生育期,移栽后的还苗期一般持续 3～7 d,时间较短,所以和伸根期合在一起,称为团棵期(从移栽到团棵)。

一、海拔高度与烟草生育期的关系

海拔高度与烟草生育期的关系如下。

生育期天数随海拔的变化如图 4-1 所示,湖北省宣恩烟区不同海拔下烟草各生育期气象要素如表 4-1 所示。

(一)团棵期

团棵期是指烟苗移栽成活后,展开 13～16 片真叶,株形近似球形。这一时期为 30～35 d。此期的生育特点是:烟苗移栽成活后,茎叶恢复生长,新叶不断出现;初期茎部尚短,叶片

聚集在地面,随着烟株的生长,叶片发生速度加快,茎部也伸长加粗。

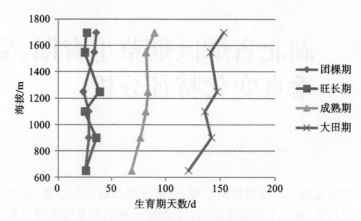

图 4-1　生育期天数随海拔的变化

表 4-1　湖北省宣恩烟区不同海拔下烟草各生育期气象要素

站名	竹园堡	罗川	荆竹坪	大山	粟谷	裴家垭
海拔/m	650	900	1100	1250	1550	1700
团棵期均温/℃	16.7	15.4	18.1	15.7	17.6	15.3
团棵期降雨量/mm	82.4	133.9	216.9	86.8	295.2	308.7
团棵期温差/℃	10.2	9.3	10.8	9	9.8	10
旺长期均温/℃	21.2	21.6	21.1	20.2	19.8	19.5
旺长期降雨量/mm	269.2	329	248.2	376.4	182.3	209.1
旺长期温差/℃	9.8	10.7	9.2	9.2	5.9	6.4
成熟期均温/℃	25.5	22.4	21.1	19.8	17.6	16.8
成熟期降雨量/mm	189.2	410.7	421.9	600.8	483.4	482.5
成熟期温差/℃	11.2	8.3	8.7	8.4	7.8	8.5
大田期均温/℃	21.1	19.8	20.1	18.6	18.3	17.2
大田期降雨量/mm	540.8	873.6	887.0	1064.0	960.9	1000.3
大田期温差/℃	10.4	9.4	9.6	8.9	7.8	8.3

　　适合的移栽期就是把烤烟大田期安排在最适宜的气候条件下,充分利用有利因素,避开不利因素,合理安排前后作物,以满足烤烟生长发育对气候条件的要求。由表 4-2 可知,海拔高度不同,烤烟移栽期不同,海拔为 650 m 的竹园堡和海拔为 900 m 的罗川移栽期处于 4月下旬,海拔为 1100 m 的荆竹坪和海拔为 1250 m 的大山移栽期处于 5 月上旬,海拔为 1550 m 的粟谷和海拔为 1700 m 的裴家垭移栽期处于 5 月中旬。烟草是喜温作物,生长适宜温度为 20~25 ℃。在生育前期日平均温度低于 13 ℃,将抑制生长、促进发育,因此将温度稳定在 13 ℃以上开始移栽比较利于烟草发育。随着海拔的升高,气温呈递减趋势,移栽期逐渐后移。整个鄂西地区烟草移栽期处于 4 月下旬到 5 月中旬。

表 4-2　湖北省宣恩烟区不同海拔下烟草生育期记录（2013 年）

站名	海拔/m	团棵期	旺长期	成熟期
竹园堡	650	4 月 20 日—5 月 15 日	5 月 16 日—6 月 10 日	6 月 11 日—8 月 18 日
罗川	900	4 月 22 日—5 月 20 日	5 月 21 日—6 月 25 日	6 月 26 日—9 月 10 日
荆竹坪	1100	5 月 8 日—6 月 5 日	6 月 6 日—6 月 30 日	7 月 1 日—9 月 20 日
大山	1250	5 月 2 日—5 月 25 日	5 月 26 日—7 月 3 日	7 月 4 日—9 月 25 日
粟谷	1550	5 月 18 日—6 月 20 日	6 月 21 日—7 月 15 日	7 月 16 日—10 月 5 日
裴家垭	1700	5 月 11 日—6 月 15 日	6 月 16 日—7 月 12 日	7 月 13 日—10 月 10 日

团棵期的持续天数基本在 30 d 左右，但随着海拔的升高，团棵期的持续天数有逐渐增加的趋势，如表 4-3 所示。除海拔高度外，团棵期的持续天数还受天气的影响。例如，天气晴朗，雨水较少，有利于根系发育，团棵期的持续天数相对缩短。

表 4-3　湖北省宣恩烟区不同海拔下烟草各生育期天数

站名	海拔/m	团棵期持续天数/d	旺长期持续天数/d	成熟期持续天数/d	大田期持续天数/d
竹园堡	650	26	26	69	121
罗川	900	29	36	77	142
荆竹坪	1100	29	25	82	136
大山	1250	24	39	84	147
粟谷	1550	34	25	82	141
裴家垭	1700	36	27	90	153

由表 4-4 可知，团棵期降雨量 r、平均温度和降雨量交叉项 $t \times r$ 与团棵期持续天数显著正相关，经线性回归得到方程为

$$D = 21.49 + 0.1005 \times r - 0.0034 \times t \times r \tag{4-1}$$

式中，r 表示团棵期降雨，$t \times r$ 表示平均温度和降雨量交叉项，D 表示团棵期持续天数。

回归方程的决定系数达到 0.950，$P < 0.01$，方程通过显著性检验。团棵期的适宜降雨量为 100 mm，由表 4-1 和表 4-3 可知，竹园堡、罗川、大山团棵期降雨量较适宜，所以团棵期烟草生长迅速，团棵期持续时间在 30 d 以下；粟谷和裴家垭降雨过多，缺少日照，影响根、茎生长，团棵期持续时间在 35 d 左右；荆竹坪虽然降雨也过多，但平均温度达 18 ℃ 以上，在几个海拔剖面中最高，所以团棵期持续天数在 30 d 以下。

表 4-4　团棵期气象要素与持续天数相关系数

	团棵期持续天数 D	团棵期均温 t	团棵期降雨量 r	交叉项 $t \times r$
团棵期持续天数 D	1			
团棵期均温 t	0.023	1		
团棵期降雨量 r	0.950**	0.228	1	
交叉项 $t \times r$	0.904*	0.378	0.987	1

注：*，$P < 0.05$；**，$P < 0.01$。

（二）旺长期

旺长期是指烟株团棵到现蕾这一时期，为 25～30 d。此期是决定叶数、叶片大小、比叶重的关键时期，是产量、品质形成的重要阶段。这一时期对光、水、肥的要求都较高。旺长期烟株的生长中心在地上茎叶，是生长速度最快的时期。旺长期的特点是营养生长与生殖生长并进，上部叶片扩展与下部叶片充实积累并进，群体迅速扩大，叶面积达到最高峰。

由表 4-2 可知，旺长期起止时间随着海拔升高而逐渐后推，海拔为 650 m 的竹园堡和海拔为 900 m 的罗川旺长期主要处在 5 月中下旬到 6 月中下旬，海拔为 1100 m 的荆竹坪和海拔为 1250 m 的大山旺长期主要处于整个 6 月，海拔为 1550 m 的粟谷和海拔为 1700 m 的裴家垭旺长期主要处于 6 月中下旬到 7 月中旬。可见，旺长期的持续天数并没有随海拔升高而呈趋势变化。

通过与旺长期气象要素进行相关分析（见表 4-5）发现，旺长期持续天数与旺长期降雨量 r、平均温度和降雨量交叉项 $t \times r$ 呈显著正相关关系，线性回归模型为

$$D = 7.4888 + 0.2062 \times r - 0.006 \times t \times r \qquad (4\text{-}2)$$

式中，r 表示旺长期降雨量，$t \times r$ 表示平均温度和降雨量交叉项，D 表示旺长期持续天数。

回归方程的决定系数为 0.86，F 值通过 0.05 的显著性检验。这 6 个不同海拔剖面下的旺长期平均温度相差不大，650 m、900 m、1100 m 均温为 21 ℃左右，1250 m、1550 m、1700 m 均温为 20 ℃左右。但降雨量有明显差异，海拔为 650 m 的竹园堡、海拔为 1100 m 的荆竹坪、海拔为 1550 m 的粟谷、海拔为 1700 m 的裴家垭降雨量在适宜的 200 mm 附近波动，而海拔为 900 m 的罗川、海拔为 1250 m 的大山降雨量超过适宜降雨量 5 成以上。由式（4-2）可以看出，旺长期持续天数和降雨量的变化趋势一致，与平均温度的变化趋势相反，所以 650 m、1100 m、1550 m、1700 m 旺长期持续天数为 25～27 d，900 m、1250 m 旺长期持续天数分别长达 36 d、39 d，如表 4-3 所示。

表 4-5　旺长期气象要素与持续天数相关系数

	旺长期均温 t	旺长期降雨量 r	交叉项 $t \times r$	旺长期持续天数 D
旺长期均温 t	1			
旺长期降雨量 r	0.457	1		
交叉项 $t \times r$	0.568	0.991	1	
旺长期持续天数 D	0.180	0.904*	0.870*	1

注：*，$P < 0.05$。

（三）成熟期

成熟期是指烟株现蕾到烟叶采收完毕，为 50～70 d。烟株现蕾后，下部烟叶逐渐衰老，自下而上陆续停止生长，依次成熟，并很快开花结实，由以营养生长为主转为以生殖生长为主。成熟期温度以不低于 20 ℃为宜。为了得到优质烟叶，成熟期温度必须在 20 ℃以上，成熟期一般在 24～25 ℃温度下持续 30 d 左右较有利。在 16～17 ℃温度下成熟，烟叶品质最差。成熟期对雨量需求少，降雨量为 80～120 mm，有利于适时成熟采收。

由表 4-2 可知，成熟期起止时间随着海拔升高逐渐后推，海拔为 650 m 的竹园堡成熟期

处于 6 月中旬到 8 月中旬;海拔为 900 m 的罗川成熟期处于 6 月下旬到 9 月上旬,海拔为 1100 m 的荆竹坪和海拔为 1250 m 的大山成熟期主要处于 7 月上旬到 9 月下旬,海拔为 1550 m 的粟谷和海拔为 1700 m 的裴家垭成熟期处于 7 月中旬到 10 月上旬。

由图 4-1 可知,成熟期持续天数随着海拔升高逐渐增加。由表 4-6 可知,成熟期平均温度 t、平均温度平方项 t^2 与持续天数 D 呈极显著负相关关系,降雨量 r 与持续天数 D 呈显著正相关关系,线性回归模型为

$$D=84.2146+1.0794 \times t-0.0678 \times t^2+0.008 \times r \qquad (4\text{-}3)$$

式中,t 表示成熟期平均温度,r 表示成熟期降雨量,D 表示成熟期持续天数。

回归方程的决定系数为 0.81,F 值通过了 0.15 的显著性检验。由式(4-3)可推出,成熟期持续天数与降雨量呈正相关关系;当平均温度 $t \geqslant 16\ ℃$ 时,成熟期持续天数与平均温度呈负相关关系;当平均温度 $t < 16\ ℃$ 时,成熟期持续天数与平均温度呈正相关关系。6 个不同海拔剖面成熟期平均温度都大于 16 ℃,且随海拔上升逐渐降低,降雨量随海拔上升逐渐增加,所以成熟期持续天数随海拔上升呈递增趋势。

表 4-6 成熟期气象要素与持续天数相关系数

	成熟期均温 t	t^2	成熟期降雨量 r	成熟期持续天数 D
成熟期均温 t	1			
t^2	0.998	1		
成熟期降雨量 r	−0.782	−0.814	1	
成熟期持续天数 D	−0.925**	−0.933**	0.827*	1

注:*,$P < 0.05$;**,$P < 0.01$。

二、烟草大田生育期生理发育时间

生理发育时间(生理发育日或发育生理日)是发育环境条件下最适宜的时间尺度,或是去除发育因子影响的时间尺度。如果将对作物发育的最适温光条件下的一天作为一个生理发育日,到达某一生育期所需的生理发育时间对特定品种基因型是恒定的,即在任何温光条件下,特定品种完成某一发育阶段的生理日数基本上是恒定的。

式(4-1)～式(4-3)分别是烟草大田期 3 个不同生育期持续天数与该生育期气象要素的回归模型,再已知不同生育期最适宜气象条件,可得到 3 个生育期生理发育天数的预估值。由表 4-7 可知,团棵期适宜温度为 25 ℃,降雨量为 100 mm,预估生理发育天数为 23 d;旺长期适宜温度为 26 ℃,降雨量为 200 mm,预估生理发育天数为 17.6 d;成熟期适宜温度为 26 ℃,降雨量为 100 mm,预估生理发育天数为 67.2 d,整个大田期生理发育天数预估为 107.8 d。

表 4-7 3 个生育期生理发育天数

	适宜温度/℃	适宜降水量/mm	生理发育天数/d
团棵期	25	100	23
旺长期	26	200	17.6
成熟期	26	100	67.2

第二节　湖北省烟叶化学指标垂直变化特征

在烟叶的各化学指标中,烟碱是烟叶中生物碱的主要存在形式,其形成和积累与遗传、农业栽培、生理学、气候条件等都有着明显的联系;烟叶总氮含量与其中各类型的氮化合物含量之间有着密切的相关性,总氮含量高的烟叶,往往其他各类型的氮化合物含量也高;糖类物质是决定烟叶品质的重要成分之一,影响烟叶的香吃味;烟叶中钾含量与烤烟的香气质呈显著正相关关系,对香气量也有影响;氯参与并促进烟叶的光合作用,是烟叶必需的一种元素。

一、湖北省烟区烟叶化学指标垂直变化

本章根据《湖北金神农烟叶质量白皮书》中化学成分赋值方法,依据宣恩、利川、兴山三地 16 个中部烟叶样本的化学成分含量(见表 4-8)得到中部烟叶样本的化学成分品质得分(见表 4-9),分别探讨主要化学成分含量及其得分值与海拔的关系,得到如图 4-2～图 4-10 所示的系列散点图。这里着重讨论宣恩地区中部烟叶品质的垂直变化特征。

表 4-8　烟叶样本化学成分含量

地点	采样点	海拔/m	烟碱/(%)	总氮/(%)	总糖/(%)	氯/(%)	钾/(%)	钾氯比	糖碱比	氮碱比
宣恩	裴家垭	1700	1.95	1.77	38.8	0.17	2.17	12.76	19.90	0.91
	大山	1250	1.62	1.84	32.54	0.26	2.37	9.12	20.09	1.14
	荆竹坪	1100	1.68	1.79	31.59	0.15	2.3	15.33	18.80	1.07
	竹园堡	650	1.8	1.83	32.68	0.23	2.03	8.83	18.16	1.02
	罗川	900	2.21	1.86	32.53	0.15	1.91	12.73	14.72	0.84
	粟谷	1550	1.67	1.91	38.36	0.16	2.03	12.69	22.97	1.14
兴山	和平	1281	2.19	1.9	33.07	0.11	1.72	15.64	15.10	0.87
	青龙	1530	2.59	1.95	32.56	0.12	1.37	11.42	12.57	0.75
	板庙	1317	3.1	2.05	32.76	0.11	1.43	13.00	10.57	0.66
	仁圣	1424	2.94	2	29.67	0.16	1.54	9.63	10.09	0.68
	火石岭	1121	2.73	2.08	34.19	0.27	1.66	6.15	12.52	0.76
利川	团圆村	1249	1.89	1.87	31.68	0.05	1.66	33.20	16.76	0.99
	龙塘村	1155	2.04	1.89	35.53	0.22	1.85	8.41	17.42	0.93
	青山村	1277	1.58	1.76	33.35	0.1	1.6	16.00	21.11	1.11
	白泥塘	1115	2.17	2.03	27.74	0.18	2.37	13.17	12.78	0.94
	老场村	1127	2.07	2.09	32.38	0.18	1.79	9.94	15.64	1.01

表 4-9 烟叶样本化学成分打分结果 分值单位:分

地点	采样点	海拔/m	烟碱含量	总氮含量	总糖含量	钾含量	糖碱比	氮碱比	钾氯比	总得分
宣恩	裴家垭	1700	85	77	2	83.5	11	92	100	59.62
	大山	1250	52	84	92.3	93.5	9	82	100	66.83
	荆竹坪	1100	58	79	97.1	90	22	96	100	72.19
	竹园堡	650	70	83	91.6	73	28.4	100	100	73.88
	罗川	900	100	86	92.4	61	62.8	78	100	81.90
	粟谷	1550	57	91	6	73	2	82	100	52.49
兴山	和平	1281	50	90	89.3	46	59	82	100	80.01
	青龙	1530	90.5	95	92.2	32.3	88.6	60	100	80.46
	板庙	1317	100	100	91.2	34.3	100	42	100	73.71
	仁圣	1424	66	100	100	38	100	46	100	78.80
	火石岭	1122	83.5	100	78.1	43	89.6	62	71.5	77.06
利川	团圆村	1249	79	87	96.6	43	42.4	100	100	75.92
	龙塘村	1156	94	89	59.4	55	35.8	96	100	73.05
	青山村	1277	48	76	86.5	40	3	88	100	57.61
	白泥塘	1115	100	100	98.7	93.5	84.4	98	100	95.71
	老场村	1127	97	100	93.1	49.5	53.6	100	100	83.26

由表 4-8 可知,宣恩地区烟叶烟碱含量除海拔 900 m 处外,变化幅度不明显。因为烟碱在高温(≥35 ℃)条件和雨水配合下能更高地积累,温度随着海拔的升高逐渐降低,高温日数逐渐减少,但降雨量随海拔的升高逐渐增加,所以在不同海拔下烟叶烟碱含量并无明显差异。900 m 罗川试验点出现了暴雨和高温热害,这反而利于烟碱的积累,所以此处烟叶烟碱含量最大。利川样地海拔处于 1100~1300 m 水平,烟叶烟碱含量变化趋势明显,随海拔的升高而降低。兴山样地海拔也处于较高水平(1100 m 以上),烟碱含量(除 1281 m 外)随海拔的升高先增加后减少,1281 m 和平试验点因为温度较低、降雨量偏少,所以烟叶烟碱含量明显偏低。

依据烟叶化学成分评分方法,烟叶烟碱含量为 3.1%~3.4%(图 4-2 中虚线部分)质量最优。兴山烟叶的烟碱质量明显比宣恩、利川好,由此可见,在同一剖面下金神农(兴山)的烟碱质量要优于清江源(宣恩、利川)。

由图 4-3 可知,宣恩样地烟叶总氮含量随海拔变化波动不大,利川样地烟叶总氮含量随海拔的升高逐渐降低,兴山样地烟叶总氮含量(除 1281 m 外)也随海拔的升高呈减小趋势。对于平均温度对化学成分的影响,黄中艳等人认为平均温度与烟叶总氮含量呈正相关关系。宣恩样地各生育期平均温度随海拔波动变化,无明显趋势变化;利川样地各生育期平均温度与海拔变化趋势相反;兴山样地中 1281 m 和平样地各生育期平均温度都比周围不同剖面下的低,故 1281 m 处烟叶总氮含量最低。图 4-3 中虚线范围是烟叶总氮含量最适宜值 2.1%~2.4%,3 个地区烟叶总氮含量都偏低,兴山、利川地区烟叶总氮质量要优于宣恩地区。

由图 4-4 可知,宣恩地区烟叶总糖含量在海拔 1200 m 以下变化不明显,在海拔 1200 m

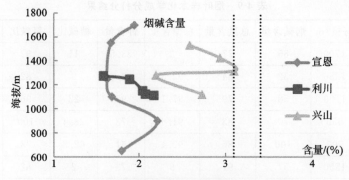

图 4-2　烟叶烟碱含量与海拔高度的散点图

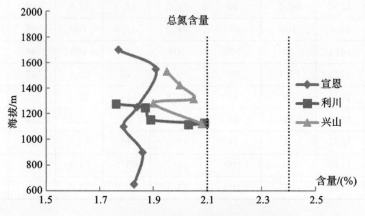

图 4-3　烟叶总氮含量与海拔高度的散点图

以上随海拔的升高迅速增加;利川地区烟草总糖含量随海拔的升高总体呈增加趋势;兴山地区烟叶总糖含量随海拔的升高总体呈减少趋势。兴山样地中 1424 m 仁圣样地平均温度比临近海拔都要高,而平均温度与烟叶总糖含量呈负相关关系,所以该样地烟叶总糖含量最低。图 4-4 中虚线部分为烟叶总糖含量最适宜值 27%~29%,利川样地中 1115 m 白泥塘样地烟叶总糖品质最佳,其他样地含量都偏高。在高海拔处,烟叶总糖品质下降明显。

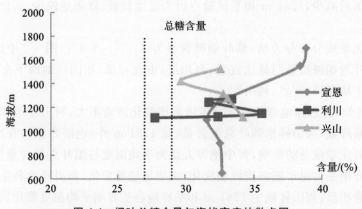

图 4-4　烟叶总糖含量与海拔高度的散点图

由图 4-5 可知,宣恩样地烟叶钾含量随海拔升高总体呈增大趋势,在中部 1100 m 和 1250 m 样地烟叶钾含量较大;利川样地烟叶钾含量随海拔升高呈明显的递减趋势;兴山样地烟叶钾含量随海拔升高整体呈减小趋势。图 4-5 中虚线以右部分,钾含量(≥2.5%)最适宜。3 个地区的钾成分品质得分情况为宣恩>利川>兴山。

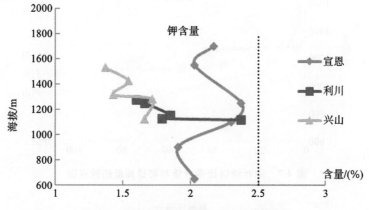

图 4-5　烟叶钾含量与海拔高度的散点图

由图 4-6 可知,除兴山样地中的火石岭样地之外,各样地烟叶的钾氯比得分都是满分,说明三个地区烟叶的钾氯比大多处于最适宜范围。

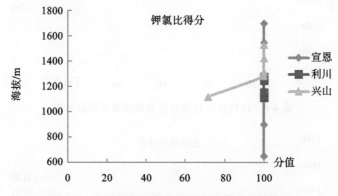

图 4-6　烟叶钾氯比得分值与海拔高度的散点图

由图 4-7 可知,宣恩地区烟叶糖碱比得分(除 900 m 和 1700 m 外)随海拔升高逐渐减小;利川地区烟叶糖碱比得分总体表现出随海拔升高而减小的趋势;对于兴山地区的烟叶糖碱比得分,1281 m 和平样地过低,其他几个海拔剖面差距不大。在相同海拔高度下,宣恩、利川、兴山植烟区烟叶的糖碱比得分大多表现为兴山>利川>宣恩。

由图 4-8 可知,在相同海拔高度下,宣恩、利川、兴山植烟区烟叶的氮碱比得分表现为兴山>宣恩>利川。此外,宣恩地区烟叶氮碱比得分随海拔升高的变化趋势为减小—增大—减小—增大,利川地区烟叶氮碱比得分总体表现出随海拔的升高而减小的趋势,兴山地区烟叶氮碱比得分随海拔升高的变化趋势为增大—减少—增大。

由图 4-9 可知,在宣恩烟区,海拔在 900 m 以下的地区烟叶化学成分得分随海拔的升高而增大,海拔超过 900 m 后,烟叶化学成分得分随海拔的升高总体呈减小趋势;在利川地区,烟叶化学成分得分总体表现为随海拔升高而减小;兴山地区烟叶化学成分得分的变化无明显规律。

由图 4-10 可知,三个地区烟叶感官质量得分并无大的差别,得分在 82～86 范围内,其

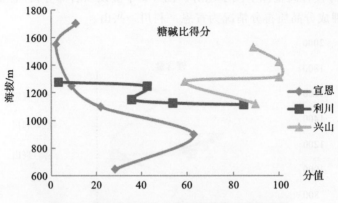

图 4-7 烟叶糖碱比得分值与海拔高度的散点图

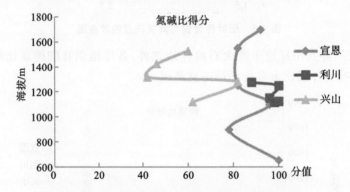

图 4-8 烟叶氮碱比得分值与海拔高度的散点图

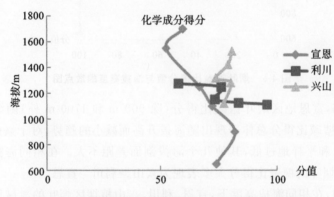

图 4-9 烟叶化学成分含量得分值与海拔高度的散点图

中宣恩样区中的罗川样区(海拔为 900 m)感官质量得分最高,分值为 85.5;海拔最高的宣恩裴家垭样区(海拔为 1700 m)感官质量得分最低,分值为 82。

二、湖北省烟草品质与生育期气象条件的相关性

本章根据湖北省烟区烟叶化学指标垂直变化的特征,筛选出烟草生育期的关键气象因子,对气象站数据进行高度订正后,分析团棵期、旺长期、成熟期的日均温、降水量和昼夜温差与中部烟叶品质的相关性。

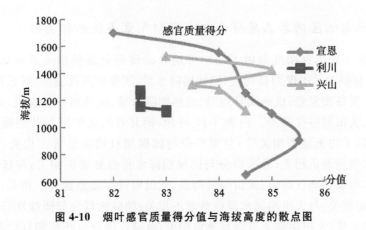

图 4-10 烟叶感官质量得分值与海拔高度的散点图

(一)湖北省烟草化学成分含量与生育期气象条件的相关性

湖北省烟区不同生育期气象因子与中部烟叶化学成分含量的相关系数如表 4-10 所示。其中,$X_1 \sim X_{12}$分别表示团棵期日均温、团棵期降水量、团棵期昼夜温差、旺长期日均温、旺长期降水量、旺长期昼夜温差、成熟期日均温、成熟期降水量、成熟期昼夜温差、大田期日均温、大田期降水量、大田期昼夜温差。由表 4-10 可知,湖北省烟区中部烟叶烟碱含量与旺长期降水量、大田期降水量极显著负相关;总氮含量与团棵期日均温显著正相关,与大田期降水量显著负相关;总糖含量与团棵期降水量显著正相关,与旺长期昼夜温差极显著负相关;钾含量与旺长期降水量、大田期降水量极显著正相关;还原糖和氯含量与气象因子没有显著相关性。

表 4-10 湖北省烟区不同生育期气象因子与中部烟叶化学成分含量的相关系数

	烟碱	总氮	还原糖	总糖	氯	钾
X_1	0.179	0.559*	−0.179	−0.273	0.230	−0.047
X_2	−0.418	−0.325	−0.191	0.559*	−0.205	0.343
X_3	0.265	0.374	−0.302	−0.158	0.049	0.112
X_4	−0.348	−0.079	−0.172	−0.434	0.115	0.211
X_5	−0.740**	−0.475	0.066	0.011	0.257	0.666**
X_6	0.273	0.257	−0.112	−0.665**	−0.121	−0.231
X_7	−0.169	−0.009	0.152	−0.391	0.297	0.151
X_8	−0.419	−0.405	−0.106	0.247	0.072	0.435
X_9	0.356	0.254	0.020	−0.225	−0.060	−0.301
X_{10}	−0.138	0.160	0.001	−0.459	0.303	0.137
X_{11}	−0.692**	−0.542*	−0.094	0.325	0.087	0.647**
X_{12}	0.392	0.380	−0.161	−0.482	−0.066	−0.203

注:** 表示在 0.01 水平上极显著相关;* 表示在 0.05 水平上显著相关。

（二）湖北省烟区烟草品质得分与生育期气象条件的相关性

湖北省烟区不同生育期气象因子与中部烟叶品质得分值的相关系数如表 4-11 所示。其中，$X_1 \sim X_{12}$分别表示团棵期日均温、团棵期降水量、团棵期昼夜温差、旺长期日均温、旺长期降水量、旺长期昼夜温差、成熟期日均温、成熟期降水量、成熟期昼夜温差、大田期日均温、大田期降水量、大田期昼夜温差。由表 4-11 可知，湖北省烟区中部烟叶烟碱得分和感官质量得分与气象因子均无显著相关性；总氮得分与团棵期日均温显著正相关，与旺长期降水量、大田期降水量显著负相关；总糖得分与团棵期降水量极显著负相关，与旺长期昼夜温差极显著正相关，与成熟期日均温、大田期日均温、大田期昼夜温差显著正相关；钾得分与旺长期降水量显著正相关，与大田期降水量极显著正相关；糖碱比得分与团棵期降水量显著负相关，与旺长期降水量、大田期降水量极显著负相关；氮碱比得分与旺长期日均温显著正相关，与旺长期降水量极显著正相关；化学成分综合得分与团棵期降水量显著负相关，与旺长期昼夜温差、大田期昼夜温差极显著正相关。在鄂西烟区，大田期昼夜温差越大，团棵期降水量越小，中部烟叶的化学品质得分越高。

表 4-11　湖北省烟区不同生育期气象因子与中部烟叶品质得分值的相关系数

	烟碱	总氮	总糖	钾	钾氯比	糖碱比	氮碱比	化学成分综合
X_1	0.026	0.532*	0.152	−0.072	−0.319	0.283	0.022	0.281
X_2	−0.022	−0.346	−0.773**	0.366	0.202	−0.507*	0.347	−0.501*
X_3	0.338	0.416	0.022	0.131	0.307	0.317	0.069	0.437
X_4	0.226	−0.127	0.433	0.130	0.000	−0.109	0.550*	0.341
X_5	−0.062	−0.549*	0.047	0.619*	0.273	−0.636**	0.658**	−0.136
X_6	0.353	0.262	0.840**	−0.288	0.102	0.473	−0.012	0.728**
X_7	0.024	−0.083	0.511*	0.103	−0.156	−0.002	0.347	0.314
X_8	−0.356	−0.407	−0.324	0.485	0.260	−0.485	0.024	−0.469
X_9	0.304	0.285	0.346	−0.307	0.028	0.401	−0.140	0.423
X_{10}	0.080	0.090	0.498*	0.077	−0.210	0.066	0.374	0.387
X_{11}	−0.243	−0.581*	−0.413	0.663**	0.332	−0.715**	0.402	−0.491
X_{12}	0.435	0.412	0.568*	−0.226	0.179	0.528	−0.041	0.707**

注：** 表示在 0.01 水平上极显著相关；* 表示在 0.05 水平上显著相关。

（三）湖北省烟区烟草感官质量得分与生育期气象条件的相关性

湖北省烟区不同生育期气象因子与中部烟叶感官质量得分的相关系数如表 4-12 所示。其中，$X_1 \sim X_{12}$分别表示团棵期日均温、团棵期降水量、团棵期昼夜温差、旺长期日均温、旺长期降水量、旺长期昼夜温差、成熟期日均温、成熟期降水量、成熟期昼夜温差、大田期日均温、大田期降水量、大田期昼夜温差。由表 4-12 可知，湖北省烟区中部烟叶香气质与团棵期降水量显著负相关，与旺长期昼夜温差、大田期昼夜温差显著正相关；杂气与旺长期降水量显著负相关；浓度与团棵期降水量显著负相关，与旺长期昼夜温差显著正相关；干燥度与成熟期日均温极显著正相关；香气量、余味、感官质量总分、成团性、细腻度、回味与气象因子没有显著相关性。

表 4-12　湖北省烟区不同生育期气象因子与中部烟叶感官质量得分的相关系数

	香气质	香气量	杂气	余味	合计	浓度	劲头	成团性	细腻度	回味	干燥感
X_1	−0.001	−0.312	0.357	0.251	−0.023	0.030	0.054	−0.114	−0.300	−0.197	−0.079
X_2	−0.548*	−0.208	−0.279	−0.156	−0.400	−0.520*	−0.143	−0.078	−0.154	−0.412	−0.318
X_3	0.198	−0.184	−0.116	−0.004	−0.037	0.040	−0.174	0.016	−0.039	−0.323	0.073
X_4	0.116	−0.047	−0.025	0.284	0.102	0.120	0.389	0.135	−0.458	−0.147	0.203
X_5	−0.066	0.319	−0.500*	0.254	0.133	−0.197	0.274	0.385	−0.098	−0.039	0.201
X_6	0.578*	0.137	−0.077	−0.041	0.260	0.608*	0.362	−0.077	−0.023	0.065	0.137
X_7	0.389	0.165	−0.034	0.225	0.291	0.063	0.196	0.190	−0.130	0.312	0.637**
X_8	−0.378	0.365	−0.285	0.159	0.044	−0.162	0.004	0.341	0.072	0.019	−0.333
X_9	0.417	−0.007	0.054	−0.033	0.151	0.043	−0.286	−0.140	0.248	0.312	0.427
X_{10}	0.288	−0.004	0.090	0.303	0.212	0.082	0.244	0.122	−0.298	0.108	0.450
X_{11}	−0.422	0.285	−0.467	0.152	−0.043	−0.342	0.074	0.339	−0.048	−0.135	−0.211
X_{12}	0.541*	−0.007	−0.057	−0.036	0.179	0.328	−0.019	−0.094	0.085	0.047	0.284

注：** 表示在 0.01 水平上极显著相关；* 表示在 0.05 水平上显著相关。

三、小结

湖北省烟区的大田移栽时间从 4 月下旬开始，到 5 月中旬结束，随海拔升高逐渐后移。整个大田生育期持续天数为 120～150 d，随海拔升高逐渐增加。由各生育期最适宜温度、降水量得到各自的生理发育时间分别为：团棵期 23 d，旺长期 17.6 d，成熟期 67.2 d，大田期 107.8 d。

宣恩烟区 900 m 以下地区烟叶化学成分得分随海拔的升高而增大，海拔超过 900 m 后，化学成分随海拔的升高总体呈减小趋势；利川地区烟叶化学成分得分总体表现为随海拔升高而减小；兴山地区烟叶化学成分得分变化无明显规律。三个地区感官质量得分都比较接近，与海拔无明显的趋势变化。大田期的各生育期降雨量，旺长期、大田期昼夜温差是影响烟叶化学成分和感官质量的主要因子。

气候因子的要素值及时段分布和匹配对烟叶品质都有极其重要的影响，例如降水，整个大田期降水能均匀分布，随 3 个生育期大体为少—多—少的分配比较合理。兴山、利川地区团棵期降水比较适宜，集中在 100～150 mm 区间，宣恩地区的高海拔（1550 m、1700 m）试验点团棵期降水过多，其他 4 个点均处于适宜范围。旺长期宣恩和利川地区各试验点降水比较丰沛，兴山地区普遍偏少。成熟期 3 个地区降水都过多，降水是影响烟叶成熟、品质形成的关键因素。在旺长期到成熟期阶段，若长时间不降水，烟草在干旱胁迫下，烟碱和总氮含量升高，而总糖含量、还原糖含量和香气均降低，使得品质下降。宣恩和利川地区都发生了干旱，尤其是宣恩大山和利川青山分别连续 25 d、28 d 未降水，这两个地方的烟叶品质达到了该烟区同一海拔剖面的最低值；而兴山降水均匀分布，未受旱灾影响，烟叶品质得分都较好。

参考文献

[1] 刘国顺.烟草栽培学[M].北京:中国农业出版社,2003.

[2] 刘铁梅,曹卫星,罗卫红.小麦抽穗后生理发育时间的计算与生育期的预测[J].麦类作物学报,2000,20(3),29-34.

[3] 熊淑萍,马新明,石媛媛,等.不同生育时期烟草生长与生态因子关系动态模拟模型研究[J].河南农业大学学报,2005,39(3):321-325.

[4] 《广西烟草与气候》编写组.广西烟草与气候[M].北京:气象出版社,1998.

[5] 戴冕.我国主产烟区若干气象因素与烟叶化学成分关系的研究[J].中国烟草学报,2000,6(1):27-34.

[6] 黄中艳,王树会,朱勇,等.云南烤烟5项化学成分含量与其环境生态要素的关系[J].中国农业气象,2007,28(3),312-317.

第五章 湖北省植烟土壤类型及养分概况

　　土壤是作物赖以生存的物质基础,它不仅是作物生长的基质,还是作物吸收养分的中介,土壤本身的理化性质直接关系到作物的生长状况。因此,土壤被认为是一种宝贵的自然资源,对土壤资源的管理被认为是关系到社会可持续发展的重要措施之一。

　　湖北省的烟叶生产在全国占有重要地位,从行政区划的角度来分,湖北省植烟土壤可分为 4 个区域:鄂北襄阳市烟区(包括保康、南漳、襄州、枣阳等 4 个植烟县(市))、鄂西北十堰市烟区(包括房县、竹溪、丹江口、竹山和郧西等 5 个植烟县(市))、鄂西南恩施州烟区(包括恩施、利川、建始、巴东、宣恩、鹤峰、来凤、咸丰等 8 个植烟县(市))、鄂西南宜昌市烟区(包括五峰、秭归、长阳、兴山 4 个植烟县(市))。湖北烟区烤烟整体质量较好,根据 2017 年《全国烤烟烟叶香型风格区划》,湖北烟区划分为武陵秦巴生态区。

第一节 湖北省植烟土壤的主要类型

　　湖北省烟区的成土母质(岩)、成土条件较为复杂,因此,土壤类型也纷繁复杂。参考第二次全国土壤普查相关资料,并请有关土壤学专家审定整理,经过华中农业大学资源与环境学院、湖北省农业科学院植保土肥研究所和湖北省烟草科学研究院专家和科研工作者综合鉴别之后,初步确定了湖北省植烟土壤的土壤类型。由于土种种类繁多,名称也不系统,因此湖北省植烟土壤共计有 7 个土类、14 个亚类、30 个土属,如表 5-1 所示。

表 5-1　湖北省植烟土壤类型分布

土类	亚类	土属
黄壤类	黄壤亚类	泥质岩黄壤土属
		碳酸盐黄壤土属
		硅质岩黄壤土属
		第四纪黏土黄壤土属
		红砂岩黄壤土属
黄棕壤土类	黄棕壤亚类	泥质岩黄棕壤土属
	黄褐土亚类	黄褐土土属

土类	亚类	土属
黄棕壤土类	山地黄棕壤亚类	碳酸盐山地黄棕壤土属
		泥质岩山地黄棕壤土属
		硅质岩山地黄棕壤土属
		第四纪山地黄棕壤土属
	黄棕壤性土亚类	碳酸盐黄棕壤性土土属
		硅质岩黄棕壤性土土属
		泥质岩黄棕壤性土土属
棕壤土类	山地棕壤亚类	碳酸盐山地棕壤土属
		泥质岩山地棕壤土属
		硅质岩山地棕壤土属
	棕壤性土亚类	碳酸盐山地棕壤性土土属
石灰土土类	棕色石灰土亚类	棕色石灰土土属
潮土土类	潮土亚类	壤土型潮土土属
		砂土型潮土土属
	灰潮土亚类	砂土型灰潮土土属
		壤土型灰潮土土属
紫色土土类	酸性紫色土亚类	酸性紫泥土土属
		酸性紫砂土土属
	中性紫色土亚类	中性紫泥土土属
		中性紫砂土土属
	灰紫色土亚类	灰紫泥土土属
		灰紫砂土土属
水稻土土类	淹育型水稻土亚类	黄棕壤性碳酸盐泥田土属

对湖北省全省植烟土壤类型进行统计发现,七大土类中,黄棕壤土类分布面积最大,达70.3%,广泛分布于800~1500 m的山区及鄂北岗地,是湖北省的主要植烟土壤,其次分别为石灰土土类(14.9%)、棕壤土类(6.2%)、黄壤类(6.1%)、紫色土土类(1.3%)、潮土土类(0.9%)、水稻土土类(0.2%)。湖北省烟区土壤母质(岩)以碳酸盐岩、泥质岩、硅质岩、砂页岩及各个时期的堆积物、河流冲积物为主,特别是碳酸盐岩母质,分布面积十分广泛,占湖北省植烟土壤面积的67.0%;在黄棕壤土类中,碳酸盐黄棕壤性土土属分布面积占该土类分布面积的60%以上;在30个植烟土属中,分布面积列前四位的分别为碳酸盐山地黄棕壤土属(42.2%)、棕色石灰土土属(14.9%)、泥质岩山地黄棕壤土属(8.5%)、硅质岩山地黄棕壤土属(4.9%),鄂西南、鄂北山区植烟土壤以碳酸盐黄棕壤性土土属和棕色石灰土土属为主,鄂北岗地植烟土壤以第四纪母质发育的黄褐土为主。

第二节　湖北省植烟土壤主要养分状况

　　土壤肥力是土壤的基本属性和本质特征,是衡量土壤能够提供作物生长所需的各种养分的能力,是土壤各种基本性质的综合表现,是土壤区别于成土母质和其他自然体的最本质的特征,也是土壤作为自然资源和农业生产资料的物质基础。

　　土壤养分是由土壤提供的植物生长所必需的营养元素。在自然土壤中,土壤养分主要来源于土壤矿物质和土壤有机质,其次来源于大气降水、坡渗水和地下水。在耕作土壤中,土壤养分还来源于施肥和灌溉。根据植物对营养元素吸收利用的难易程度,土壤养分分为速效性养分和缓效性养分。一般来说,速效性养分仅占很少的一部分,不足全量的1%。应该注意的是,速效性养分和缓效性养分的划分是相对的,二者总处于动态平衡之中。土壤养分经过土壤内部复杂的转化过程,或受植物的吸收利用、淋失、气态化损失、侵蚀流失、人为活动等的影响,慢慢消耗,因此需要不断补充。

一、土壤有机质

　　有机质是土壤肥力的一个重要指标,它不仅为作物提供较为全面的养分,同时也对土壤的结构、耕性等有重要的影响。

　　湖北省烟区土壤有机质的平均含量为24.5 g/kg,属中等偏上水平;变异系数为34.0%,属中等变异水平。山地烟区的土壤有机质含量以襄阳市最高,其次为恩施州和宜昌市,以十堰市最低。与2002年湖北省平衡施肥项目烟区土壤普查结果相比,2012年湖北省全省、恩施州、襄阳市、宜昌市的土壤的平均有机质含量较2002年分别降低了4.5 g/kg、2.4 g/kg、7.9 g/kg和5.5 g/kg。有研究表明,植烟土壤有机质含量以15～30 g/kg较为适宜,过高不利于烟叶后期的氮素调控。湖北省烟区土壤有机质含量示意图如图5-1所示。

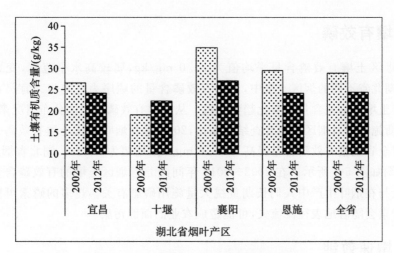

图 5-1　湖北省烟区土壤有机质含量示意图

（数据来源于湖北省烟草科学研究院）

二、土壤碱解氮

烟株吸收的氮量与土壤碱解氮含量有较大的相关性。总体而言,湖北省植烟土壤碱解氮含量较为丰富。湖北省山地烟区土壤碱解氮平均含量为 147.6 mg/kg,属较高水平;变异系数为 25.0%,属中等变异水平。在湖北省不同的山地烟区土壤中,土壤碱解氮含量的顺序为恩施州>宜昌市>襄阳市>十堰市。与 2002 年湖北省平衡施肥项目烟区土壤普查结果相比,2012 年湖北省全省土壤碱解氮含量提高了 6.3 mg/kg,增幅为 4.3%;十堰市土壤碱解氮含量增幅较大,提高了 34.6 mg/kg,增幅为 34.7%;宜昌市土壤碱解氮含量提高了15.7 mg/kg,增幅为 11.6%。湖北省烟区土壤碱解氮含量示意图如图 5-2 所示。

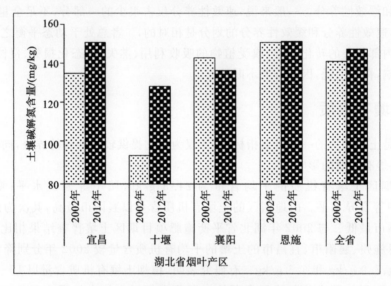

图 5-2　湖北省烟区土壤碱解氮含量示意图
(数据来源于湖北省烟草科学研究院)

三、土壤有效磷

湖北省烟区土壤有效磷含量平均值为 31.0 mg/kg,属较高水平范围,变异系数高达73.4%。在湖北省不同的烟区土壤中,土壤有效磷含量的顺序为恩施州>宜昌市>襄阳市>十堰市,与土壤碱解氮含量的变化趋势一致。从土壤有效磷含量的分布情况来看,与 2002年湖北省平衡施肥项目烟区土壤普查结果相比,2012 年各烟叶产区土壤有效磷含量均大幅提高,湖北省全省土壤有效磷含量提高了 16.6 mg/kg,增幅为 115%。湖北省烟区土壤有效磷含量示意图如图 5-3 所示。在 2002—2012 年间湖北省烟区土壤的有效磷含量出现大幅的提高,可能与在烟叶生产中人们长期重视大量施用磷肥有关。过多的磷素可能影响烟叶品质,同时磷素会随着地表径流流失,可能造成农业的面源污染。

四、土壤速效钾

湖北省烟区土壤速效钾含量平均值为 239.1 mg/kg,属极高水平。在湖北省不同的烟区土壤中,土壤速效钾含量的顺序为襄阳市>恩施州>宜昌市>十堰市。与 2002 年湖北省

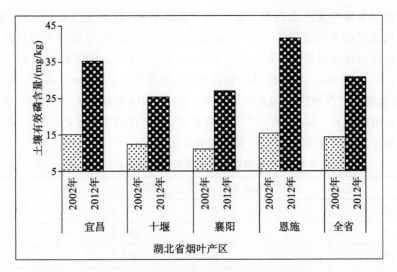

图 5-3 湖北省烟区土壤有效磷含量示意图

（数据来源于湖北省烟草科学研究院）

平衡施肥项目烟区土壤普查结果相比，2012 年湖北省全省土壤速效钾含量提高了 87.5 mg/kg，增幅为 57.7％。其中＞150 mg/kg 的土壤面积较 2002 年增加了 29.9 个百分点，而其他级别水平的土壤面积均出现不同程度的下降。可见，在 2002—2012 年间，湖北省烟区土壤的速效钾含量出现了大幅的提高。湖北省烟区土壤速效钾含量示意图如图 5-4 所示。

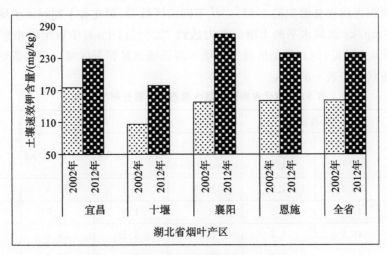

图 5-4 湖北省烟区土壤速效钾含量示意图

（数据来源于湖北省烟草科学研究院）

五、土壤中交换态钙和镁

烟草对钙的吸收仅次于钾，由于湖北省植烟土壤交换态钙含量较高，因此一般情况下不存在缺钙的问题；而作物对镁的吸收不仅与土壤中交换态镁含量有关，还与土壤中的交换态钙、钾等有很大的关系。

湖北省烟区土壤中交换态钙和交换态镁含量均较高,其中交换态钙的平均含量为 5.9 coml/kg,交换态镁的平均含量为 211.2 mg/kg;在不同区域中,以恩施州的烟田土壤中交换态钙和交换态镁的含量最低(交换态镁为 134 mg/kg),而以襄阳市的交换态钙和交换态镁的含量最高。Ca^{2+} 和 Mg^{2+} 具有较强的拮抗作用,土壤中 Ca^{2+}/Mg^{2+} 以 5~10 为宜,Ca^{2+}/Mg^{2+} 过高易引起生理性缺镁。湖北省不同州(市)的烟区土壤的 Ca^{2+}/Mg^{2+} 为 4.8~9.1,其中湖北省全省的 Ca^{2+}/Mg^{2+} 为 7.7。总体来看,湖北省烟田的 Ca^{2+}/Mg^{2+} 较为适宜。湖北省植烟土壤交换态钙和交换态镁的含量如表5-2所示。

表 5-2　湖北省植烟土壤交换态钙和交换态镁的含量

	$Ca^{2+}/(cmol/kg)$	$Mg^{2+}/(mg/kg)$	Ca^{2+}/Mg^{2+}
湖北省	5.9	211.2	7.7
宜昌市	5.7	284.1	4.8
襄阳市	7.8	304.8	6.2
恩施州	4.4	134.0	9.1
十堰市	6.5	267.5	6.2

六、土壤水溶态硼

湖北省植烟土壤水溶态硼含量平均值为(0.4±0.3) mg/kg,属于较低水平,其中处于 <0.5 mg/kg 即次适宜水平的土壤面积占调查总面积的 75.7%,而处于>1.5 mg/kg 即高水平的土壤面积占调查总面积的 4.5%。从不同的区域看,湖北省不同烟区土壤水溶态硼含量处于<0.5 mg/kg 即缺水平的土壤面积均达到 72.5% 以上,其中以十堰市所占的面积最大,达到 92.5%。可见,湖北省烟区属于土壤水溶态硼含量偏低区域。湖北省烟区土壤水溶态硼含量分布状况如表5-3所示。

表 5-3　湖北省烟区土壤水溶态硼含量分布状况(%)

	次适宜		适宜	不适宜		平均 /(mg/kg)
	0.2~0.5 mg/kg	1.5~2.0 mg/kg	0.5~1.5 mg/kg	>2.0 mg/kg	<0.2 mg/kg	
湖北省	53.1	4.5	19.8	0.2	22.4	0.4±0.3
宜昌市	49.2	5.0	20.0	1.8	24.7	0.4±0.2
襄阳市	46.9	6.7	20.0	2.1	26.2	0.5±0.2
恩施州	49.4	5.2	22.3	0.3	22.8	0.5±0.3
十堰市	62.5	0.0	7.5	0	30.0	0.3±0.1

七、土壤锌

湖北省植烟土壤有效锌含量平均值为(1.6±1.0) mg/kg,属于中等水平,变异系数为 62.5%。湖北省不同烟区土壤中有效锌含量的顺序为襄阳市>恩施州>宜昌市>十堰市。湖北省烟区土壤有效锌含量分布状况如表5-4所示。

表 5-4　湖北省烟区土壤有效锌含量分布状况(％)

	适宜 0.5～3 mg/kg	次适宜		不适宜		平均/(mg/kg)
		0.3～0.5 mg/kg	3～4 mg/kg	>4 mg/kg	<0.3 mg/kg	
湖北省	90.8	1.5	5.4	2.9	0.4	1.6±1.0
宜昌市	92.0	4.0	0	0	4.0	1.5±0.6
襄阳市	86.8	0	9.9	3.3	0	1.9±0.9
恩施州	90.2	0	4.9	3.7	1.2	1.6±1.1
十堰市	90.4	4.8	4.8	0	0	1.3±0.7

八、小结

　　湖北省烟区土壤的有机质含量主要处于最适宜或适宜水平,但是不同烟区的土壤有机质分布不同,其中土壤有机质含量处于最适宜水平的面积顺序为宜昌市>恩施州>襄阳市>十堰市。土壤碱解氮含量主要处于50～200 mg/kg 水平下的适宜或最适宜范围,土壤碱解氮含量处于该水平下的面积占调查总面积的95.7％。土壤碱解氮处于最适宜水平下的面积顺序为恩施州>十堰市>襄阳市>宜昌市。土壤有效磷含量处于>20 mg/kg 即最适宜水平的面积占调查总面积的76.5％。在不同烟区中,宜昌市、十堰市、襄阳市和恩施州土壤有效磷含量>20 mg/kg 的面积分别达到了68.9％、76.5％、71.6％和80.9％。土壤的速效钾含量主要处于>150 mg/kg 即最适宜区域,该土壤面积占调查总面积的75.0％。在不同烟区,宜昌市、十堰市、襄阳市和恩施州土壤速效钾含量处于最适宜水平的面积分别达到了83.5％、64.2％、84.3％和70.3％。

　　湖北省烟区66.7％的土壤交换态镁含量主要分布在>120 mg/kg 的适宜区域内。在不同烟区中,恩施州土壤的交换态镁含量低于其他产区,土壤交换态镁含量处于次适宜和不适宜水平的面积分别占48.7％和5.0％,烟田出现烟叶缺镁的可能性高于其他地区。硼和锌各烟叶产区均有缺乏,植烟土壤需要补充硼肥和锌肥。

第六章 植烟土壤镁营养与施肥

植物生长需要营养。植物在生长过程中通过叶片的光合作用和根系从周围环境中吸取营养物质,以供自身生长发育所需,并为自身的生命活动提供能源物质。植物从土壤或大气中吸收的营养物质大部分为矿物质,只有少部分以简单的可溶性有机物的形式被植物吸收。这些物质以不同的方式被植物根系或叶片吸收,并通过不同的运输过程被植物运转和利用。植物体从外界环境中吸取其生长发育所需要的物质并用于维持其生命活动,称为植物营养。

镁是植物必需的营养元素之一,许多欧洲学者还把镁列为仅次于 N、P、K 的植物第四大必需元素。因此,镁营养及镁肥施用对指导烟农合理施用镁肥、提高烟叶品质具有重要的生产实践意义。

第一节 土壤中的镁

镁是一种银白色的轻质碱土金属,化学性质活泼,能与酸反应生成氢气,具有一定的延展性和热消散性。

一、土壤中镁的含量

镁是自然界分布最广的 10 种矿质元素之一,它在地壳中的含量相对较高,约为 2%,在地壳中的含量排在第八位。土壤镁肥力主要的衡量标准是土壤中的有效镁含量,土壤中的有效镁能被植物直接吸收利用,而非交换态的镁则需要经过酸化腐蚀及一系列漫长的过程才能转化为交换态的镁,交换态和非交换态的镁在土壤中共同构成了土壤镁的储备库,为作物生长提供有效保障。作物体内镁(Mg)的含量为植株干重的 0.05%~0.7%,不同作物种类镁含量存在差异,一般豆科作物镁含量高于禾本科作物。大多数成熟的禾谷类作物和禾本科牧草的地上部分的镁含量为 0.1%~0.4%。

我国各地区土壤镁含量差异较大,土壤镁含量因成土母质和气候等多方面的原因表现出较强的地域性差异。我国土壤中的镁含量随地域性气候的变化而变化,西北部地区降雨量较少,相对湿度较低,土壤镁流失量低,因而土壤镁含量较东南部地区高。调查研究结果显示,南方地区土壤全镁含量为 0.6~19.5 g/kg,均值约为 5 g/kg;北方土壤全镁含量为 5~20 g/kg,均值约为 10 g/kg。

我国南方土壤以红壤为主,成土母质中含镁矿物量较低,加之南方湿润温暖、频繁降雨的气候特征,淋溶作用强,导致土壤有效镁含量急剧下降。另外,伴随着近年来 N、P、K 等肥料的大量施用和农用耕地的复种指数逐年攀高,每年收获的农作物逐年攀升,作物收获时从土壤中带走了大量的镁元素,许多地区的农作物出现严重缺镁症状。有研究指出,鄂西南地区的恩施州土壤有效镁含量严重偏低,大部分地区出现作物缺镁症状。对该地区土壤进行抽样检测的结果显示,约有72.1%的地区严重缺镁。湖南主要烟区近4000个土壤样品的土壤交换态镁含量平均值为27.89 mg/kg,大部分地区也出现明显的镁缺乏问题。李春英等人的研究指出,福建省主烟区80%以上的土壤交换态镁含量低于临界值,土壤交换态镁含量多集中在31.78 mg/kg左右。可见,缺镁已经成为我国南方土壤农作物产量和品质的一个重要的限制因子。

二、土壤中镁的形态

镁的形态可分为矿物态、非交换态、交换态、水溶态和有机态等5种,其中矿物态、非交换态、交换态、水溶态属于无机态。土壤中的镁主要还是以无机态存在,无机态镁占土壤全镁含量的80%左右,无机态镁中大部分又以矿物态存在。

矿物态镁主要包括原生含镁矿物(如橄榄石、辉石、角闪石)和次生含镁黏土矿物(如蒙脱石、蛭石和伊利石)中的晶格镁和层间镁。

矿物态镁溶于水,且大多数可以溶于酸。这部分能被酸溶解的矿物态镁称为酸溶性镁或非交换态镁。交换态镁是指被土壤胶体电荷吸附并能被其他阳离子替代的镁。水溶态镁是溶解在土壤溶液中的镁。一般认为交换态镁和水溶态镁是对植物有效的,二者合称为有效镁。

三、土壤中镁的有效性及影响因素

镁在土壤中的有效性主要取决于有效镁的供应量。土壤有效镁的形态主要为水溶态和交换态,二者含量的高低决定了土壤当季供给作物镁营养的能力。

土壤全镁量是供应植物镁营养的重要基础,土壤镁含量与交换态镁含量之间呈正相关关系。以蒙脱石、蛭石等黏土矿物为主的土壤,吸附、保存镁的能力强,这类土壤不易缺镁。以高岭石、无定形氧化铁铝胶体为主的土壤,对镁的保存能力较差,易释放出镁,镁的有效性强,但土壤也易缺镁。

土壤镁的有效性受钙的影响非常大,钙离子能够使镁离子从土壤胶体交换点位上解吸,使土壤溶液中镁离子增多,但钙离子过多,会提高土壤pH,使酸性土壤中可变电荷增多,增加对镁离子的吸持能力,甚至会出现镁离子固定。因此,在酸性土壤改良中,适量施用石灰能够提高土壤镁的有效性,改善土壤镁素营养,但大量施用石灰会降低镁离子的有效性。

一些研究认为,当土壤pH为5.5时,镁开始被固定;当土壤pH接近中性时,交换态镁减少36%～93%,其原因尚未定论。有人认为这种被固定的镁仍对作物有效。对于镁固定的机理,一种解释是pH较高时,溶液中Mg^{2+}进入层状硅酸盐矿物层间,形成水镁石;而Chan等人认为是由于$MgOH^+$被Stern层专性吸附,Summer等人的解释是镁与水溶态硅反应,形成了硅酸镁沉淀或与氢氧化物共沉淀。

干湿交替也可以增强土壤镁的固定。水旱轮作是我国南方主要轮作制之一,采用该轮作制的土壤处于干湿交替之中,特别是南方酸性土壤,水旱轮作更易造成镁的有效性降低。在土壤湿润时,土壤中常形成无定形氢氧化物,使镁离子进入溶液中,但在土壤干燥时,无定形氢氧化物单体聚合和缩合为水合氢氧化钠,进而形成结晶氧化物。

第二节　镁在植物体中的生理功能

镁对植物有重要的生理代谢作用。镁最主要的功能是作为叶绿素的中心原子。它位于叶绿素分子结构卟啉环的中间,是叶绿素中唯一的金属原子,占叶绿素分子量的 2.7%,对光合作用具有重要意义。

一、镁在植物体内的功能及意义

1. 镁对光合作用的影响

镁是植物叶绿素中唯一的金属元素,位于叶绿素分子结构的中心部位,占叶绿素分子量的 2.7%,在植物体的光合作用过程中起着举足轻重的作用。镁在天然色素、作用中心、膜的构象以及电子载体之间关系的维持和稳定上具有重要作用,从而保证光能的有效吸收、传递和转化。左宝玉等人经研究发现,镁素的补充能优化叶绿体内部结构,强化基粒片层和基质片层的有序化垛叠,增强基粒类囊体膜的排列密度。镁能提高植物光合作用系统中光能的转化效率,调节两个光系统之间能量的分配,显著缩短光系统激发能的平衡时间,提高光合速率,从而保证烟草具有较高的光合作用效率。

2. 镁对酶的活化作用

镁是植物体内多种酶的活化剂,植物体内需镁活化的酶有 30 余种。烟草体内多个生理过程,如三羧酸循环、光合作用、呼吸作用、硝酸盐还原、糖酵解等所涉及的许多酶均需要由镁离子来激活。1,5-二磷酸核酮糖羧化酶的活化也需要有镁离子的参与。镁离子的存在提高了酶与二氧化碳的亲和力,从而促进了烟草碳氮代谢过程中二氧化碳的同化;镁离子能激发与碳水化合物代谢有关的葡萄糖激酶、果糖激酶和磷酸葡萄糖变位酶的活性;镁离子也是 DNA、RNA 聚合酶的活化剂,能促进 DNA 和 RNA 的合成;镁还与脂肪代谢有关,能促使乙酸转变为乙酰辅酶 A,从而加速脂肪酸的合成;镁在 ATP 或 ADP 的焦磷酸盐和酶分子之间呈桥式结合,大多数 ATP 酶的底物是 $Mg \cdot ATP$、ATP 酶的活化就是通过这种含 Mg 的复合物引起的。植物体内涉及磷酸基团转移的许多生理过程都需要有镁离子的参与。研究分析指出,镁离子对酶的活化是通过与磷酸功能团生成一种螯合结构来实现的,该构型能使酶的活性达到最高。

3. 镁对蛋白质、核酸的作用

叶片细胞中有大约 75% 的镁通过直接或间接的方式参与蛋白质、核酸的合成。核糖体亚单位之间的连接必须有镁元素的参与,镁的存在保证了其连接构型的稳定性。核糖体结构为蛋白质的合成提供场所,同时也是功能 RNA 蛋白颗粒按序合成蛋白质所必不可少的。研究表明,在供镁不足的条件下,水稻抽穗后叶片中蛋白质和核酸的含量显著降低。抽穗后第 7 天,缺镁处理蛋白质含量下降 28.6%,低镁处理蛋白质含量下降 21.3%;抽穗后第 21 天,缺镁和低镁处理蛋白质含量分别下降 84.4% 和 71.5%。低镁和缺镁处理抽穗期剑叶中的核酸含量较供镁处理分别下降了 21.60% 和 38.5%;抽穗 7 天后,正常施镁处理的核酸含量是缺镁处理的 1.42 倍。此外,李延等人对龙眼叶片进行缺镁研究也得出类似的结论:缺镁时,龙眼叶片蛋白质和核酸的含量降低,移栽后 120 天,缺镁的 2 个处理蛋白质含量较正常供镁处理分别下降了 7.0% 和 25.5%,DNA 和 RNA 的含量则分别较正常供镁处理下降了 5.1%、28.7%和 16.7%、34.9%,均达到了显著水平。

4. 镁对植物活性氧代谢的影响

在植物组织中,活性氧主要包含超氧自由基、羟自由基、单线态氧、过氧化氢、脂质过氧基等。在正常生长条件下,植物细胞内的活性氧处于动态平衡中。当外界条件对植物生长产生胁迫时,植物体内活性氧的动态平衡就会被打破。

20 世纪 90 年代,国外学者对菜豆叶片的研究结果证实,缺镁时菜豆叶片氧化还原系统的酶(SOD、POD、AsA、GR)活性提高,过氧化保护物质(AsA、SH 化合物)含量增加。有研究发现,缺镁处理使黄瓜叶片超氧自由基的产生速率显著提高 86.7%,H_2O_2 和 MDA 含量也分别提高了 58.3%和 62.5%。王芳等人对大豆叶片水培的研究也显示,缺镁显著提高大豆叶片中丙二醛的含量,使得活性氧物质大量积累,从而显著提高了叶片中超氧化物歧化酶(SOD)和过氧化物酶(POD)的活性。

5. 镁在植物激素中的作用

植物在生长代谢过程中产生的五大类生长激素分别是生长素、脱落酸、乙烯、细胞分裂素和赤霉素。近年来,植物激素的信号传导及其受体的研究成为学术界的热点。我国科学家在蚕豆中分离纯化出了脱落酸(abscisic acid,ABA)结合蛋白质 ABAR。研究证实,该蛋白质是镁离子螯合酶的 H 亚基,参与叶绿素的合成和质体—核反向信号的传导。人们在后来的研究中又发现,在镁离子存在的条件下,烟草的一个乙烯受体(NTHK2)具有丝氨酸和苏氨酸激酶的活性。可见,镁元素大量参与植物激素的产生和传导过程,对植物生理代谢有十分重要的作用。

二、镁在烤烟中的生理功能及意义

1. 镁在烟草体内的分布

镁是烟草生长过程中不可或缺的矿质元素之一,烟草对镁的吸收量随生育期的不同有较大的差异。有研究表明,烟草对镁的吸收呈现出还苗期、伸根期、旺长期、成熟期逐渐下降的规律。在伸根期(移栽 1 周后),由于移栽环节使部分根系组织受损,根系对矿质元素的吸收受到一定的影响,导致烟草对镁的吸收量较少;到旺长期后,根系的吸收能力恢复正常,伴随旺长期烟株生物量迅速增长的需要,烟草需要积累大量干物质,对镁的吸收量达到最大值;进入成熟期后,烟株由营养生长转入生殖生长阶段,对镁的吸收量又有所回落。因此,各个不同时期烟草中镁的含量有一定的差异,一般来说,均符合团棵期>打顶期>成熟期的特征。

镁元素进入烟草体内后,由于烟草各个部位生长需要的不同,被运输分配到各个部位的量也有所差异。经大量田间试验发现,烟草不同器官中镁的分布规律为,叶多于茎和根,根中含量最少。在烤烟田间叶片成熟过程中,随着烟叶部位的上升,叶片中镁含量又表现为"V"形的变化,即下部叶>上部叶>中部叶。

2. 镁对烟草生长的影响

烟草对镁的需要量仅次于大量元素氮、磷、钾。国内众多报道认为,烤烟是一种需镁较多的经济作物。早在 20 世纪 30 年代,国外学者 J. E. McMurtrey 就发现土壤镁肥力对烤烟的生长发育、产量和质量有一定的影响。此后,Diazr 等人在 1979 年发现,施用镁肥能显著改善烟叶各方面的农艺性状。D. K. Singh(1982)及许多学者的研究也发现,施用镁肥能提高烤烟的产、质量;Tso 等人发现,缺 Mg 导致烟叶中烟碱含量非常低,而对糖分则无明显影响;而据 J. Jancogne 报道,施 MgO 可提高烟叶中生物碱的含量。另据来自津巴布韦的研究报道,缺镁会导致烤烟烟碱含量降低,同时显著增加游离氨基酸的量。

近年来,随着我国各地烟区,尤其是南方烟区土壤镁严重缺乏,我国学者也纷纷加入镁肥力与烤烟产、质量的研究队伍中来。大量研究表明,施镁能显著改善烟株的生长情况,提高烤烟产、质量,显著提高上等烟叶比例,有利于叶片颜色和叶体结构指标的提高,对改善烟叶外观质量具有重要作用;与推荐施肥量处理相比,缺镁处理导致烤烟的生物产量、经济产量、产值、中上等烟比例与均价分别降低 1.0%、3.2%、3.7%、2.5% 与 0.6%。聂新柏等人的研究表明,适量增施镁肥能显著提高缺镁土壤上烤烟的经济产量、产值。此外,镁能显著提高烤烟的评吸品质和燃烧性能,叶片中的镁含量与燃烧性和灰色呈显著正相关关系;反之,缺镁对烤烟香气前体物叶片质体色素和多酚的合成代谢极为不利。研究发现,增施镁肥有利于增加烟叶中还原糖的含量,同时降低烟碱含量,显著提高烤烟的评吸品质。据林克惠等人的研究报道,亩施硫酸镁 1.0 kg,其中 50% 移栽前基肥穴施,剩余 50% 在移栽约 20 天后叶面喷施,能显著提高烤烟产量、上等烟叶比例、烟碱含量等多项品质指标,较对照依次增加 8.0%、15.3%、26.5%。李永忠等人的研究也发现,施镁能显著降低烟叶的施木克值、糖碱比,有利于提高烟叶的质量。由此可见,对缺镁的植烟土壤适量施用镁肥将对烤烟产、质量的提高起到巨大的推动作用。

3. 镁对烤烟矿质元素吸收的影响

烤烟中镁与钾、钙之间存在着极为复杂的交互作用,但它们之间的作用方式目前学术界仍没有定论。多数学者认为,镁与钾、钙之间均存在着拮抗作用。有研究表明,烟草植株体内钾含量随着营养液中镁浓度的提高逐渐下降;随施镁水平的提高,烟叶钙含量逐渐降低。另有研究也显示,镁与钾、钙呈显著负相关关系,烟叶中钾和钙的含量随镁含量的增加逐渐降低。但也有学者认为,钾和镁之间既存在拮抗作用,也存在协同作用:当土壤中钾含量较高时,土壤胶体对一价钾离子的吸持力比二价镁离子的吸持力强,因此高 K^+ 降低了交换态镁的活性,从而抑制了土壤中镁的活性,植物对镁的吸收下降,二者之间表现为拮抗作用;反之,当土壤钾含量较低时,植物钾和镁的吸收表现为协同作用。

除钙、钾之外,烤烟镁水平对其他矿质元素,如氮、磷及多种微量元素的吸收都有一定的影响。关于烤烟镁水平对氮素吸收的影响,学术界也存在争议。徐畅等人的研究显示,烤烟各个器官的氮含量随施镁量的增加逐渐增加,但当镁施用量超过 0.36 g/kg 时,氮含量转为逐渐下降。另有研究结果显示,烟株对氮的吸收随供镁水平的提高而显著提高,二者的含量呈显著相关关系。烤烟镁水平对磷素吸收的影响表现为低浓度时促进、高浓度抑制。当烤烟镁水平低于一定值时,烟株吸收的磷含量随镁水平的提高而增加,而镁水平超过一定值后,烟株吸收的磷含量则随镁水平的提高而降低。各个研究中镁的临界值不同,但镁对磷素吸收的影响表现出相同的变化规律。与大量元素不同,研究显示,烤烟各生育期施镁处理烟株微量元素的积累量均大于对照处理。可见,增施镁肥可提高烟株微量营养元素的吸收积累。

4. 镁对烟草生理代谢的影响

镁是烤烟生理代谢活动中的核心矿质元素之一。近年来,越来越多的研究揭示了镁在烤烟生理代谢活动中的作用。一方面,镁的丰缺直接影响到烤烟的光合作用、蒸腾作用、根系活力等生理过程;另一方面,可通过改变氧化还原系统的活性来指示烤烟生理环境的适宜性。此外,镁的丰缺也是影响烤烟香气品质的重要因素。

镁是叶绿素的组成成分,由此不难推测镁在烤烟光合作用中的重要性。有研究表明,烤烟植株的呼吸强度、蒸腾强度和根系活力均与镁的累积量呈正相关关系,其中根系活力在旺长期前与镁的累积量呈显著正相关关系。罗鹏涛等人的研究也得出相似的结论:在酸性红壤条件下增施一定量的镁肥能增强烟株的光合速率和蒸腾速率。云南省烟草农业科学研究院的研究表明,施用适量的镁肥可提高烟株的光合强度和蒸腾强度。近年来,随着越来越多的学者活跃在活性氧代谢的研究领域,烟草的活性氧代谢与镁素的关系引起了大家的关注。有研究表明,缺镁使烟叶中的氧化还原酶(SOD、POD、CAT)的活性显著增高,导致烟叶提前衰老,无法正常成熟。在低镁的胁迫下,烟草叶片中 SOD 的活性升高,并随着镁浓度的增加而降低,但在镁浓度超过一定值后,SOD 的活性又上升;在缺镁的胁迫下,POD 的活性最高,且随镁浓度的升高 POD 的活性下降;缺镁时,烟草叶片中 CAT 的活性下降,随着镁浓度的增加呈上升趋势,但在镁浓度超过一定值后,CAT 的活性又下降;缺镁和高镁胁迫均能使烟草叶片中 MDA 的含量增加。

烤烟的香气质直接关系到烟叶等级的评定,进而成为烟农收入的一个决定性因素。如何改善烤烟的香气质、提高烟叶评定等级是广大烟农和基层烟草部门亟须解决的问题。有研究发现,缺镁对烟叶质体色素和多酚的合成代谢极为不利,质体色素和多酚决定烤烟香气质的好坏,对烟叶的品质有重要影响。烟叶香气质特性还与烟叶腺毛密度密切相关,通常腺毛密度大、发育好的烟叶具有较高的香气质,缺镁使烤烟烟叶表面各类腺毛密度降低,各类腺毛呈现不同程度的脱落、凋萎,但随着镁浓度的增加,各类腺毛老化和凋萎的症状相应缓解。

第三节　植烟土壤中镁丰缺指标诊断

镁元素是烤烟生长不可或缺的中量元素,其需求量仅次于氮、磷、钾。作为叶绿素的重要组成部分,镁同时也在植物的生理生化反应中起着重要作用,众多生理过程中的酶都需要由镁离子来活化。镁还参与蛋白质、核酸结构的稳定调节及植物体内的能量分配反应。研究表明,合理施用镁肥能显著提高烟叶的镁含量,显著改善烤烟的植物学性状,对烤烟的产、质量有积极的促进作用。

一、不同梯度镁肥力土壤对烤烟的影响

湖北省是我国烤烟的主要生产基地之一。近年来,湖北省主要烟区土壤镁元素缺乏已成为限制烤烟高产优质的重要因子。推荐施肥是农业农村部重点推广的农业增产技术措施,然而其前提是摸清土壤养分的丰缺状况。明确湖北省重点烟区土壤镁元素的丰缺指标,建立符合湖北省典型烟区生态特点的烤烟中微量元素营养诊断技术体系,可以为对烤烟合理施肥、提高烤烟的综合生产能力、保障环境生态可持续发展提供强有力的科技支撑。

(一) 试验设计

1. 烤烟品种

试验所采用的烤烟品种为云烟 87。该品种是由云南省烟草农业科学研究所以云烟 2 号

为母本,以 K326 为父本杂交选育而成的。云南 87 的特点是:株式呈塔形,自然株高为 178 ~185 cm,大田着生叶片数为 25~27 片,腰叶呈长椭圆形,叶面皱,叶色深绿,叶缘呈波浪状,叶耳大;大田生育期为 110~115 d,种性稳定,抗逆力强,适应性广;各种化学品质协调,评吸质量档次为中等偏上。

2. 试验设计

采用盆栽和田间试验相结合的方式开展植烟土壤镁丰缺指标研究。

1) 盆栽试验设计

从恩施州各地区取 17 个点的土壤样品,通过分析选取土壤有效镁含量极缺的那个试验点的土壤。试验点土壤的基础理化性质如表 6-1 所示。

表 6-1　试验点土壤的基础理化性质

指标	有效镁 /(mg/kg)	有机质 /(g/kg)	全氮 /(g/kg)	碱解氮 /(mg/kg)	全磷 /(g/kg)	速效磷 /(mg/kg)	全钾 /(g/kg)	速效钾 /(mg/kg)
含量	51.7	19.9	1.2	181.7	1.1	23.6	26.9	86.8

通过外源添加镁(硫酸镁)的方式,将试验点土壤分成 6 种不同梯度镁含量的土壤,具体如表 6-2 所示。

表 6-2　盆栽土壤有效镁含量　　　　　　　　　　　　　　单位:mg/kg

年度	Tr1	Tr2	Tr3	Tr4	Tr5	Tr6
2011 年	52	67	82	112	142	172
2012 年	81	82	84	93	102	122

每个梯度的土壤设置施肥(T)和对照(CK)两个处理,其中施肥处理是在对应梯度的土壤中添加 25 mg/kg 镁肥。各个处理设 3 次重复,每桶装土 12 kg,共 36 桶(72 株)。具体盆栽试验设计及施肥量如表 6-3 所示。

表 6-3　盆栽试验设计及施肥量

年度	处理	设计养分用量/(g/1 kg 土壤)				实际施用肥料/(g/12 kg 土壤)			
		N	P_2O_5	K_2O	$MgSO_4$	硝酸铵	磷酸二氢钾	硫酸钾	硫酸镁
2011 年	CK	0.20	0.20	0.35	0.00	6.86	5.00	4.83	3.08
	T	0.20	0.20	0.35	0.03	6.86	5.00	4.83	3.08
2012 年	CK	0.15	0.15	0.30	0.00	4.29	10.30	5.56	2.57
	T	0.15	0.15	0.30	0.03	4.29	10.30	5.56	2.57

100%微肥、磷肥和 70%的氮肥、钾肥在移栽前 15 d 基施,剩余 30%的氮肥、钾肥在移栽后 10~15 d 内施用。各个处理在烟株团棵期(移栽后 45 d)、打顶前(移栽后 60 d)分两次分别取一株烟株进行。团棵期和打顶期取第 7 叶位的叶片用于酶学指标的测定,剩余样品分为上部叶、中部叶、下部叶和茎四个部分于 105 ℃下杀青 0.5 h 后于 70 ℃下烘干,然后称重,粉碎机粉样,过筛(60 目),装入自封袋,待测。

2) 田间试验设计

试验地点位于湖北省恩施州。试验地点的特点是:平均海拔在 1200 m 以上,年均温度为 15.8 ℃,年均光照时长为 1318 h,年均降雨量为 1467 mm,其中,植烟季节(4—8 月)降雨量占全年的 66%,雨热同期,属亚热带季风性山地湿润气候。

2011 年田间试验点土壤的基本理化性质如表 6-4 所示,田间试验设计及肥料用量如表 6-5 所示;2012 年田间试验点土壤的基础理化性质如表 6-6 所示,田间试验设计及肥料用量如表 6-7 所示。在表 6-5 和表 6-7 中,"CK"表示不施镁,"T"表示施镁,可见试验设计了 2 个处理,即不施镁处理和施镁处理。

表 6-4　2011 年田间试验点土壤的基本理化性质

试验点	有效镁 /(mg/kg)	全氮 /(g/kg)	碱解氮 /(mg/kg)	全磷 /(g/kg)	速效磷 /(mg/kg)	全钾 /(g/kg)	速效钾 /(mg/kg)	有机质 /(g/kg)
P1	9.6	1.2	163.8	0.5	43.2	16.7	70.1	24.8
P2	22.1	1.4	143.0	0.9	36.1	25.3	87.3	34.5
P3	25.4	1.0	139.5	0.5	49.8	29.3	69.5	22.6
P4	28.2	1.2	177.0	0.5	45.9	14.2	51.9	27.9
P5	53.6	1.4	188.8	1.3	32.9	28.4	49.7	33.6
P6	54.4	1.5	165.2	1.0	39.2	29.2	91.6	38.5
P7	57.7	1.0	179.8	0.6	29.9	27.8	47.2	24.0

表 6-5　2011 年田间试验设计及肥料用量

处理	设计养分用量/(kg/667 m²)						实际施用肥料(g/10 m²)					
	N	P₂O₅	K₂O	硫酸镁	大粒硼	大粒锌	硝酸铵	过磷酸钙	硫酸钾	硫酸镁	大粒硼	大粒锌
CK	4.8	5.8	12.0	0.0	0.5	1.0	200.0	620.0	360.0	0.0	7.0	15.0
T	4.8	5.8	12.0	10.0	0.5	1.0	200.0	620.0	360.0	150.0	7.0	15.0

表 6-6　2012 年田间试验点土壤的基础理化性质

试验点	有效镁 /(mg/kg)	全氮 /(g/kg)	碱解氮 /(mg/kg)	全磷 /(g/kg)	速效磷 /(mg/kg)	全钾 /(g/kg)	速效钾 /(mg/kg)	有机质 /(g/kg)
K1	17.7	1.1	1415	0.6	15.8	14.8	62.0	22.0
K2	24.7	0.8	126.1	0.6	19.8	20.2	135.9	19.9
K3	38.8	0.8	157.7	0.5	5.8	24.5	124.5	18.9
K4	52.1	1.2	222.3	0.7	18.8	13.5	211.7	26.6
K5	67.8	0.8	112.7	0.5	28.9	26.8	46.9	18.6
K6	98.9	0.6	101.9	0.5	10.2	24.9	86.6	16.2
K7	100.0	0.7	109.1	0.5	10.8	28.7	48.7	18.2

表 6-7　2012 年田间试验设计及肥料用量

处理	设计养分用量/(kg/667 m²)						实际施用肥料(g/10 m²)					
	N	P₂O₅	K₂O	硫酸镁	大粒硼	大粒锌	尿素	过磷酸钙	硫酸钾	硫酸镁	大粒硼	大粒锌
CK	6.8	8.1	16.9	0.0	0.5	1.0	154.0	1012.0	354.0	0.0	7.0	15.0
T	6.8	8.1	16.9	10.0	0.5	1.0	154.0	1012.0	354.0	150.0	7.0	15.0

施镁处理和不施镁处理各重复 3 次。

在小区内按 120 cm 的行距和 60 cm 的株距进行种植试验。小区长 6 m,宽 5 m;种 4 行,每行 11 株,共 44 株。各处理施用氮、磷、钾、锌、硼肥料作为肥底。氮肥采用硝酸铵(含 N 35.0%),磷肥采用过磷酸钙(含 P_2O_5 12.0%),钾肥采用硫酸钾(含 K_2O 50.0%),镁肥采用硫酸镁(含 Mg 17.0%),锌肥采用大粒锌(含 Zn 25.0%),硼肥采用大粒硼(含 B 15.0%)。所有微肥、磷肥和 70% 的氮肥、钾肥在移栽前 15 d 基施;剩余 30% 的氮肥、钾肥在移栽后 10~15 d 内施用;基肥单行条施。追肥在离烟株 10 cm 的位置环施,深度为 10 cm,随后覆上地膜。

各个处理在团棵期(移栽后约 45 d)、打顶前(移栽后约 60 d)分两次取样。每个小区选取 3~4 株代表性烟样,收集烟株中部叶的 4~5 片带回试验室,于 105 ℃下杀青 0.5 h 后于 70 ℃下烘干,然后称重,粉碎机粉样,过筛(60 目),装入自封袋,待测。

(二) 植烟土壤镁丰缺指标诊断及研究

1. 不同梯度镁肥力土壤对烤烟镁含量的影响

1) 盆栽试验

盆栽试验结果如表 6-8 和图 6-1、图 6-2 所示。

盆栽试验结果表明,土壤有效镁含量和施用镁肥对团棵期和打顶期各部位镁的含量有显著影响(2011 年打顶期烤烟茎部镁含量及 2012 年打顶期烤烟上部叶、中部叶、下部叶镁含量除外)。此外,土壤有效镁含量与施用镁肥的交互作用不明显(2012 年打顶期烤烟下部叶和茎部镁含量除外。)

表 6-8　土壤有效镁和施用镁肥对烤烟镁含量影响的两因素方差分析及平均数比较(盆栽试验)

变异来源			2011 年			2012 年					
			团棵期	打顶期		团棵期		打顶期			
			地上部	叶部	茎部	叶部	茎部	上部叶	中部叶	下部叶	茎部
F 值 (n=3)	土壤镁水平		18.2**	25.3**	6.2**	44.7**	21.9**	24.1**	28.6**	55.6**	5.3*
	施镁肥		16.6**	20.5**	1.5ns	31.5**	25.9**	2.9ns	0.0ns	3.3ns	385.0**
	土壤镁水平 ×施镁肥		2.4ns	0.4ns	2.0ns	0.5ns	2.3ns	0.9ns	0.5ns	11.7**	2.9*
土壤镁水平 /(mg/kg)	2011 年	2012 年	烤烟镁含量(g/kg)Duncan 平均数比较								
	52	81	4.1d	4.5d	1.3c	4.6e	1.4c	3.4d	4.0c	4.3d	0.8c
	67	82	4.5cd	4.8cd	1.5bc	5.1d	1.8b	3.8c	4.5c	5.6c	0.8bc
	82	84	4.8c	5.3bc	1.7ab	5.6c	1.9b	3.8c	4.5c	6.9b	0.9ab
	112	93	5.2b	5.9b	1.8a	6.4b	2.0b	4.2b	5.9a	7.5b	0.9ab
	142	102	5.5ab	6.6a	1.9a	7.0a	2.4a	4.6a	5.6b	8.2a	1.0a
	172	122	6.0a	6.9a	1.9a	7.3a	2.4a	4.8a	6.8a	8.7a	1.0a
施镁肥	不施镁肥		4.8b	5.3b	1.7a	5.6b	1.8b	4.0a	5.2a	6.7a	1.2a
	施镁肥		5.3a	6.0a	1.6a	6.4a	2.2a	4.2a	5.2a	7.0a	0.6b

注:各个试验点的每列数据右上角的不同字母表示在 $P<0.05$ 水平下有显著差异;ns 表示在 $P<0.05$ 水平下没有显著差异,* 表示在 $P<0.05$ 水平下有显著差异,** 表示在 $P<0.01$ 水平下有显著差异,下同。

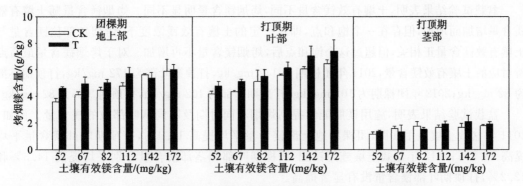

图 6-1　不同梯度镁肥力土壤对烤烟镁含量的影响（2011 年盆栽试验）

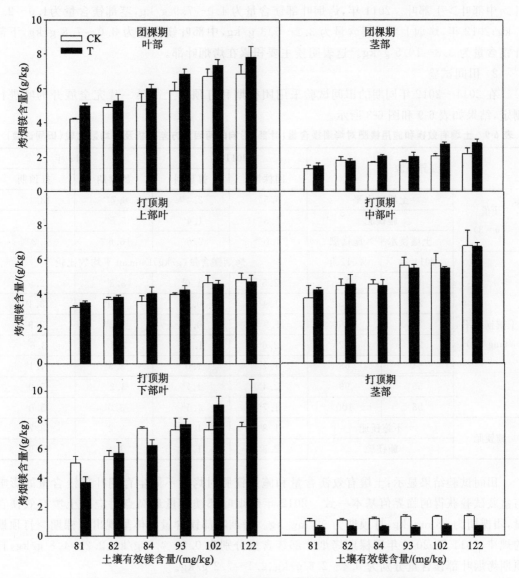

图 6-2　不同梯度镁肥力土壤对烤烟镁含量的影响（2012 年盆栽试验）

盆栽试验结果表明,土壤有效镁含量不同,烤烟镁含量明显不同。烤烟镁含量随土壤有效镁含量增加而增加,但存在一个饱和点,即在一定的土壤有效镁浓度下,烤烟各部位镁含量与土壤有效镁含量正相关,但超过这个饱和点后,烤烟镁含量不再增加。对于烤烟镁含量最高点所对应的土壤有效镁含量,2011 年团棵期为 142 mg/kg,打顶期叶部为 172 mg/kg,打顶期茎部为 82 mg/kg;2012 年团棵期为 102 mg/kg,打顶期叶部为 102 mg/kg,打顶期茎部为 82 mg/kg。

盆栽试验结果表明,施用镁肥能够提高烤烟不同时期及不同烟叶部位的镁含量。例如:2011 年盆栽土壤施用镁肥,团棵期地上部镁含量平均提高 10.4%,打顶期叶部镁含量平均提高 13.2%;2012 年盆栽土壤施用镁肥,团棵期叶部和茎部镁含量分别平均提高 14.3%和22.2%,打顶期叶部镁含量没有显著提高。

盆栽试验结果表明,不同部位镁含量有明显的差别,具体表现为:叶部高于茎部,而下部叶＞中部叶＞上部叶。2011 年,烤烟叶部镁含量为 4.0～7.9 g/kg,茎部镁含量为 1.0～2.6 g/kg;2012 年,烤烟上部叶镁含量为 3.2～5.3 g/kg,中部叶镁含量为 3.0～7.8 g/kg,下部叶镁含量为 3.3～10.5 g/kg。这表明镁主要积累在烤烟叶部。

2)田间试验

在 2011—2012 年同期的田间试验采用团棵期和打顶期上部第一片完全展开的叶进行测定,结果如表 6-9 和图 6-3 所示。

表 6-9 土壤有效镁和施用镁肥对烤烟镁含量(叶部)影响的两因素方差分析及平均数比较(田间试验)

变异来源		2011 年		2012 年	
		团棵期	打顶期	团棵期	打顶期
F值 (n=3)	土壤镁水平	3.5*	2.4ns	6.7**	13.1**
	施镁肥	7.3*	1.4ns	5.5*	1.3ns
	土壤镁水平×施镁肥	1.0ns	2.6*	16.6**	6.2**
土壤镁水平 /(mg/kg)	2011 年	2012 年	烤烟镁含量(g/kg)Duncan 平均数比较		
	10	18	2.5a	1.0b	3.3bc	2.9c
	22	25	1.4b	0.9b	3.9a	3.1c
	25	39	1.9ab	0.9b	3.2bc	2.9c
	28	52	2.6a	1.3ab	3.1bc	3.6bc
	54	68	1.7b	1.0b	3.3b	4.1b
	55	99	2.4a	1.7a	3.2bc	5.0a
	58	100	1.7b	1.1b	3.0c	5.0a
施镁肥	不施镁肥	1.8b	1.1a	3.2b	3.7a
	施镁肥	2.3a	1.2a	3.4a	3.9a

田间试验结果显示:土壤有效镁含量和施用镁肥对烤烟不同生育期叶部镁含量的影响与盆栽试验获得的临界值基本一致。2012 年烤烟叶部镁含量最高点对应的土壤有效镁含量,团棵期为 68 mg/kg,打顶期为 99 mg/kg。烤烟叶部镁含量总体呈现出团棵期＞打顶期的规律,2011 年、2012 年团棵期烤烟叶部镁含量分别为 0.9～4.0 g/kg、2.2～4.8 g/kg,打顶期烤烟叶部镁含量分别为 0.4～2.6 g/kg、2.1～7.2 g/kg。

综上,盆栽烤烟土壤有效镁的临界值团棵期、打顶期均为 82～102 mg/kg;田间烤烟土壤有效镁的临界值为 68～100 mg/kg。考虑到植物对镁的奢侈吸收及盆栽封闭体系增加植

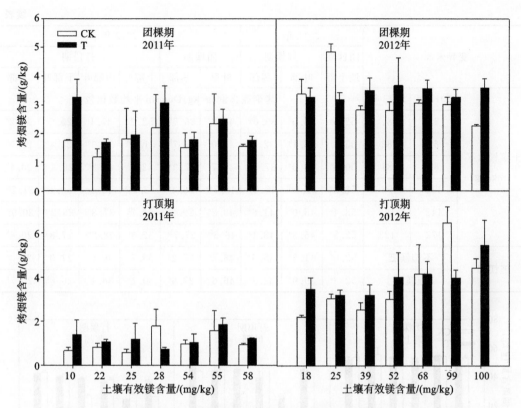

图 6-3 不同梯度镁肥力土壤对烤烟镁含量(叶部)的影响(2011、2012 年田间试验)

物对镁奢侈吸收的可能性,综合盆栽及田间试验的结果,确定土壤有效镁的临界值范围为 70 ~100 mg/kg。这一临界值范围表明,当土壤有效镁含量低于 70 mg/kg 时,表明该土壤缺镁,需适量增施镁肥。

2. 不同梯度镁肥力土壤对烤烟氮含量的影响

1) 盆栽试验

盆栽试验结果如表 6-10 和图 6-4、图 6-5 所示。

盆栽试验结果表明,不同土壤有效镁含量和施用镁肥对 2011 年盆栽试验中烤烟氮含量均没有显著影响;但不同土壤有效镁含量对 2012 年盆栽试验中烤烟氮含量有显著影响(打顶期上部叶、茎部除外),土壤施用镁肥一般不影响烤烟氮含量,但 2012 年烤烟打顶期各部位氮含量出现明显下降——施用镁肥使烤烟打顶期上部叶、中部叶、下部叶及茎部氮含量依次平均降低 6.7%、4.8%、0.7%和 2.8%。

表 6-10 不同梯度镁肥力土壤对烤烟氮含量影响的两因素方差分析及平均数比较(盆栽试验)

变异来源		2011 年			2012 年					
		团棵期	打顶期		团棵期		打顶期			
		地上部	叶部	茎部	叶部	茎部	上部叶	中部叶	下部叶	茎部
F 值 ($n=3$)	土壤镁水平	0.8^{ns}	1.8^{ns}	1.5^{ns}	6.0^{**}	5.1^{*}	1.7^{ns}	3.9^{**}	7.7^{**}	2.0^{ns}
	施镁肥	0.0^{ns}	0.4^{ns}	0.1^{ns}	0.0^{ns}	1.3^{ns}	80.2^{**}	4.1^{ns}	0.1^{ns}	2.8^{ns}
	土壤镁水平 ×施镁肥	0.9^{ns}	0.7^{ns}	0.5^{ns}	3.1^{*}	6.3^{**}	7.3^{**}	2.4^{ns}	3.6^{*}	5.0^{*}

续表

变异来源			2011年			2012年					
			团棵期	打顶期		团棵期		打顶期			
			地上部	叶部	茎部	叶部	茎部	上部叶	中部叶	下部叶	茎部
	2011年	2012年	烤烟氮含量(g/kg)Duncan平均数比较								
土壤镁水平 /(mg/kg)	52	81	52.5ᵃ	43.0ᵃ	39.0ᵃᵇ	45.2ᶜ	26.7ᵇᶜ	52.2ᵃ	37.1ᶜ	25.5ᶜ	22.2ᵃ
	67	82	55.0ᵃ	28.1ᵇ	32.3ᵇ	44.0ᶜ	26.7ᵇᶜ	51.8ᵃᵇ	38.0ᵇᶜ	25.4ᶜ	20.7ᵇ
	82	84	50.9ᵃ	43.0ᵃ	37.5ᵃᵇ	45.7ᶜ	27.9ᵃᵇ	52.4ᵃ	40.2ᵃᵇ	26.3ᵇᶜ	20.4ᵇ
	112	93	53.5ᵃ	36.9ᵃᵇ	40.0ᵃᵇ	48.7ᵃᵇ	26.4ᶜ	52.0ᵃᵇ	42.1ᵃ	30.1ᵃ	21.2ᵃᵇ
	142	102	53.4ᵃ	45.0ᵃ	41.6ᵃ	49.2ᵃ	29.2ᵃ	50.7ᵇ	37.8ᵇᶜ	26.2ᵇᶜ	20.9ᵃᵇ
	172	122	52.5ᵃ	45.3ᵃ	43.1ᵃ	46.5ᵇᶜ	27.7ᵇᶜ	52.3ᵃ	38.2ᵇᶜ	27.8ᵇ	20.6ᵇ
施镁肥	不施镁肥		53.0ᵃ	41.5ᵃ	38.6ᵃ	46.5ᵃ	27.2ᵃ	53.7ᵃ	40.0ᵃ	27.0ᵃ	21.3ᵃ
	施镁肥		52.8ᵃ	39.0ᵃ	39.2ᵃ	46.6ᵃ	27.6ᵃ	50.1ᵇ	38.1ᵇ	26.8ᵇ	20.7ᵇ

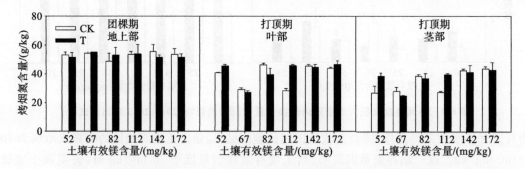

图6-4 不同梯度镁肥力土壤对烤烟不同部位氮含量的影响(2011年盆栽试验)

盆栽试验结果表明,在一定的土壤有效镁含量范围内,不同部位、不同生育期烤烟氮含量随土壤有效镁含量的提高而增加,而超出这一范围,烤烟氮含量趋于稳定,不再增加。在盆栽试验条件下,烤烟氮含量转点所对应的土壤有效镁的含量,2011年打顶期叶部为82 mg/kg,茎部为142 mg/kg;2012年团棵期叶部为93 mg/kg,团棵期茎部为102 mg/kg,打顶期上部叶为84 mg/kg,打顶期中部叶、下部叶和茎部均为93 mg/kg。

盆栽试验结果表明,不同生育期、不同部位烤烟氮含量有显著差异。在烤烟团棵期氮素积累速度较快,不同部位氮含量总体呈现叶部>茎部,上部叶>中部叶>下部叶的规律。2011年盆栽试验,烤烟打顶期叶部氮含量为36.4~48.2 g/kg,打顶期茎部氮含量为35.3~48.8 g/kg;2012年盆栽试验,烤烟团棵期叶部氮含量为41.4~54.6 g/kg,团棵期茎部氮含量为24.6~31.6 g/kg,打顶期上部叶、中部叶、下部叶氮含量依次为48.9~56.5 g/kg、35.1~45.8 g/kg、23.4~34.6 g/kg,打顶期茎部氮含量为18.1~23.9 g/kg。这一结果表明,团棵期是烤烟生长过程中氮素吸收速度最快的时期;作为矿质元素运输通道,茎部对氮素的积累量较少,主要是将氮养分从根系向烟株叶部运输,而叶部的氮含量则由于氮素的可移动性优先分配到新叶。

2)田间试验

田间试验结果如表6-11和图6-6所示。

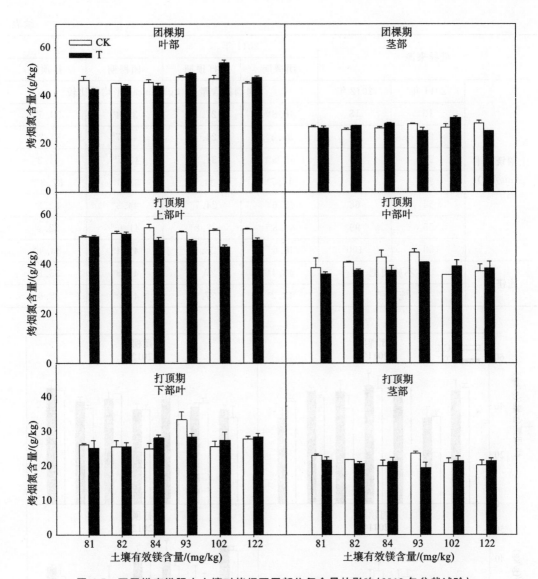

图 6-5　不同梯度镁肥力土壤对烤烟不同部位氮含量的影响（2012 年盆栽试验）

　　田间试验结果表明，土壤有效镁含量对烤烟叶部氮含量的影响较为明显，表现为土壤镁水平对烤烟叶部氮含量有极显著影响。2012 年田间试验结果显示，烤烟叶部氮含量达到极大值时，团棵期、打顶期对应的土壤有效镁含量均为 68 mg/kg，相对应的团棵期、打顶期的烤烟氮含量分别为 41.4~47.7 g/kg、29.3~32.8 g/kg。

表 6-11　不同梯度镁肥力土壤对烤烟氮含量（叶部）的两因素方差分析及平均数比较（田间试验）

变异来源		2011 年		2012 年	
		团棵期	打顶期	团棵期	打顶期
F 值 （$n=3$）	土壤镁水平	8.9**	7.5**	13.4**	2.2^{ns}
	施镁肥	0.0^{ns}	0.0^{ns}	0.1^{ns}	0.0^{ns}
	土壤镁水平×施镁肥	1.8^{ns}	1.6^{ns}	1.3^{ns}	0.5^{ns}

续表

变异来源		2011 年		2012 年	
		团棵期	打顶期	团棵期	打顶期
2011 年	2012 年	烤烟氮含量（g/kg）Duncan 平均数比较			
土壤镁水平/(mg/kg)	10	18	46.8ab	27.1cd	37.4e	39.5ab
	22	25	35.4d	24.7cd	40.7d	34.2bc
	25	39	46.5ab	31.9ab	43.7bc	41.3a
	28	52	47.7a	34.1a	38.9de	37.3abc
	54	68	42.6bc	24.7cd	44.3b	32.3c
	55	99	44.8ab	27.8bc	41.0cd	32.4c
	58	100	38.6cd	23.6d	47.4a	33.9bc
施镁肥	不施镁肥		43.1a	27.8a	41.8a	35.8a
	施镁肥		43.2a	27.6a	42.0a	35.9a

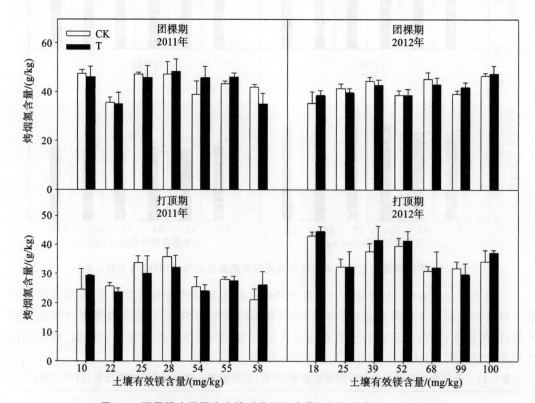

图 6-6　不同梯度镁肥力土壤对烤烟氮含量（叶部）的影响（田间试验）

值得注意的是,增施镁肥对烤烟叶部氮含量的影响并不显著。2011 年田间试验,增施镁肥使得团棵期烤烟叶部氮含量提高,但未达显著水平;2012 年田间试验,增施镁肥提高了团棵期、打顶期烤烟叶部的氮含量,但统计结果仍不显著。

田间试验结果显示,不同生育期烤烟氮含量存在显著差异。2011 年田间试验结果显示,团棵期烤烟叶部氮含量均值为 43.2 g/kg,打顶期烤烟叶部氮含量均值为 27.6 g/kg。2012 年田间试验结果显示,团棵期烤烟叶部氮含量均值为 42.0 g/kg,打顶期烤烟叶部氮含量均值为 35.9 g/kg。由此可见,团棵期是烤烟氮营养吸收的主要时期,随着生育期的延长,烤烟体内的氮素部分回流至根系,以为根部烟碱合成做准备,从而使得烤烟叶部氮含量有一定的下降。

3. 不同梯度镁肥力土壤对烤烟磷含量的影响

1)盆栽试验

在盆栽试验条件下考察不同梯度镁肥力土壤对烤烟磷含量的影响,结果如表 6-12 和图 6-7、图 6-8 所示。

表 6-12 不同梯度镁肥力土壤对烤烟磷含量的两因素方差分析及平均数比较(盆栽试验)

变异来源			2011 年			2012 年					
			团棵期	打顶期		团棵期		打顶期			
			地上部	叶部	茎部	叶部	茎部	上部叶	中部叶	下部叶	茎部
F 值 ($n=3$)	土壤镁水平		1.2^{ns}	0.9^{ns}	1.6^{ns}	18.4^{**}	3.5^{*}	4.8^{**}	31.4^{**}	0.6^{ns}	1.4^{ns}
	施镁肥		0.1^{ns}	0.7^{ns}	0.4^{ns}	2.2^{ns}	2.0^{ns}	9.1^{**}	4.1^{ns}	84.5^{**}	0.4^{ns}
	土壤镁水平 ×施镁肥		0.5^{ns}	2.5^{ns}	3.0^{*}	15.5^{**}	3.6^{*}	2.8^{*}	3.6^{*}	1.0^{ns}	0.7^{ns}
	2011 年	2012 年	烤烟磷含量(g/kg)Duncan 平均数比较								
土壤镁水平 /(mg/kg)	52	81	4.0^{a}	3.1^{a}	1.7^{a}	1.6^{bc}	1.0^{b}	3.4^{ab}	0.7^{e}	1.0^{a}	1.5^{ab}
	67	82	4.3^{a}	3.1^{a}	1.8^{a}	1.6^{c}	1.0^{b}	3.4^{a}	0.9^{d}	0.9^{a}	1.4^{b}
	82	84	3.9^{a}	3.2^{a}	1.6^{a}	1.6^{bc}	1.1^{ab}	3.5^{a}	1.1^{c}	1.0^{a}	1.4^{ab}
	112	93	4.2^{a}	3.2^{a}	1.6^{a}	2.1^{a}	1.0^{b}	3.3^{ab}	1.3^{b}	1.0^{a}	1.5^{ab}
	142	102	4.1^{a}	3.5^{a}	1.8^{a}	1.6^{bc}	1.2^{b}	3.2^{bc}	1.3^{b}	1.0^{a}	1.5^{a}
	172	122	3.8^{a}	3.2^{a}	1.8^{a}	1.7^{b}	1.1^{b}	3.1^{c}	1.4^{a}	1.0^{a}	1.4^{ab}
施镁肥	不施镁肥		4.0^{a}	3.1^{a}	1.7^{a}	0.2^{a}	1.0^{a}	3.4^{a}	1.2^{a}	1.1^{a}	1.5^{a}
	施镁肥		4.1^{a}	3.2^{a}	1.7^{a}	0.2^{a}	1.1^{a}	3.2^{b}	1.1^{a}	0.8^{b}	1.4^{a}

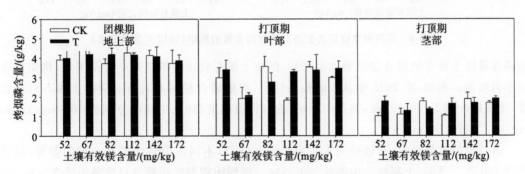

图 6-7 不同梯度镁肥力土壤对烤烟磷含量的影响(2011 年盆栽试验)

在 2011 年盆栽试验条件下,不同土壤有效镁含量及增施镁肥对烤烟磷含量的影响不显著。但是,2012 年盆栽试验结果显示,增施镁肥降低了烤烟各部位的磷含量(团棵期茎部除外),其中打顶期上部叶磷含量平均降低 4.7%,下部叶磷含量降低 25.7%,达到了显著水平。

2012 年盆栽试验结果表明,不同镁含量的土壤对烤烟磷元素的吸收量有显著影响。烤

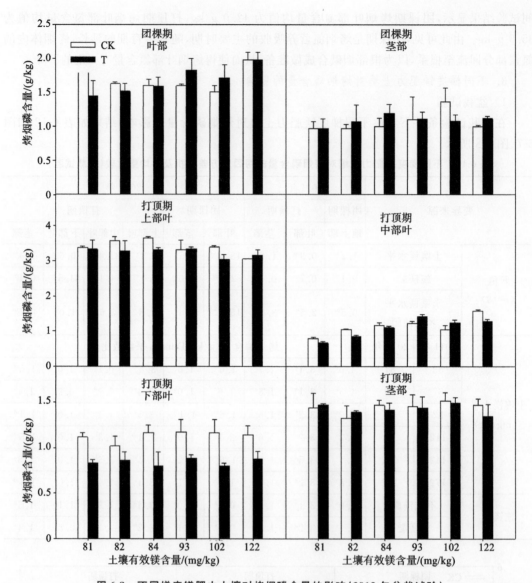

图 6-8 不同梯度镁肥力土壤对烤烟磷含量的影响（2012 年盆栽试验）

烟磷含量随土壤有效镁含量的增加而增加,但在土壤有效镁含量超过一定范围后,烤烟磷含量不再增加。例如,在 2012 年盆栽试验条件下,烤烟磷含量最高时所对应的土壤有效镁含量,团棵期叶部为 93 mg/kg,茎部 102 mg/kg;打顶期上部叶、中部叶分别为 102 mg/kg、93 mg/kg,茎部为 93 mg/kg。

盆栽试验结果显示,烤烟磷元素主要集中在叶部,不同部位磷含量有一定的差异,具体表现为叶部>茎部,上部叶>中部叶>下部叶。烤烟团棵期叶中磷含量为茎中磷含量的 1.3~2.1 倍,打顶期上部叶磷含量分别为中部叶、下部叶和茎中磷含量的 2.2~4.7 倍、3.1~3.6 倍、2.1~2.5 倍。由此说明,茎向运输是烤烟体内磷元素运输的主要途径,烟株吸收的磷元素首先被分配到烤烟上部的新生嫩叶中,而后才用于满足中部叶、下部叶的养分需求。

2) 田间试验

在田间试验条件下考察不同梯度镁肥力土壤对烤烟叶部磷含量的影响,结果如表 6-13

和图 6-9 所示。

　　在田间试验条件下,施用镁肥对不同生育期烤烟叶部磷含量的影响不显著,如表 6-13 所示。

表 6-13　不同梯度镁肥力土壤对烤烟磷含量(叶部)的两因素方差分析及平均数比较(田间试验)

变异来源			2011 年		2012 年	
			团棵期	打顶期	团棵期	打顶期
F 值 ($n=3$)		土壤镁水平	10.3**	8.5**	5.0**	2.3ns
		施镁肥	0.9ns	0.4ns	3.0ns	3.7ns
		土壤镁水平×施镁肥	0.5ns	1.1ns	3.9**	0.7ns
	2011 年	2012 年	烤烟磷含量(g/kg)Duncan 平均数比较			
土壤镁水平 /(mg/kg)	10	18	1.6d	0.9cd	3.6cd	2.8a
	22	25	2.2cd	0.8d	3.6cd	2.0c
	25	39	3.2ab	1.4a	3.7bcd	2.6ab
	28	52	2.1cd	1.2ab	4.0ab	2.4abc
	54	68	2.7bc	0.6d	4.2a	2.5abc
	55	99	1.5d	1.4a	3.4d	2.2bc
	58	100	3.7a	1.1bc	3.8bc	2.4abc
施镁肥	不施镁肥		2.3a	1.1a	3.8a	2.3a
	施镁肥		2.5a	1.0a	3.7a	2.5a

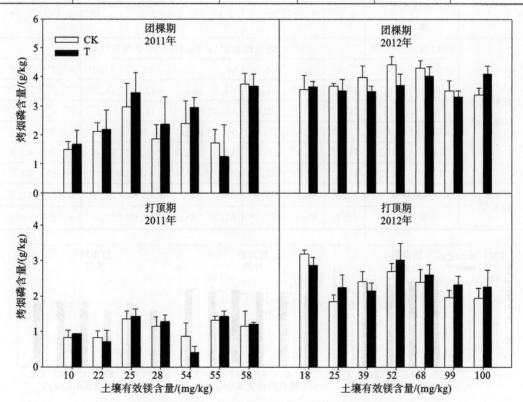

图 6-9　不同梯度镁肥力土壤对烤烟磷含量(叶部)的影响(田间试验)

　　田间试验结果表明,土壤镁水平对烤烟团棵期叶片中的磷含量有极显著影响。随土壤有效镁水平的不断提高,烤烟叶部磷含量呈现出先增加后降低的规律。2012 年田间试验,团棵期烤烟叶部磷含量最高时,土壤有效镁含量为 68 mg/kg。

　　烤烟团棵期叶部磷含量普遍高于打顶期。2011 年田间试验,团棵期叶部磷含量平均为 2.4 g/kg,打顶期叶部磷含量平均为 1.1 g/kg,团棵期叶部磷含量为打顶期叶部磷含量的 1.1～4.2 倍;2012 年大田试验,团棵期叶部磷含量平均为 3.5 g/kg,打顶期叶部磷含量平均为 2.7 g/kg,团棵期叶部磷含量为打顶期叶部磷含量的 1.3～1.8 倍。由此说明,团棵期是烤烟烟株磷元素吸收较旺盛的时期,也是烟株生长的养分关键期。

　　4. 不同梯度镁肥力土壤对烤烟钾含量的影响

　　1) 盆栽试验

　　在盆栽试验条件下考察不同梯度镁肥力土壤对烤烟钾含量的影响,结果如表 6-14 和图 6-10、图 6-11 所示。

表 6-14　不同梯度镁肥力土壤对烤烟钾含量影响的两因素方差分析及平均数比较(盆栽试验)

变异来源		2011 年			2012 年					
		团棵期	打顶期		团棵期		打顶期			
		地上部	叶部	茎部	叶部	茎部	上部叶	中部叶	下部叶	茎部
F 值 ($n=3$)	土壤镁水平	3.7^*	1.4^{ns}	5.2^{**}	6.3^{**}	6.3^{**}	10.2^{**}	4.3^{**}	10.4^{**}	0.8^{ns}
	施镁肥	6.1^*	0.9^{ns}	3.9^{ns}	11.3^*	0.3^{ns}	18.1^{**}	0.0^{ns}	44.2^{**}	16.3^{**}
	土壤镁水平× 施镁肥	0.3^{ns}	1.2^{ns}	3.8^*	1.8^{ns}	0.9^{ns}	5.5^*	1.1^{ns}	1.3^{ns}	1.9^{ns}
	2011 年	2012 年	烤烟钾含量(g/kg)Duncan 平均数比较							
土壤镁水平 /(mg/kg)	52	81	75.5^{ab}	66.9^{ab}	49.0^c	66.5^{bc}	50.4^c	40.9^c	48.4^c	60.3^d	39.8^a
	67	82	78.4^a	66.5^{ab}	54.4^{ab}	63.3^d	54.9^{bc}	42.0^{bc}	53.7^{ab}	62.4^{cd}	39.7^a
	82	84	74.6^{ab}	61.7^b	52.6^{bc}	65.4^{cd}	56.4^b	41.1^{bc}	52.1^{abc}	68.6^{ab}	39.7^a
	112	93	73.4^{bc}	67.4^{ab}	55.3^{ab}	68.6^{ab}	59.7^{ab}	42.3^b	55.2^a	72.3^a	41.8^a
	142	102	74.2^{ab}	67.4^{ab}	56.3^{ab}	70.5^a	62.8^a	41.0^{bc}	50.8^{bc}	65.5^{bc}	39.3^a
	172	122	69.6^c	69.5^a	57.3^a	65.7^{bcd}	55.9^b	44.8^a	55.3^a	66.4^b	39.7^a
施镁肥	不施镁肥		72.8^b	65.7^a	53.1^a	68.1^a	57.1^a	42.8^a	52.7^a	69.6^a	41.7^a
	施镁肥		75.8^a	67.4^a	55.2^a	65.7^b	56.2^a	41.9^b	52.5^a	62.3^b	38.3^b

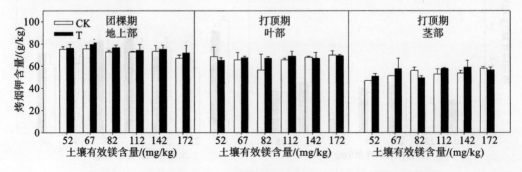

图 6-10　不同梯度镁肥力土壤对烤烟钾含量的影响(2011 年盆栽试验)

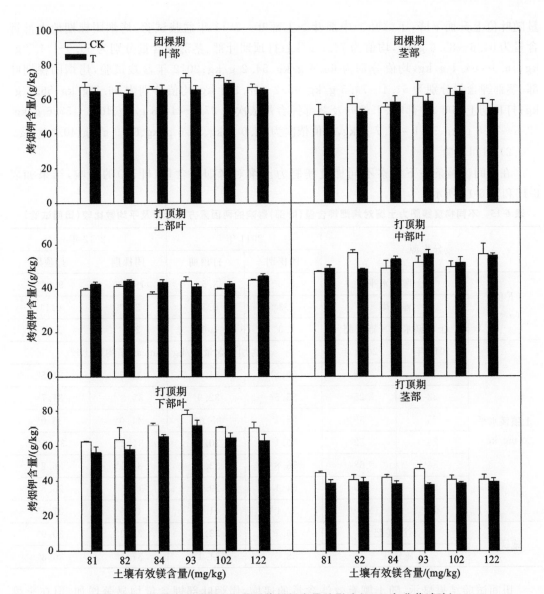

图 6-11 不同梯度镁肥力土壤对烤烟钾含量的影响(2012 年盆栽试验)

土壤有效镁含量影响烤烟各部位钾的含量,表现为土壤有效镁含量过高将抑制钾元素的吸收。也就是说,当土壤有效镁含量低于一定范围时,烤烟钾含量随土壤有效镁的增加而增加,而土壤有效镁含量达到或超过一定范围后,钾含量则不再随之增加。2012 年盆栽试验结果显示,土壤有效镁含量达到 102 mg/kg 后,烤烟团棵期钾含量不再增加;土壤有效镁含量达到 93 mg/kg 时,烤烟打顶期中部叶和下部叶钾含量达到最大值。同样,在 2012 年盆栽试验条件下,与不施镁肥相比,施镁肥后,烤烟团棵期叶部钾含量平均下降 3.8%,打顶期上部叶、下部叶和茎部钾含量分别平均下降 2.1%、10.5%、8.2%。可见,增施镁肥将抑制烤烟对钾的吸收,镁元素与钾元素之间存在一定的拮抗作用。

烤烟不同生育期、不同部位对钾元素的利用结果有明显差异。钾营养主要由茎部运输,但主要积累在叶部,打顶前叶部钾营养向上运输较少。具体表现为:叶部>茎部,叶部钾含量随叶位上升而下降,下部叶＞中部叶＞上部叶。2011 年盆栽试验,烤烟团棵期地上部钾含量为 64.6～83.6 g/kg,均值为 74.3 g/kg;打顶期叶部、茎部钾含量分别为 59.0～74.7 g/kg、46.9～64.1 g/kg,均值分别为 66.6 g/kg、54.2 g/kg;2012 年盆栽试验,烤烟团棵期叶部、茎部钾含量分别为 61.4～74.5 g/kg、45.2～68.3 g/kg,均值分别为 66.7 g/kg、56.7 g/kg;打顶期上部叶、中部叶、下部叶及茎部钾含量依次为 37.1～44.8 g/kg、46.6～57.6 g/kg、52.6～77.8 g/kg、35.1～47.7 g/kg,均值依次为 42.0 g/kg、52.6 g/kg、65.9 g/kg、40.0 g/kg。

2) 田间试验

在田间试验条件下考察不同梯度镁肥力土壤对烤烟钾含量(叶部)的影响,结果如表 6-15 和图 6-12 所示。

表 6-15　不同梯度镁肥力土壤对烤烟钾含量(叶部)影响的两因素方差分析及平均数比较(田间试验)

变异来源		2011 年		2012 年	
		团棵期	打顶期	团棵期	打顶期
F 值 (n＝3)	土壤镁水平	2.0[ns]	3.5[*]	19.5[**]	9.0[**]
	施镁肥	1.3[ns]	0.3[ns]	3.9[ns]	0.1[ns]
	土壤镁水平×施镁肥	1.3[ns]	1.6[ns]	2.5[*]	2.6[*]
	2011 年	2012 年	烤烟钾含量(g/kg)Duncan 平均数比较		
土壤镁水平 /(mg/kg)	10	18	56.8[b]	31.2[b]	33.2[d]	31.5[b]
	22	25	55.5[b]	32.9[b]	33.6[cd]	31.7[b]
	25	39	55.1[b]	35.6[ab]	41.0[a]	36.0[a]
	28	52	56.1[b]	30.6[b]	34.2[cd]	32.8[ab]
	54	68	56.8[b]	33.9[b]	38.1[b]	26.2[c]
	55	99	64.1[a]	29.9[b]	35.7[bc]	25.8[c]
	58	100	59.4[ab]	41.5[a]	42.6[a]	27.1[c]
施镁肥	不施镁肥		56.7[a]	33.2[a]	36.2[a]	30.0[a]
	施镁肥		58.6[a]	34.1[a]	37.5[a]	30.3[a]

田间试验结果显示,随土壤有效镁含量的递增,烤烟叶部钾含量均显著增加,但在土壤有效镁含量超过一定范围后,烤烟钾含量会显著下降。

经综合分析得知,2011 年田间试验,团棵期烤烟叶部钾含量为 53.1～60.4 g/kg,打顶期烤烟叶部钾含量为 29.3～43.2 g/kg;2012 年田间试验,团棵期烤烟叶部钾含量均值为 36.9 g/kg,为打顶期烤烟叶部钾含量的 1.2～1.5 倍,表明烤烟叶部团棵期对钾的需求量较大。2012 年田间试验,团棵期烤烟叶部钾含量达到极大值所对应的土壤有效镁含量为 39 mg/kg,打顶期烤烟叶部钾含量达到极大值所对应的土壤有效镁含量为 52 mg/kg,说明一定浓度的土壤有效镁能促进烤烟对钾的吸收。

5. 不同梯度镁肥力土壤对烤烟钾镁比的影响

1) 盆栽试验

为获得较为灵敏的诊断指标,考察了不同梯度镁肥力土壤中烤烟钾镁比的变化规律。其中盆栽试验结果如表 6-16 和图 6-13、图 6-14 所示。

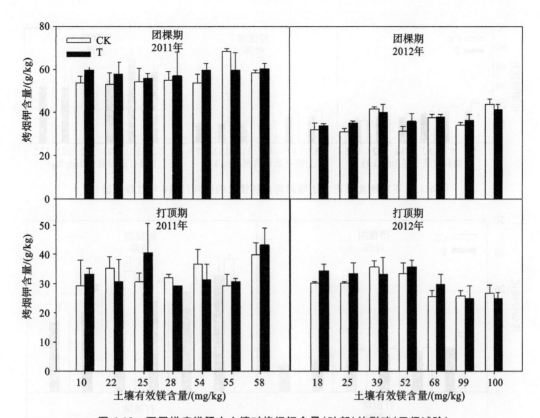

图 6-12　不同梯度镁肥力土壤对烤烟钾含量(叶部)的影响(田间试验)

表 6-16　不同梯度镁肥力土壤对烤烟钾镁比影响的两因素方差分析及平均数比较(盆栽试验)

变异来源		2011 年			2012 年					
		团棵期	打顶期		团棵期		上部叶	中部叶	下部叶	茎部
		地上部	叶部	茎部	叶部	茎部		打顶期		
F 值 (n=3)	土壤镁水平	22.8**	12.7**	5.4**	35.4**	12.4**	20.7**	15.5**	23.3**	3.0*
	施镁肥	9.5**	7.8**	0.0ns	52.2**	24.7**	0.1ns	0.4ns	4.9*	171.0**
	土壤镁水平 ×施镁肥	3.3*	1.2ns	3.1*	2.3ns	0.4ns	1.8ns	1.3ns	5.0**	0.6ns
	2011 年	2012 年		烤烟钾镁比 Duncan 平均数比较						
土壤镁水平 /(mg/kg)	52	81	18.7a	15.0a	33.7a	14.6a	36.4a	12.0a	12.3a	14.2a	56.6a
	67	82	17.5a	14.0a	38.5a	12.5b	30.1b	11.1b	11.9a	11.3b	51.1abc
	82	84	15.7b	11.8b	32.3b	11.8bc	29.6bc	10.8bc	11.5a	10.0bc	48.2bc
	112	93	14.1c	11.5bc	30.9b	10.9cd	32.0b	10.2c	9.9b	9.7c	52.6ab
	142	102	13.5c	10.3bc	30.9b	10.1d	26.7cd	8.9d	9.0bc	8.1d	44.2c
	172	122	11.8d	10.1c	31.0b	9.1e	23.4d	9.4d	8.2c	7.9d	45.3bc
施镁肥	不施镁肥		15.9a	12.7a	33.7a	12.5a	32.3a	10.4a	10.6a	10.6a	35.2b
	施镁肥		14.5b	11.5b	33.7a	10.5b	27.2b	10.4a	10.4a	9.8b	64.1a

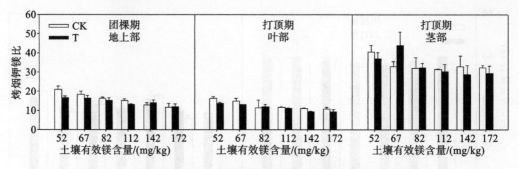

图6-13 不同梯度镁肥力土壤对烤烟钾镁比的影响(2011年盆栽试验)

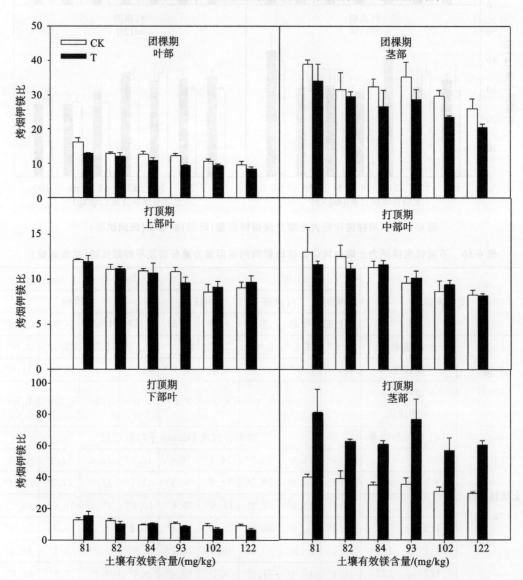

图6-14 不同梯度镁肥力土壤对烤烟钾镁比的影响(2012年盆栽试验)

盆栽试验结果表明,烤烟各部位钾镁比随土壤有效镁含量的增加显著降低,即土壤有效镁含量越低,烤烟各部位钾镁比越高。当土壤有效镁含量在一定范围内增加时,烤烟钾镁比显著降低,但在土壤有效镁含量超过一定范围后,烤烟钾镁比不再随土壤有效镁的增加而继续降低。

烤烟钾镁比的临界值所对应的土壤有效镁含量,2011 年盆栽试验烤烟团棵期为 82 mg/kg,相应的钾镁比为 11.8~18.7,打顶期叶部为 82 mg/kg,相应的钾镁比为 10.1~15.0;2012 年盆栽试验烤烟团棵期为 82 mg/kg,打顶期上部叶为 82 mg/kg,打顶期中部叶为 93 mg/kg,打顶期下部叶为 82 mg/kg,打顶期茎部为 84 mg/kg,各部位对应的钾镁比依次为 9.1~14.6、8.9~12.0、8.2~12.3、7.9~14.2、44.2~56.6。

烤烟各生育期、不同部位间的钾镁比存在差异,表现为:团棵期>打顶期,茎部>叶部。2011 年烤烟团棵期地上部钾镁比为 12~21,打顶期上部叶钾镁比为 9~16,打顶期茎部钾镁比为 30~40;2012 年烤烟团棵期地上部钾镁比为 8~16,团棵期茎部钾镁比为 20~40,打顶期上部叶、中部叶、下部叶钾镁比集中在 8~13 区间,打顶期茎部钾镁比为 30~80。由此表明,茎部对钾的输送量高于镁,烟株对钾的需求量远高于镁;打顶期茎中钾的运输量急剧增加,而镁的运输量有所下降,说明打顶期是烤烟积累钾素的关键时期。

2)田间试验

田间试验结果如表 6-17 和图 6-15 所示。

表 6-17　不同梯度镁肥力土壤对烤烟钾镁比(叶部)影响的两因素方差分析及平均数比较(田间试验)

变异来源		2011 年		2012 年	
		团棵期	打顶期	团棵期	打顶期
F 值 (n=3)	土壤镁水平	1.7ns	5.0**	24.4**	23.0**
	施镁肥	5.9*	3.9ns	14.3**	6.1*
	土壤镁水平×施镁肥	0.3ns	2.6*	25.2**	3.6**
	2011 年	2012 年	烤烟钾镁比 Duncan 平均数比较		
土壤镁水平 /(mg/kg)	10	18	24.5b	36.1ab	10.2de	11.3ab
	22	25	40.8a	36.1b	9.2c	10.2b
	25	39	34.8ab	47.2a	13.0b	12.8a
	28	52	25.5b	30.2bc	11.3cd	9.6b
	54	68	35.5ab	35.4b	11.5c	6.6c
	55	99	30.0ab	19.3c	11.4c	5.4c
	58	100	36.0ab	39.4ab	15.0a	5.6c
施镁肥	不施镁肥		36.6a	37.7a	12.3a	9.5a
	施镁肥		28.2b	31.9a	11.2b	8.3b

田间试验结果显示,在 2011 年田间试验条件下,土壤有效镁含量为 10~58 mg/kg,均在土壤有效镁临界值以下,钾镁比随土壤镁肥力提高的变化结果不明显。但在 2012 年田间试验条件下,随土壤镁肥力(18~100 mg/kg)的提高,烤烟叶部钾镁比降低,尤其以打顶期表现明显,其拐点所对应的土壤镁肥力水平为 52 mg/kg,相应的钾镁比为 3.6~6.7。

2011 年田间试验,烤烟团棵期、打顶期叶部钾镁比均集中在 30~40 区间;2012 年田间试验,烤烟团棵期、打顶期叶部钾镁比均集中在 9~13 区间,说明在田间试验条件下,烤烟团棵期、打顶期对钾、镁营养的吸收利用较平衡。

田间试验结果表明,施用镁肥显著降低烤烟叶部钾镁比。与不施镁肥相比,2011 年田

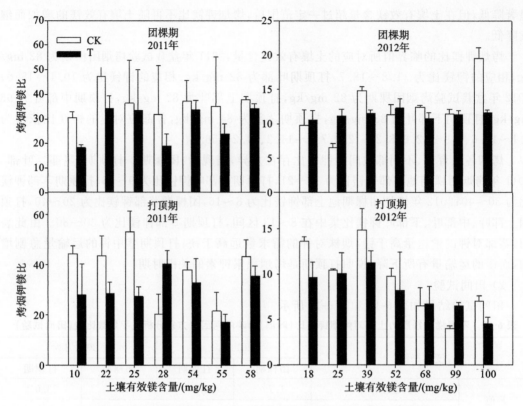

图 6-15 不同梯度镁肥力土壤对烤烟钾镁比(叶部)的影响(田间试验)

间试验烤烟团棵期叶部钾镁比降低了 23.0%;2012 年田间试验烤烟团棵期、打顶期叶部钾镁比分别降低了 8.9%、12.6%。

6. 不同梯度镁肥力土壤对烤烟钙含量的影响

1)盆栽试验

2012 年在盆栽试验条件下考察了不同有效镁土壤和施用镁肥对烤烟各部位钙含量的影响,结果如表 6-18 和图 6-16 所示。

表 6-18 不同梯度镁肥力土壤对烤烟钙含量影响的两因素方差分析及平均数比较(2012 年盆栽试验)

变异来源		2012 年					
		团棵期		打顶期			
		叶部	茎部	上部叶	中部叶	下部叶	茎部
F 值 (n=3)	土壤镁水平	4.2**	3.8*	2.7*	1.0ns	1.8ns	6.3**
	施镁肥	0.1ns	2.5ns	3.7ns	0.9ns	4.2ns	13.1**
	土壤镁水平×施镁肥	1.5ns	4.1**	1.9ns	0.4ns	1.4ns	2.4ns
土壤镁水平 /(mg/kg)	2012 年	烤烟钙含量(g/kg)Duncan 平均数比较					
	81	30.0ab	8.0c	14.8a	26.4a	44.8ab	7.9a
	82	29.0abc	9.3ab	14.6a	27.3a	44.3b	7.6a
	84	30.4a	9.4ab	13.8ab	26.4a	48.9a	6.8ab

续表

变异来源		2012 年					
		团棵期		打顶期			
		叶部	茎部	上部叶	中部叶	下部叶	茎部
土壤镁水平 /(mg/kg)	93	30.8ᵃ	9.8ᵃ	13.6ᵃᵇ	26.3ᵃ	47.6ᵃᵇ	7.3ᵃ
	102	27.9ᵇᶜ	8.6ᵇᶜ	12.7ᵇ	23.4ᵃ	43.8ᵇ	6.2ᵇᶜ
	122	27.0ᶜ	8.4ᵇᶜ	12.2ᵇ	25.4ᵃ	44.3ᵇ	5.4ᶜ
施镁肥	不施镁肥	29.3ᵃ	8.7ᵃ	14.1ᵃ	26.4ᵃ	46.9ᵃ	7.4ᵃ
	施镁肥	29.0ᵃ	9.2ᵃ	13.1ᵃ	25.3ᵃ	44.3ᵃ	6.3ᵇ

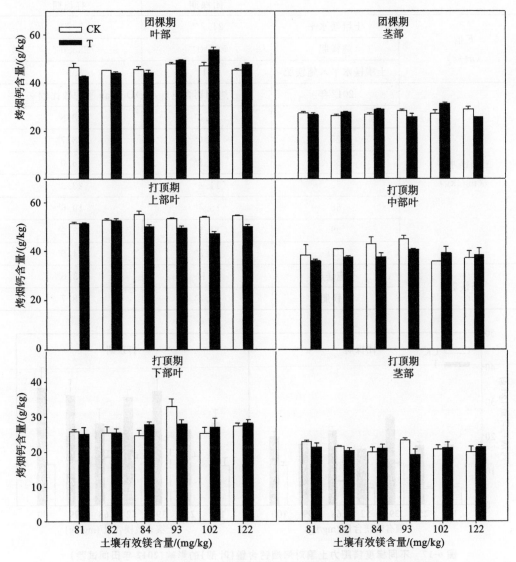

图 6-16　不同梯度镁肥力土壤对烤烟钙含量的影响(2012 年盆栽试验)

盆栽试验结果表明,在土壤有效镁含量为 81～122 mg/kg 的土壤上,施用镁肥对烤烟钙的含量影响不大。但 2012 年在田间试验条件下，土壤含有效镁为 18～100 mg/kg 时，施用镁肥显著提高烤烟叶部对钙的吸收——施用镁肥使得烤烟团棵期、打顶期叶部钙含量分别平均增加 172％、111％。在不同镁肥力的土壤上，烤烟各部位钙含量最高点（次高点）所对应的土壤有效镁含量，2012 年团棵期叶部、茎部均为 102 mg/kg；打顶期上部叶为 102 mg/kg，下部叶为 93 mg/kg，茎部为 102 mg/kg。

2）田间试验

2012 年在田间试验条件下考察了不同有效镁土壤和施用镁肥对烤烟叶部钙含量的影响，结果如表 6-19 和图 6-17 所示。

表 6-19　不同梯度镁肥力土壤对烤烟钙含量(叶部)影响的两因素方差分析及平均数比较(2012 年田间试验)

变异来源		2012 年	
		团棵期	打顶期
F 值 (n=3)	土壤镁水平	21.2**	5.7**
	施镁肥	563.0**	235.0**
	土壤镁水平×施镁肥	2.1ns	3.9**
	2012 年	烤烟钙含量(g/kg)Duncan 平均数比较	
土壤镁水平 /(mg/kg)	18	12.3c	18.8b
	25	12.0c	18.7b
	39	19.8a	26.0a
	52	11.4c	23.9a
	68	15.4b	19.6b
	99	11.9c	23.9a
	100	16.3b	24.6a
施镁肥	不施镁肥	7.1b	13.6b
	施镁肥	19.4a	28.7a

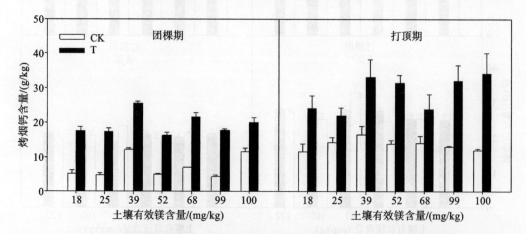

图 6-17　不同梯度镁肥力土壤对烤烟钙含量(叶部)的影响(2012 年田间试验)

如图 6-17 所示，在田间试验条件下，试验结果更为明显。在大田土壤有效镁含量从 18 mg/kg 增加到 39 mg/kg 的过程中，烤烟叶部钙含量显著增加；而当土壤有效镁含量继续增加时,烤烟叶部钙含量不再增加。

烤烟各部位钙含量表现为:叶部>茎部,下部叶>中部叶>上部叶。团棵期叶部钙含量为茎部的 3.1~3.8 倍,打顶期上部叶钙含量最高,依次为中部叶、下部叶和茎部钙含量的 3.0~3.6 倍、1.6~1.9 倍、5.7~8.2 倍。由此表明,钙元素在烤烟烟叶中主要集中在下部叶中。在田间试验条件下,团棵期烤烟平均钙含量为 14.2 g/kg,打顶期烤烟平均钙含量为 22.2 g/kg,打顶期钙含量约为团棵期钙含量的 1.6 倍,说明烤烟对钙有一定的吸收,但烤烟体内钙含量增幅较小。

7. 不同土壤镁肥力及施用镁肥对烤烟钙镁比的影响

Ca 和 Mg 存在着复杂的相互作用。本书采用盆栽试验和田间试验研究了不同镁肥力土壤和施用镁肥对钙镁比的影响,试图寻找比单独的 Ca 含量和 Mg 含量更为灵敏的指标体系。盆栽试验和田间试验的结果表明,钙镁比受土壤中镁肥力的影响。

随土壤有效镁含量的不断增加,烤烟各时期钙镁比先增加,而后下降。在田间试验条件下,烤烟钙镁比最大值所对应的土壤有效镁含量,团棵期、打顶期均为 39 mg/kg。盆栽试验的结果进一步验证了这一结果,各生育期各部位钙镁比在土壤有效镁含量为 81 mg/kg 时就达到最大值,以后逐渐下降。

施用镁肥对烤烟不同生育期各部位钙镁比也有显著影响,如图 6-18 和图 6-19 所示。在田间试验条件(土壤有效镁含量为 18~100 mg/kg)下,施用镁肥显著提高烤烟团棵期、打顶期烟叶的钙镁比。土壤施用镁肥,烤烟团棵期、打顶期烟叶的钙镁比分别平均提高 133.0%、78.9%,表明增施镁肥在促进烤烟镁含量增加的同时,对烟叶钙的吸收利用具有更强的促进作用。盆栽试验的结果有所不同,在盆栽土壤有效镁含量为 81~122 mg/kg 的条件下,施镁降低烤烟各部位钙镁比 4.9%~12.5%。

田间试验的结果表明,烤烟打顶期钙镁比高于团棵期。团棵期烤烟叶部钙镁比为 1~6,均值为 4.4;打顶期烤烟叶部钙镁比为 2~10,均值为 6.1。盆栽试验的结果也表明,烤烟打顶期各部位钙镁比有显著差异,表现为下部叶>中部叶>上部叶,打顶期烤烟下部叶钙镁比分别为中部叶、下部叶钙镁比的 1.3~1.7 倍、2.0~2.6 倍,由此也印证了钙元素为惰性元素,多累积在老叶中的理论。

(三)不同梯度镁肥力土壤对烤烟生长的影响

1. 不同梯度镁肥力土壤对烤烟农艺性状的影响

盆栽试验结果表明,施用镁肥对烤烟的农艺性状有一定的影响,如图 6-20、图 6-21 所示。例如 2011 年盆栽试验,施用镁肥使烤烟团棵期株高平均提高 8.0%,打顶期株高平均提高 5.9%,团棵期和打顶期叶片数、叶绿素含量及干重指标无显著性差异;2012 年盆栽试验,施用镁肥使得烤烟团棵期株高、叶片数有一定的增加。当土壤有效镁含量在一定范围内时,烤烟的农艺性状随土壤有效镁含量的增加而改善;但土壤有效镁含量增加到一定值时,烤烟的各项农艺性状不再变化,存在一个稳定点。例如,烤烟各项农艺性状最优时所对应的土壤有效镁含量:2011 年盆栽试验烤烟团棵期为 67 mg/kg,打顶期为 82 m/kg;2012 年盆栽试验烤烟团棵期为 82~84 mg/kg。

烤烟团棵期到打顶期各项农艺性状指标的增幅显著。在 2011 年盆栽试验条件下,与团棵期相比,打顶期株高增幅为 30%~40%,叶片数增幅为 60%~80%,叶绿素含量增幅为

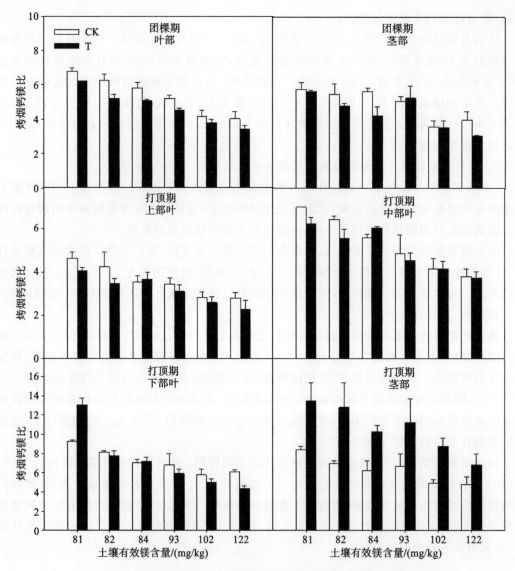

图 6-18　不同梯度镁肥力土壤对烤烟钙镁比的影响(2012 年盆栽试验)

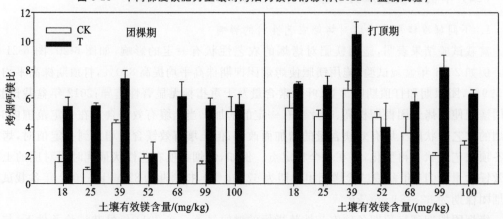

图 6-19　不同梯度镁肥力土壤对烤烟钙镁比(叶部)的影响(2012 年田间试验)

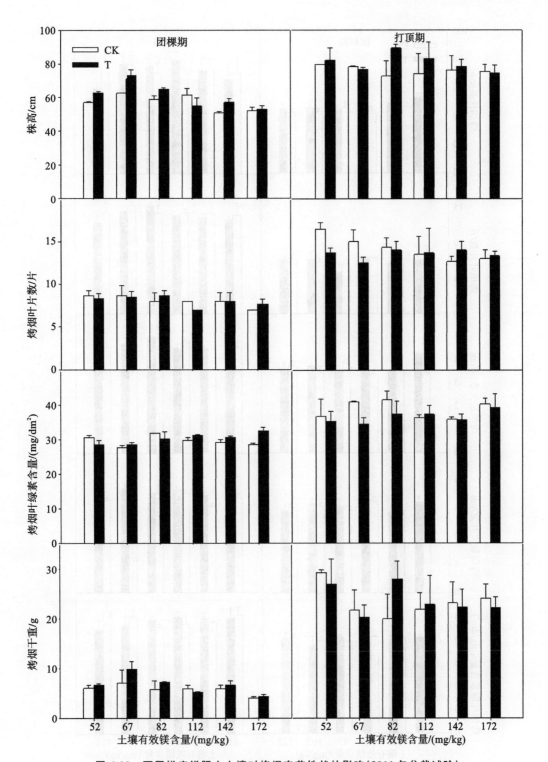

图 6-20　不同梯度镁肥力土壤对烤烟农艺性状的影响(2011 年盆栽试验)

20％～30％，干重增幅为 250％～300％。在 2012 年盆栽试验条件下,烤烟打顶期株高、叶片数、最大茎围、最大叶宽分别较团棵期提高 60％～80％、80％～120％、25％～30％、10％～15％、18％～25％。

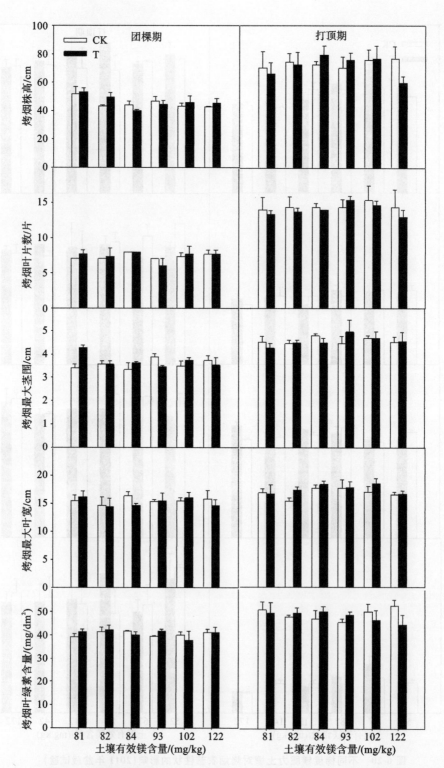

图 6-21　不同梯度镁肥力土壤对烤烟农艺性状的影响（2012 年盆栽试验）

　　土壤有效镁含量在一定范围内增加能促进烤烟的生长。当土壤有效镁含量低于一定范围（80～90 mg/kg）时，在盆栽试验条件下，增施镁肥能促进烤烟的生长发育，利于烟株的纵向生长,但土壤有效镁含量高于这一范围时,对促进烤烟的生长没有显著作用。

2. 不同梯度镁肥力土壤对烤烟抗氧化物酶活性的影响

增施镁肥能显著降低烤烟不同生育期叶部氧化还原酶类的活性,如图 6-22 所示。2012 年盆栽试验,土壤增施镁肥使得烤烟叶部团棵期 POD 的活性降低 16.6%、CAT 的活性降低 48.8%,打顶期 CAT 的活性降低 55.5%,打顶期 POD 的活性没有显著下降。

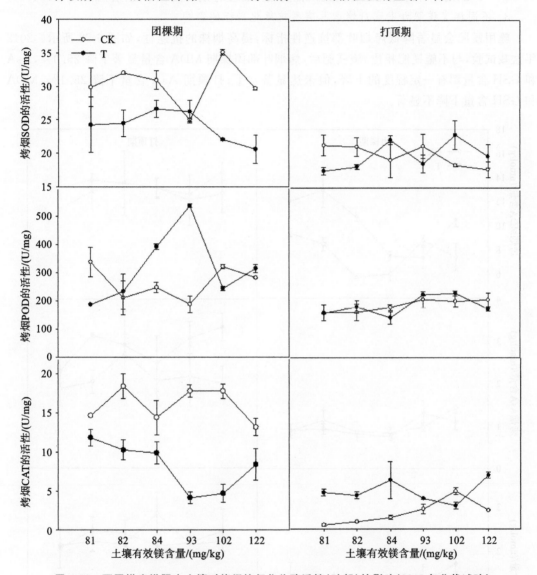

图 6-22　不同梯度镁肥力土壤对烤烟抗氧化物酶活性(叶部)的影响(2012 年盆栽试验)

随土壤有效镁含量的提高,烤烟叶部氧化还原酶的活性均呈先增加后降低的规律性变化。随着土壤有效镁含量的增加,烤烟叶部氧化还原酶的活性逐渐增加,达到一个极大值,而后烤烟叶部氧化还原酶的活性随土壤有效镁含量的增加而下降。例如,2012 年盆栽试验,团棵期烤烟叶部 SOD、POD、CAT 的最大活性所对应的土壤有效镁含量依次为 93 mg/kg、93 mg/kg、82 mg/kg;而打顶期烤烟叶部 SOD、POD、CAT 的最大活性所对应的土壤有效镁含量依次为 84 mg/kg、93 mg/kg、84 mg/kg。

烤烟团棵期叶部各氧化还原酶的活性均显著高于打顶期。不同生育期氧化还原酶的活性呈现出团棵期＞打顶期的规律。2012 年盆栽试验,团棵期 SOD 的活性为 18.5～35.0 U/mg,POD 的活性为 160.0～544.0 U/mg,CAT 的活性为 3.4～20.0 U/mg;打顶期 SOD 的活性为 16.5～23.0 U/mg,POD 的活性为 131.0～247.0 U/mg,CAT 的活性为 0.4～7.8 U/mg。可见,烤烟叶部氧化还原酶的活性随着烟株生育期的延长而逐渐降低。

3. 不同梯度镁肥力土壤对烤烟非酶型抗氧化指标的影响

施用镁肥会显著降低烤烟叶部抗逆性指标,提高烟株的抗逆性,如图 6-23 所示。2012 年盆栽试验,与不施镁肥相比,施镁肥后,烤烟叶部团棵期 MDA 含量显著下降 25.0%,AsA 和 GSH 含量都有一定程度的下降,但未达显著水平;打顶期 AsA 含量下降 25.1%,MDA 和 GSH 含量下降不显著。

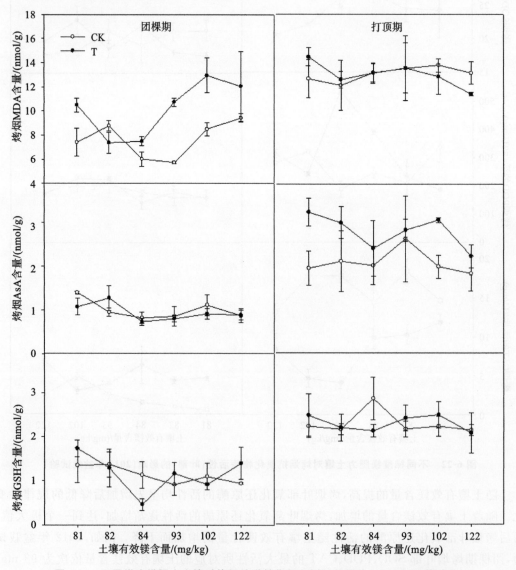

图 6-23　不同梯度镁肥力土壤对烤烟抗逆性指标(叶部)的影响(2012 年盆栽试验)

随着土壤镁水平的提高,烤烟不同时期叶部抗逆性指标的含量显著增加。在一定的土壤镁水平范围内,烤烟叶部抗逆性指标的含量随土壤镁水平的提高而增加,但存在一个较大值,即土壤镁水平超过一定范围后,烤烟叶部抗逆性指标的含量不再增加。例如2012年盆栽试验,团棵期烤烟叶部MDA含量的极大值出现在土壤有效镁水平为102 mg/kg时,打顶期烤烟叶部AsA含量的极大值出现在土壤有效镁水平为93 mg/kg时,打顶期烤烟叶部GSH含量的极大值出现在土壤有效镁水平为84 mg/kg时。

烤烟打顶期叶部抗逆性指标的含量显著高于团棵期。例如2012年盆栽试验,打顶期各项抗逆性指标的含量较团棵期均显著升高,团棵期MDA含量为5.4~15.1 nmol/g,AsA含量为0.6~1.6 nmol/g,GSH含量为0.3~2.0 nmol/g;而打顶期上述三项抗逆性指标的含量依次为10.7~15.7 nmol/g、1.2~3.3 nmol/g、1.8~3.2 nmol/g。这表明,随着烟株生育期的延长,烟株更加接近衰老,生理逆境更强。

二、植烟土壤镁的丰缺指标和烤烟镁营养诊断指标

本书通过盆栽和田间试验研究,明确了不同梯度土壤镁肥力对烟叶氮、磷、钾及烟叶农艺性状和抗氧化指标的影响,为进一步确定土壤镁的丰缺指标和烟叶镁营养的诊断指标奠定了坚实的基础。

(一)植烟土壤镁的丰缺指标和烤烟镁营养诊断指标论述

植烟土壤有效镁的临界值与营养诊断指标如表6-20所示。

表6-20　植烟土壤有效镁的临界值与营养诊断指标

考察指标	试验类型	年份	生育期	部位	土壤有效镁丰缺临界值	植物镁营养丰缺诊断值
镁含量	盆栽试验	2011	团棵期	地上部	82~112 mg/kg	4.0~7.9 g/kg
			打顶期	叶部	112~142 mg/kg	1.0~2.6 g/kg
				茎部	82~112 mg/kg	1.3~1.9 g/kg
		2012	团棵期	叶部	93~102 mg/kg	4.6~7.3 g/kg
				茎部	93~102 mg/kg	1.4~2.4 g/kg
			打顶期	上部叶	93~102 mg/kg	3.3~10.5 g/kg
				中部叶	82~122 mg/kg	3.0~7.8 g/kg
				下部叶	93~102 mg/kg	3.2~5.3 g/kg
				茎部	80~82 mg/kg	0.8~1.0 g/kg
	田间试验	2012	团棵期	叶部	68~99 mg/kg	2.2~4.8 g/kg
			打顶期	叶部	68~100 mg/kg	2.1~7.2 g/kg

考察指标	试验类型	年份	生育期	部位	土壤有效镁丰缺临界值	植物镁营养丰缺诊断值
钾含量	盆栽试验	2011	团棵期	地上部	—	69.6～78.4 g/kg
			打顶期	叶部	—	61.7～69.5 g/kg
				茎部	—	63.3～70.5 g/kg
		2012	团棵期	叶部	93～102 mg/kg	50.4～62.8 g/kg
				茎部	93～102 mg/kg	40.9～44.8 g/kg
			打顶期	上部叶	102～122 mg/kg	48.4～55.2 g/kg
				中部叶	84～93 mg/kg	48.4～55.3 g/kg
				下部叶	84～93 mg/kg	60.3～72.3 g/kg
				茎部		
	田间试验	2012	团棵期	叶部	39～52 mg/kg	33.2～42.6
			打顶期	叶部	52～68 mg/kg	25.8～36.0
钾镁比	盆栽试验	2011	团棵期	地上部	82～93 mg/kg	11.8～18.7
			打顶期	叶部	84～93 mg/kg	10.3～15.0
				茎部	82～93 mg/kg	30.9～38.5
		2012	团棵期	叶部	82～93 mg/kg	9.07～14.6
				茎部	82～93 mg/kg	23.4～36.4
			打顶期	上部叶	82～93 mg/kg	8.9～12.0
				中部叶	93～102 mg/kg	8.2～12.3
				下部叶	82～93 mg/kg	7.9～14.2
				茎部	84～93 mg/kg	44.2～56.6
	田间试验	2011	团棵期	叶部	—	—
			打顶期	叶部	52～68 mg/kg	19.3～47.2
		2012	团棵期	叶部	—	—
			打顶期	叶部	52～68 mg/kg	5.4～12.8
钙含量	盆栽试验	2012	团棵期	叶部	93～102 mg/kg	27.0～30.8 g/kg
				茎部	93～102 mg/kg	8.0～9.4 g/kg
			打顶期	上部叶	93～102 mg/kg	12.2～14.8 g/kg
				中部叶	—	—
				下部叶	84～93 mg/kg	43.8～48.9 g/kg
				茎部	93～102 mg/kg	5.4～7.9 g/kg
	田间试验	2012	团棵期	叶部	39～52 mg/kg	11.4～19.8 g/kg
			打顶期	叶部	39～52 mg/kg	18.7～26.0 g/kg

续表

考察指标	试验类型	年份	生育期	部位	土壤有效镁 丰缺临界值	植物镁营养 丰缺诊断值
钙镁比	盆栽试验	2012	团棵期	叶部	82～93 mg/kg	3.7～6.5
				茎部	82～93 mg/kg	3.6～5.7
			打顶期	上部叶	82～93 mg/kg	2.6～4.4
				中部叶	82～93 mg/kg	3.8～6.6
				下部叶	82～93 mg/kg	5.2～11.2
				茎部	84～93 mg/kg	5.8～11.0
	田间试验	2012	团棵期	叶部	39～52 mg/kg	3.6～6.0
			打顶期	叶部	39～52 mg/kg	4.8～8.8 U/mg
SOD	盆栽试验	2012	团棵期	叶部	93～102 mg/kg	27.0～30.8 U/mg
			打顶期	叶部	84～93 mg/kg	18.6～20.6 U/mg
POD	盆栽试验	2012	团棵期	叶部	93～102 mg/kg	223.0～364.0 U/mg
			打顶期	叶部	93～102 mg/kg	162.0～217.0 U/mg
CAT	盆栽试验	2011	团棵期	叶部	82～93 mg/kg	10.8～14.3 U/mg
			打顶期	叶部	84～93 mg/kg	2.6～4.6 U/mg
MDA	盆栽试验	2012	团棵期	叶部	—	—
			打顶期	叶部	93～102 mg/kg	12.3～13.6 nmol/g
AsA	盆栽试验	2012	团棵期	叶部	—	—
			打顶期	叶部	93～102 mg/kg	1.8～2.5 nmol/g
GSH	盆栽试验	2012	团棵期	叶部	—	—
			打顶期	叶部	84～93 mg/kg	2.1～2.5 nmol/g

1. 烤烟土壤有效镁的丰缺指标

由表 6-20 可知,由镁元素含量所确定的土壤有效镁临界值区间范围为 82～102 mg/kg,钾镁比、钙镁比所对应的土壤有效镁临界值均为 82～93 mg/kg。结合表 6-20 中的钾及相关生理指标来看,钾含量在 2012 年盆栽试验中也表现上述相似的吸收特性。考虑到植物对镁奢侈吸收的可能性,结合前文的分析结果可以确定,烤烟土壤有效镁的临界值为 70～100 mg/kg。在基础理化性质相似的条件下,若土壤有效镁含量低于 70 mg/kg,说明该植烟土壤镁肥力尚不充足,应适量增施镁肥;若土壤有效镁含量高于 100 mg/kg,则表明土壤有效镁能有效满足烤烟整个生育期的需求,无须增施镁肥。

研究结果表明,随着土壤有效镁含量的增加,烟株团棵期、打顶期不同器官镁含量均呈现出先增加后降低的变化,土壤有效镁的临界值为 82～102 mg/kg。当土壤有效镁含量低于 82 mg/kg 时,烤烟不同时期各部位镁含量随土壤有效镁含量的增加而增加,而在土壤有效镁含量超过这一临界范围后,各部位镁含量显著下降,这表示该区间即为烤烟土壤有效镁的临界区间。众多学者关于供镁水平、施镁量与烟叶镁含量之间的研究结果也与本研究结果类似,供镁水平的提高有助于烟叶镁含量的增加,土壤有效镁含量与烟叶镁含量之间呈极显著正相关关系。但供镁水平过高也会抑制养分的积累,不利于烟叶镁含量的进一步提高,当单株硫酸镁的施用量超过 1.08 g/kg 时,烤烟生长发育、干物重及各养分的积累均受到抑制。林齐民等人的研究结果显示,土壤交换态镁含量低于 92 mg/kg 时,施用镁肥对水稻增产有一定的效果,但镁肥肥效随着土壤交换态镁含量的提高逐渐降低;土壤交换态镁达到 92 mg/kg 以上时,反而有减产的趋势,这与本书的研究结果一致。也有研究指出,一般农作物的土壤有效镁临界区间为 30～40 mg/kg,当土壤有效镁含量超过这一水平时,增施镁肥的效果就不显著,而烟草是需镁较高的作物,因而烤烟土壤有效镁临界范围相对较高。由此可见,只有保证土壤有效镁的供应水平在土壤镁的临界范围内,配合科学合理施肥,才能切实提高烟叶产、质量。

2. 烤烟镁营养诊断指标

由表 6-20 可知,烤烟土壤有效镁临界值对应的烟株营养诊断指标以打顶期下部叶变异最小,具备更好的实践性。例如,在土壤有效镁临界范围内,对应的诊断指标(烤烟下部叶)为:镁含量为 3.2～5.3 g/kg,钾镁比为 7.9～14.2,钙镁比为 5.2～11.2。此外,打顶期抗氧化指标 MDA、AsA、GSH 分别为 12.3～13.6 nmol/g、1.8～2.5 nmol/g、2.1～2.5 nmol/g。在与试验相似的条件下种植烤烟时,可取烤烟打顶期下部叶,根据上述镁含量、钾镁比、钙镁比等主要指标进行营养诊断,结合土壤测试及植株形态等条件综合得出该植烟土壤的镁素缺乏状况,从而为提高镁肥利用率、提高烤烟质量提供更好的保障。

土壤有效镁临界值所对应的烟叶镁临界含量也是田间烤烟营养诊断的一个重要指标,然而对烟叶临界值的研究缺乏定论。有研究认为,下部叶镁营养的临界值团棵期为 0.31%,旺长期为 0.25%。也有报道称,烟叶镁含量在 0.48%～0.98% 区间较好。另有水培实验研究证实烟叶镁含量临界值为 0.36%。在 2012 年田间试验条件下,土壤有效镁含量达到临界水平 90～100 mg/kg 时,对应的烤烟烟叶镁含量分别为:烤烟团棵期叶部为 4.6～7.3 g/kg、茎部为 1.4～2.4 g/kg,打顶期上部叶、中部叶、下部叶及茎部依次为 3.3～10.5 g/kg、3.0～7.8 g/kg、3.2～5.3 g/kg、0.8～1.0 g/kg。这一结果与韩锦峰的研究结果一致。各个研究结果受到试验条件的限制,尤其是地域、气候、降雨量、土壤酸碱性的变化对当地土壤有效镁的含量有极大的影响,使得不同学者的研究结果尚有差异,但综合看来,烟叶镁含量低于 0.2% 时,烤烟必然缺镁,需补施一定量的镁肥。

综上所述,在本试验条件下,经田间及盆栽试验研究得出烤烟土壤有效镁临界区间为 70～100 mg/kg。土壤有效镁含量较低时,土壤矿质元素中镁处于较缺乏水平,此时提高土壤有效镁含量或增施镁肥能及时解决镁元素缺乏问题。根据植物营养学最小养分律原理,此时土壤有效镁含量即为烤烟生长的限制因子,因此,在土壤有效镁含量低于临界区间的条件下,提高土壤有效镁肥力有助于烤烟各项农艺性状的改善及植株对镁和其他矿质元素的吸收和累积;而在土壤有效镁含量达到或超过临界区间后,对于烤烟生长而言,镁含量相对充足,能够满足烟株正常生长所需。在此基础上再提高土壤有效镁肥力或增施镁肥,一方面,会导致其他矿质元素,尤其是微量元素的相对缺乏,限制烤烟的生长,从而间接导致各类养分及生理指标的下降;另一方面,由于养分离子在土壤溶液中的相互作用,土壤有效镁含量的增加会在一定程度上降低阳离子的吸附量,对同类同族性质相似的养分离子,如钙离子等的吸收产生不利影响。综上可知,只有在土壤有效镁含量水平在临界范围内才能最大限度地利用土壤养分。

（二）烤烟对土壤镁肥力和施用镁肥的反应机制

镁是烤烟光合作用中不可或缺的矿质元素，直接影响到烤烟的碳氮代谢及烟株体内干物质的积累，对烤烟生长过程中的相关农艺性状均会产生一定的影响。在本试验条件下，随着土壤有效镁含量的增加，烤烟株高、干重、叶片数、最大叶宽均呈抛物线形变化；在土壤有效镁含量达到 80 mg/kg 左右时，烟株生长发育的各项综合指标较优。类似研究表明，当营养液中镁含量较低时，烤烟上述农艺性状指标均随营养液浓度的升高而升高，而当土壤中镁浓度继续升高至超过一定值时，各项农艺性状指标均呈下降趋势，与本试验研究结果趋势一致。当土壤有效镁含量较低或缺镁时，烤烟叶宽、叶面积、株高和茎围较正常供镁水平下均有一定程度的降低，其中叶宽降幅最为明显，但土壤有效镁含量过高也会抑制烤烟的生长，由此说明，土壤有效镁含量在较适合范围内时，对烤烟的生长发育较为有益。

镁元素参与了烤烟生长的多个生理代谢活动，对烟株的活性氧代谢也起着重要作用。本田间试验研究表明，烤烟团棵期、打顶期叶部 SOD、POD 的活性随土壤有效镁含量的增加呈现出先升高后降低的变化趋势，MDA 的含量则随土壤有效镁含量的增加而显著上升。SOD、POD 活性的高低直接指示烤烟体内活性氧含量的高低，在土壤有效镁含量较低的情况下，烤烟体内活性氧随土壤有效镁含量的增加逐渐增加，这是由于缺镁使得烟株体内的二氧化碳同化受到限制，导致 NADPH/NADP$^+$ 大量累积，从而引起叶绿体中活性氧的形成和累积。土壤有效镁含量达到 93 mg/kg 时，烤烟生理缺镁问题得到缓解，因而上述氧化还原酶的活性下降。MDA 是植物体内自由基作用于脂质发生过氧化反应的产物，土壤有效镁含量的增加使得烤烟叶片中镁含量显著增加，而高浓度的镁使得烟株产生较强的氧化胁迫，使活性氧物质 H_2O_2 累积较多，烟株细胞质膜脂质过氧化反应更剧烈，从而导致 MDA 含量的显著上升。曾有试验证实，菜豆缺镁时，其叶片中 MDA 含量增加，同时伴随自由基清除系统中的酶（SOD、POD、CAT）活性增加。

（三）土壤镁肥力和施用镁肥对烤烟养分吸收的影响机制

氮是烤烟生长过程中不可或缺的大量元素，钙则是仅次于钾的中量元素，众多研究揭示了土壤镁的供应与烤烟氮、磷、钾、钙之间的关系。在本试验条件下，随着土壤有效镁含量的逐渐增加，烤烟各部位氮含量整体呈现出先增后减的趋势，各部位磷含量无显著变化，团棵期、打顶期下部叶和茎部钾含量也呈现出先增加后减少的趋势，打顶期茎部钙含量显著降低。前人关于土壤供镁水平与烤烟氮含量的关系之间的研究也屡见报道。有研究指出，随着土壤供镁水平的提高，烤烟各器官吸氮量呈逐渐增加的趋势，但供镁水平过低和过高均不利于烤烟氮素的积累。原因主要在于缺镁会导致叶绿体中光合作用受阻，从而影响烟株体内的碳氮循环，导致氮素的吸收受到一定的抑制。

在本试验条件下，土壤有效镁含量的高低及施用镁肥对烤烟磷含量有一定的影响。烤烟磷含量随土壤有效镁含量的增加呈先增加后降低的趋势，增施镁肥能显著降低烤烟磷含量。磷元素也是烤烟生长过程中的主要矿质营养，其与土壤镁水平之间关系的研究鲜见报道，而先前关于烤烟镁含量与磷含量的研究多表明，烤烟镁水平对磷素的吸收的影响显著，多表现为低浓度时促进、高浓度抑制，即：当烤烟镁水平低于一定值时，烟株吸收的磷含量随镁水平的提高而增加,而镁水平超过一定值后,烟株吸收的磷含量则随镁水平的降低而降低。由于各研究试验条件等有差异,烤烟镁含量的临界值不同,但它对磷素吸收的影响表现出相同的变化规律。由此可见,本试验条件下的研究结果与前人的研究结果基本相符。在本试验中,烤烟各部位不同时期镁的含量随土壤有效镁水平的提高显著变化,由此引起元素间的交互作用,使得烤烟对磷元素的吸收呈现上述变化。

土壤有效镁的含量对烤烟各部位钾含量也有显著影响。据报道,随镁用量的增加,烤烟钾含量逐渐增加,钾镁比下降,过量的镁会抑制烟株对钾的吸收。本试验研究结果显示,在低镁土壤条件下,烤烟钾含量随着土壤镁含量的增加而增加,说明土壤镁含量在适当范围内时,能促进烟株对钾的吸收利用;而当土壤有效镁含量继续增加至超过临界值 102 mg/kg时,烤烟钾含量随土壤有效镁的增加而降低,表现出显著的拮抗作用。这与曾睿等人的研究结果一致。曾睿等人的研究结果显示,施镁水平在 56.3～168.8 kg/hm² 范围内,随着施镁水平的提高,烟叶钾含量有增加的趋势,但过量的镁抑制钾的吸收。由此可见,在低镁条件下,镁与钾表现为协同作用;而在高镁条件下,二者表现为拮抗作用。

钙与镁是性质较类似的中量元素,土壤有效镁含量的高低也直接影响到烤烟不同时期和器官中钙的含量。一般认为,镁与钙之间存在离子间的相互作用。本试验条件下的研究结果显示,土壤有效镁含量的增加显著降低打顶期茎部钙含量,其他部位钙含量无显著差异。此前,也有众多学者研究指出烟草叶片钙含量与营养液的镁浓度呈显著负相关关系,刘国顺等人的研究也表明,随镁用量增加,烟叶镁含量增加,钙镁比下降,与本试验研究结果一致。钙与镁之间的关系尚需经进一步的研究证实。

三、植烟土壤镁丰缺指标及烟叶镁营养诊断指标的确定

本书通过试验研究,确定了植烟土壤镁丰缺指标及烟叶镁营养诊断指标,具体如下。

(1) 在一定的土壤镁肥力范围内,烤烟镁含量随土壤有效镁含量的增加而增加。本试验初步确定土壤有效镁的临界范围为 70～100 mg/kg,在该临界值以下,施用镁肥能显著提高烤烟镁含量。

(2) 烤烟各部位钾镁比、钙镁比随土壤有效镁含量的增加显著降低,二者的临界值所对应的土壤有效镁含量为 82～93 mg/kg。施用镁肥使烤烟不同时期各部位钾镁比、钙镁比显著下降。

(3) 随着土壤有效镁含量的提高,烤烟氮含量、磷含量、钾含量均呈现先上升后下降的二次曲线关系,对应的烤烟土壤有效镁临界值均为 80～100 mg/kg。

(4) 不同镁肥力土壤对烤烟生长有显著影响。随土壤有效镁含量的提高,烤烟叶部氧化还原酶的活性、抗逆性指标均呈先增加后降低的规律性变化。施用镁肥使烤烟株高增加,POD、CAT 的活性均有不同程度的降低,抗逆性指标 MDA、AsA 含量均下降。

(5) 烟株镁营养诊断指标以打顶期下部叶最优,烟株镁营养诊断指标主要有烤烟镁含量、钾镁比、钙镁比及抗氧化指标。

第四节　镁肥施用

近年来,我国部分植烟土壤烟草缺镁现象时有发生,镁在烟草上的研究及应用越来越受

到重视。镁在烟草中的分布与镁在其他作物中的分布略有不同,镁在烟草底叶中含量最高,随部位上升而减少,顶部叶片镁含量仅有底部叶片的一半,因此合理施用镁肥对烤烟产、质量的提高具有重要作用。

一、植株缺镁症状

缺镁症状通常在烟株生长较为迅速、烟株长势高大、烟株养分需求大时出现,尤其是在多雨季节的砂质土壤上,在旺长期更为突出。淋溶和排水是土壤镁损耗的主要途径。

镁是可移动性元素,在植物体内可再利用,因此,缺镁症状先出现在下部老叶。缺镁烟叶先在叶尖、叶缘脉间失绿,叶肉由淡绿转为黄绿或白色,但叶脉仍呈绿色,失绿部分逐渐扩展到整叶,使叶片形成清晰的网状脉纹。严重缺镁时,下部叶几乎呈黄色和白色,叶尖、叶缘枯萎,烟株矮小,茎缩短,生长发育缓慢,根系发育不良,调制后的烟叶发暗,无光泽,无弹性,油分差。叶片缺镁可通过追肥来阻止进一步发展,但失绿部分不再恢复绿色。

二、镁肥施用量

我国土地资源丰富,土壤类型和性质各异,土壤类型不同、烟叶品种不同,田间镁肥施用量也应有所差异。对于镁肥的施用量,学术界暂时并无一致性的结论。刘国顺等人在襄阳试点的研究结果显示,以 90 kg/hm² 处理产量最高。而罗鹏涛等人的研究表明,在酸性红壤上烤烟硫酸镁施用量为 0.5 kg/亩时效果最好。因此,镁肥的施用量应根据当地植烟土壤的养分含量来确定。

三、烤烟镁肥施用时期

烤烟生长各个时期都需要镁元素,但在整个生长发育过程中对镁素的需求随生育期的变化有一定的差异。有研究表明,在烤烟生长各个时期,对缺镁的敏感程度为延根期>旺长期>还苗期>成熟期,可见烤烟延根期和旺长期是烤烟缺镁的关键时期,应注重大田这两个时期的镁肥施用量。在实际种植过程中,烟农一般采用镁肥基施的操作方法,建议在旺长期开始前适量追施一定量的镁肥,加快旺长期烟株生长液养分的积累。

四、烤烟镁肥施用技术

植物营养木桶理论是烟草平衡施肥技术重要的理论支撑之一。该理论指出,植物能否完成其生命周期取决于"众多木板中最短的那块",即最缺乏的营养元素。多年来,农业生产忽视了土壤养分的投入产出平衡,过多地关注氮、磷、钾元素肥料的供应,大量增施氮、磷、钾元素肥料,农家肥用量锐减,忽视了其他养分元素的供应,造成了部分中微量元素的匮乏。烟草镁肥的施用一直是我国广大烟农忽视的问题,随着近年来我国土壤镁缺乏已经由南至北逐渐蔓延到全国范围,合理使用镁肥成为当前国家测土配方施肥工作中一个亟须解决的问题。

五、镁肥施用原则

依据目前我国的基本国情,合理施用镁肥需要坚持以下原则:首先,必须满足烟草大田生长的养分需要;其次,在保证较高产、质量的前提下进一步提高烟叶的可燃性和评吸特性,提高其商品性;再次,要适量增施镁肥,从而在一定程度上延缓烟株衰老、提高烟草的生长适应性;最后,适量增施镁肥必须以资源环境可持续发展为前提。合理施镁需要综合考虑多方面的情况。首先,植烟土壤的特性是必须考虑的一个因素。一般而言,强酸性土壤适宜施用白云石、菱镁矿、氢氧化镁、碳酸镁和钙镁磷肥,这类缓效性镁肥不仅能改善酸性土壤中氢离子和铝离子对镁的拮抗作用,更有利于镁肥的溶解和有效镁养分的释放;中性、偏酸性和碱性土壤则建议施用具有易溶性的硫酸镁肥。因此,在施肥之前通过测土确定土壤性质是合理施肥的第一步。其次,合理施肥还应注重各种养分之间的平衡。近年来大量元素肥料氮、磷、钾元素肥料的大量施用使得土壤中镁含量处于相对缺乏的状态,在增施大量元素肥料的同时也应该补施镁肥。大量施用化学肥料势必导致土壤耕作性能下降、土地板结,可采用有机肥料和无机肥料配合施用的方法。一方面,有机肥料以动物排泄物为主,含有丰富的镁元素,可及时缓解土壤镁素的缺乏;另一方面,有机肥料施入土壤后可在一定范围内提高土壤中微生物的活性,改善土壤质地和耕作性能,有利于土地资源的再生和可持续利用。

参考文献

[1] 袁可能.植物营养元素的土壤化学[M].北京:科学出版社,1983.

[2] 赵书军,梅东海,陈国华,等.鄂西南植烟土壤微量元素分布及演变特点[J].土壤,2005,37(6):674-678.

[3] 袁家富,徐祥玉,赵书军,等.恩施烟区土壤养分状况调查[J].中国烟草科学,2011,32(A1):93-98.

[4] 李明德,肖汉乾,余崇祥,等.湖南烟区土壤 K、Mg 营养及其施肥效应[J].土壤通报,2004,35(3):323-326.

[5] 李春英,高伟民,陈腊梅,等.福建烟区土壤镁营养状况及其施用效果研究[J].河南农业大学学报,2000,34(1):63-66.

[6] 徐畅,陈祖富,高明,等.供镁水平对烤烟生长及养分吸收的影响[J].植物营养与肥料学报,2009,15(1):191-196.

[7] 王芳,刘鹏.土壤镁的植物效应的研究进展[J].江西林业科技,2003,(1):34-37.

[8] 李伏生.土壤镁素和镁肥施用的研究[J].土壤学进展,1994,22(4):18-25,47.

[9] 许涛,贺春宝.元素镁概论[J].微量元素与健康研究,2004,21(3):60-61.

[10] 刘雪琴,石孝均,詹风,等.浅谈营养元素镁[J].湖南农业科学,2005,6:41-43.

[11] 郝道斌,李桐柱,张其德,等.叶绿体膜的结构与功能——Ⅷ.镁离子对叶绿体类囊体膜的叶绿素-蛋白复合体聚合的影响[J].生物化学与生物物理进展,1981,(4).

[12] 左宝玉,李世仪,王仁儒,等.叶绿体膜的结构与功能——Ⅲ.镁离子及钾离子对两种类型叶绿体膜超微结构的影响[J].植物学报,1979,(4):32-37,99-100.

[13] 张其德,张世平,张启丰.在植物光合作用中镁离子的作用[J].黑龙江大学自然科学学报,1992,9(1):82-88.

[14] 邓超,王能如,王东胜,等.烟草镁素营养研究进展[J].安徽农业科学,2008,36(19):8123-8126,8222.

[15] 潘伟彬,李延.镁对水稻剑叶和根系衰老的影响[J].闽西职业大学学报,2000,(1):

1-2.

[16]　李延,刘星辉.缺镁胁迫对龙眼叶片衰老的影响[J].应用生态学报,2002,13(3):311-314.

[17]　CAKMAK I. Activity of ascorbate-dependent H_2O_2-scavenging enzymes and leaf chlorosis are enhanced in magnesium-and potassium-deficient leaves, but not in phosphorus-deficient leaves[J]. Journal of Experimental Botany,1994,45(278):1259-1266.

[18]　杨广东,朱祝军,计玉妹.不同光强和缺镁胁迫对黄瓜叶片叶绿素荧光特性和活性氧产生的影响[J].植物营养与肥料学报,2002,8(1):115-118.

[19]　邓超.不同镁肥品种和用量对烤烟生长发育和产量质量的影响[D].合肥:安徽农业大学,2009.

[20]　李丽杰,乔婵,赵光伟,等.烤烟叶片成熟过程中钙镁铁含量的变化[J].华北农学报,2007,22(Z1):148-151.

[21]　TSO T C,MCMURTREY JR J E. Mineral deficiency and organic constituents in tobacco plants. Ⅱ. Amino acids[J]. Plant Physiology,1960,35(6):865-870.

[22]　周世民,符云鹏,周建军,等.镁肥用量及施用方法对烤烟产量和品质的影响[J].农业现代化研究,2007,28(5):637-639.

[23]　冯红柳,刘永贤,郑希,等.镁、硼对烤烟生长发育与产质量的影响[J].广西农业科学,2010,41(3):244-247.

[24]　聂新柏,靳志丽.烤烟中微量元素对烤烟生长及产质量的影响[J].中国烟草科学,2003,(4):30-34.

[25]　李鹏飞,周冀衡,张建平,等.氮、磷、钾、镁亏缺对烤烟生长和叶片腺毛发育的影响[J].烟草科技,2009,(12):49-54.

[26]　林克惠,邓敬宁,彭桂芬.镁、锌、硼肥对烤烟几个生理生化指标、产量和品质的影响[J].云南农业大学学报,1990,5(3):136-143.

[27]　李永忠,蒋志宏,杨志新,等.供 Mg 水平对烤烟主要经济性状的影响[J].西南农业大学学报,2002,24(3):200-202.

[28]　刘世亮,刘芳,介晓磊,等.不同浓度镁营养液对烟草矿质营养吸收与积累的影响[J].土壤通报,2010,41(1):155-159.

[29]　曾睿,何忠俊,程智敏,等.不同施镁水平对云南烤烟生长、产量及养分吸收的影响[J].中国农学通报,2011,27(7):88-92.

[30]　施洁斌,秦遂初,单英杰.酸性土壤小麦缺镁与铝及钙、钾元素的关系研究[J].浙江农业科学,1997,(6):282-284.

[31]　李永忠,丁善荣,杨志新,等.烤烟几个生理指标与镁累积量的关系[J].云南农业大学学报,2001,16(2):209-212.

[32]　罗鹏涛,邵岩.镁对烤烟产量、质量、几个生理指标的影响[J].云南农业大学学报,1992,7(3):129-134.

[33]　崔国明,张小海,李永平,等.镁对烤烟生理生化及品质和产量的影响研究[J].中国烟草科学,1998,(1):5-7.

[34] 陈星峰,张仁椒,李春英,等.福建烟区土壤镁素营养与镁肥合理施用[J].中国农学通报,2006,22(5):261-263.

[35] 关广晟,屠乃美,肖汉乾,等.镁对烟草生长及叶片叶绿素荧光参数的影响[J].植物营养与肥料学报,2008,14(1):151-155.

[36] 张钊,周冀衡,黄琰.镁营养状况对烟叶各类腺毛密度的影响[J].湖南农业科学,2007,(4):122-124.

[37] 林齐民,吕滨,陈永柳.水稻镁肥肥效及土壤镁肥力的丰缺指标[J].福建农学院学报,1990,19(4):450-456.

[38] 韩锦峰.烟草栽培生理[M].北京:中国农业出版社,2003.

[39] 邵岩,雷永和,晋艳.烤烟水培镁临界值研究[J].中国烟草学报,1995,2(4):52-56.

[40] 张国,赵松义,相智华,等.镁对烤烟生长发育和生理特性的影响[J].中国烟草学报,2009,15(4):43-47,54.

[41] 徐茜,陈爱国,戴培刚,等.镁肥合理施用对烤烟生长及产质量的影响[J].中国烟草科学,2011,32(2):33-37.

[42] 汪洪,金继运.铁、镁、锌营养胁迫对植物体内活性氧代谢影响机制[J].植物营养与肥料学报,2006,12(5):738-744.

[43] 汪洪,褚天铎.缺镁对菜豆幼苗膜脂过氧化及体内活性氧清除酶系统的影响[J].植物营养与肥料学报,1998,4(4):386-392.

[44] 訾天镇,郭月清.烟草栽培[M].北京:中国农业出版社,1996.

[45] 刘国顺,符云鹏,刘清华,等.镁肥施用量对烤烟生长及产量、质量的影响[J].河南农业大学学报,1998,32:34-37.

[46] 阮妙鸿.钾钙镁营养的相互关系及其对烤烟碳氮代谢的影响[D].福州:福建农林大学,2004.

第七章 植烟土壤钙营养与施肥

第一节 土壤中的钙

一、土壤钙素的含量及形态

钙是一种银白色碱性金属,质柔软,化学活性强,在空气表面可形成一层氧化钙或氮化膜(氮化钙),防止进一步腐蚀。地壳平均钙含量为 3.25%,仅次于氧、硅、铝、铁,位居第五。钙在自然界以离子态或化合物的形式存在。土壤钙含量主要与土壤母质有关,不同的成土母质,钙含量差异较大。易发生淋失的土壤中钙含量低于 1%,干旱、半干旱地区土壤的钙含量基本上在 1% 以上。有些土壤被称为石灰性土壤——因为土壤中含有较多游离的碳酸钙。一般来说,大部分土壤钙含量较高,平均钙含量为 1.37%,土壤溶液中钙含量约为 10 mol/L,这基本上满足了某些作物在种植期间对钙的需求。

土壤中的钙主要分为无机态钙和有机态钙两大类。无机态钙包括矿物态钙、交换态钙和水溶态钙。矿物态钙一般占钙总量的 40%~90%,矿物态是钙的基本形态,但矿物态钙存在于土壤中固相矿物晶格中,植物不能直接利用。土壤中富含钙的矿物以硅酸盐矿物为主,如钙斜长石、钠钙斜长石、辉石、角闪石等,还有非硅酸盐含钙矿物,如方解石、白云石、石膏和磷灰石等。钙随着富含钙的矿物质分解而进入土壤溶液,但大部分流失了,未流失的钙有的以交换态钙的形式被土壤胶体吸附,有的与碳酸根离子结合形成碳酸钙。矿物态钙是土壤中钙的主要来源。水溶态钙是指存在于土壤溶液中,可被植物直接吸收的钙。交换态钙是指吸附在胶体表面的钙,可以被其他阳离子取代。一般认为,交换态钙的总量占钙总量的 20%~30%,交换态钙也是可直接被植物吸收利用的钙源。一般来说,土壤中交换态钙的临界含量为 400 mg/kg。有机态钙是指土壤上动、植物残体中所含的钙,随着残体的分解,一部分钙被淋失,另一部分钙转化为交换态钙。

二、土壤对钙的吸附和解吸

土壤中的钙可以被黏土矿物、有机基质以及氧化物吸附。土壤中的有机质富含氨基酸和羧基,因此除了一小部分 Ca^{2+} 外,大多数 Ca^{2+} 被用作交换离子,并被有机质中的羧基吸附。研究表明,在 4~7 pH 范围内,蒙脱土对 Ca^{2+} 的吸附属于离子交换吸附。人们采用中国南方典型的四种土壤对 Ca^{2+} 和 K^+ 进行吸附发现,土壤中 H^+ 的释放量相当于对 Ca^{2+} 与 K^+ 的吸收量,由此指出土壤对 Ca^{2+} 的吸收机理与 K^+ 模式相似,是由静电吸引引起的离子交换吸附。在水铁矿对钙的吸附实验中,质子解吸和吸附 Ca^{2+} 的摩尔比为 0.9。土壤中钙的解吸是指由于环境或其他原因,吸附在土壤中的 Ca^{2+} 被置换或溶解的过程。土壤黏粒的类型、吸附在黏粒上的阳离子的类型和交换态钙的总量都能够影响土壤交换态钙的解吸。K^+ 和 Na^+ 的存在可以抑制 Ca^{2+} 的解离,但 Mg^{2+} 对 Ca^{2+} 解离的阻碍作用并不明显。这是因为补偿的单价离子往往会进入双电层的外层,双价离子往往会进入双电层的内层,所以二者很难进行交换;而胶体吸附的双价镁离子与吸附的钙离子位置相交叉,所以 Mg^{2+} 对 Ca^{2+} 解离的抑制作用小。因此,在土壤盐渍化条件下,交换态钙的含量是足够的,但其作用不大。为了保证土壤中钙的供给水平,防止钙的缺乏,需要补充外源钙。在氢离子含量高的酸性土壤中,如果钙饱和度高,那么氢离子会抑制钙离子的活性;如果钙饱和度低,氢离子可以促进钙离子的释放。

三、钙在土壤中的转化与迁移

土壤中的钙大部分以吸附态为主,一小部分为非交换态和非酸溶态,还有少量的水溶态钙。钙转化与施用的钙肥类型有关。硝酸钙转化的不溶态钙的组分高于非交换态钙的组分,硫酸钙则相反。此外,钙的转化还与有机肥、氮肥、钾肥和磷肥的用量有关。随着施氮量的增加,土壤水溶态钙含量增加,总钙含量、吸附态钙和水溶态钙含量降低。主要原因是施氮肥容易引起土壤酸化,影响不同形态的钙在土壤中的分布。钾肥对土壤中钙的形态和分布的影响不大,这可能是因为土壤溶液中钾的交换能力低于钙。施用含钙磷肥可能会增加土壤中的总钙含量,但对其他形式的钙的分布没有显著影响。有机肥能增加土壤中的总钙含量,这与施用有机肥能增加土壤胶体表面的吸附位点、减缓土壤 pH 值的变化、减少土壤中钙的流失有关。当土壤环境发生变化时,不同形态的钙也会发生改变。例如,由于土壤质地不同,水溶态钙和吸附态钙的转化量均为砂土＞壤土＞黏土,但非吸附态钙和非水溶态钙的转化量却刚好相反。可能的原因是较重的土壤比表面大,土壤中的反应复杂,不同形态的钙结合的形式也复杂。

土壤中钙的主要迁移方式是淋溶,但并非所有形式的土壤钙都容易淋溶。在土壤中,以淋溶的形式迁移的钙主要是水溶态钙和吸附态钙。这些容易被淋失的钙是潜在的钙源,能直接和间接被作物利用。例如,在钙含量低的酸性土壤中,钙很容易被水淋溶。刘晶晶等人发现,施用磷肥可以减少土壤中交换态钙的淋失,但也增加了土壤交换态钙向非交换态钙和酸溶态钙的转化程度。周卫等人研究表明,无论是否额外添加钙,砂土、壤土、黏土这三种土壤的钙淋失量均随降水量的增加而增加,钙淋失量为砂土＞壤土＞黏土。

四、土壤钙与其他元素的交互作用

不同的营养元素间有着相互促进或抑制的关系。阴离子和阳离子通常被认为是互相促进的。离子之间的作用非常复杂,在一种浓度下是拮抗作用,但在另一种浓度下是促进作用,离子的拮抗作用仅发生于低浓度条件下。在较高的离子浓度下,由于存在浓度差,根系吸收离子主要属于被动吸收。总的来说,国内外对钾、钙、镁三种元素的交互作用研究较多。田间试验表明,镁离子的存在抑制着烤烟对钾离子和钙离子的吸收。钙离子的存在对烟叶镁含量的影响不大,但烟叶钾含量有逐渐增加的趋势,而钾肥的施用抑制了烟株对钙离子和镁离子的吸收。此现象表明,镁离子与钙离子和钾离子之间存在拮抗作用,钾离子与钙离子、镁离子之间也存在拮抗作用,钙离子与镁离子之间有一定的拮抗关系,与钾离子之间则是促进的作用。随着土壤中交换态钙和镁比例的增大,烤烟下部叶钙含量逐渐增大,而镁含量逐渐减小。有研究表明,施用钙肥增加了番茄对氮磷钾养分的吸收量,但抑制了番茄对镁的吸收。但在种植花生时施用钙肥却促进了花生对镁的吸收,这是否是由钙离子促进了土壤中镁的释放,以及 Ca^{2+} 不与 Mg^{2+} 竞争吸附位点等原因引起的,还有待做进一步研究。张新等人经研究指出,在大田种植烟草生产中钾离子、钙离子、镁离子间的关系非常复杂,土壤类型、土壤性质和土壤环境都会影响三者之间的关系。多人的研究结果一致表明,钙离子对烤烟吸收钾素有促进作用,对烤烟吸收镁素有抑制作用。介晓磊等人经研究发现,随着钙供应水平由低到高,烟草体内的氮、磷、钾、锌、锰含量呈现抛物线形变化,但不同元素积累量最多时营养液中的钙水平不同;随着供钙水平呈线性增加,烟草植株体内镁和铜含量显著降低。钾浓度也是影响钙对钾吸收的因素之一:在低钾浓度下,钙可能促进钾的吸收;但在高钾浓度下,钙可能抑制对钾的吸收。在一定比例下,钾、钙、镁三者之间的相互作用也可能是协同作用。土壤中交换态钙水平也对其他营养元素产生一定的影响。植烟土壤中交换态钙的含量与烟叶中总氮、锌和锰等元素的含量,呈现出显著或极显著的负相关关系,与烟叶中硼和氯元素的含量呈现出极显著的正相关关系。此外,钙也具有缓解土壤重金属污染的作用。它可与镍离子、钴离子、铜离子等离子在土壤中发生交换吸附,从而减轻金属离子的毒害作用。酸性土壤中发生的 Al^{3+} 毒害症状可通过施石灰得到缓解,这可能是由于施石灰可提高土壤 pH,使得 Al^{3+} 形成沉淀。此外,Ca^{2+} 还可以与 Al^{3+} 竞争吸附位点,并促进植物根系的生长。钙磷配施也能显著增加烤烟的鲜重、总生物量和叶最大面积,钙锌配施能促进烤烟根、茎、叶协调生长,并使得根冠比适中。

第二节　钙在植物体中的生理功能

在 19 世纪早期,钙被列为植物必需的营养元素。氮、磷、钾和钙被认为是肥料的四要素。在植物的生理活动中,钙不仅起着结构成分的作用,而且还具有酶的辅助功能。它能维持细胞壁、细胞膜和膜结合蛋白的稳定性。钙也被称为"植物细胞代谢的总调节者"。它的重要性主要体现在:钙能与钙调蛋白(CaM)结合作为细胞内的信使来调节植物的许多生理代谢过程,特别是在环境胁迫下,钙和钙调蛋白参与胁迫信号的感受、传递、响应和表达,从而提高植物的抗逆性。

一、植物体内钙的含量与分布

植物体内的钙含量一般在 0.1% 到 5% 之间,不同种类的植物,同一植株的不同地上部位和器官,钙含量都有着显著的不同。一般来说,双子叶植物细胞壁内交换阳离子的能力强,因此植物体内钙含量较高。相比之下,单子叶植物体内的钙含量就较低。植物的茎和叶含有较多的钙,而根、果实和种子的钙含量则较少。在植物细胞中,钙主要以果胶钙、钙调蛋白的形式存在。植物细胞中的钙主要分布在液泡中,植物细胞液泡中含有大量的有机酸钙,如草酸钙、柠檬酸钙和苹果酸钙。植物细胞细胞质中钙含量较少,细胞质中的钙主要与蛋白质等大分子结合,以避免细胞质中钙与无机磷酸盐结合而形成沉淀,影响细胞的正常生理活动。细胞间隙、液泡、内质网、线粒体、微粒体和叶绿体都是细胞中钙的主要储存场所和钙库。

二、植物对钙的吸收和运输

钙是一种不易在植物中流动的元素,在植物体内主要分布在茎和叶中,且老叶比嫩叶多,果实比叶子少。钙只能向一个方向(向上)转移。钙进入植物细胞,主要是钙离子由钙离子通道被动吸收的过程。为了保证细胞质中钙的浓度较低,细胞还需要通过某种机制主动从细胞中排出钙。土壤中的 Ca^{2+} 主要通过质流转移到植物根系表面。Ca^{2+} 进入植物的根细胞,在根系中进行短距离的横向运输,进入木质部。在此过程中,Ca^{2+} 需要通过内皮层和木质部薄壁细胞组织。由于根内皮层细胞壁上栓化的凯氏带可阻止 Ca^{2+} 的质外体运输,因此钙吸收主要发生在凯氏带尚未形成的根尖和侧根的形成部位。同时,人们发现部分钙离子通过离子通道进入内皮细胞,转移到共质体,到达木质部薄壁细胞组织。根系维管束组织钙素吸收可能利用共质体(胞间连丝)和质外体两种途径。矿物元素在植物中通常通过韧皮部和木质部运输,而钙在植物中几乎可以说只能通过木质部运输。这主要取决于蒸腾作用,钙在蒸腾拉力的帮助下从下往上输送。此外,钙在植物中容易被固定,是不能重复利用的元素。钙在植物中容易形成不溶性钙盐而沉淀。一旦被固定,钙将不会再流动。

若细胞质中有着高浓度的游离 Ca^{2+},那么大量的 Ca^{2+} 会与磷酸盐一起沉淀,进而干扰与磷代谢相关的过程,阻碍信号的正常传递,不利于植物生长。植物细胞中存在着良好的调节机制,不仅可以快速增加细胞质中游离 Ca^{2+} 的浓度以响应环境变化,而且在正常土壤环境条件下可以维持游离 Ca^{2+} 的低浓度。这些精细调节机制主要通过细胞内的 Ca^{2+} 转运系统进行。细胞内的 Ca^{2+} 转运系统包括 Ca^{2+} 在细胞质中的外流系统和 Ca^{2+} 进入细胞质中的内流系统,即钙离子通道。这些 Ca^{2+} 转运系统对于植物对钙的吸收以及体内钙的转运和分布中起着重要作用。

三、钙在植物体中的生理功能

(一)钙是细胞壁的重要组分

植物中的大部分钙是细胞壁的果胶结构成分,可以与果胶酸结合成果胶酸钙,被固定在两个相邻的细胞壁之间,即中间的胶体层,以维持细胞壁的结构和功能。当钙缺乏时,中间的胶体层中钙和果胶之间的黏附受到影响,植物组织容易受到细菌的侵害。因此,钙可以增强植物的抗病性,使作物耐储存,不易腐烂。

(二)钙能稳定细胞膜

钙在细胞膜中充当磷酸和蛋白质羧基之间的链接者角色。有研究发现,钙可以提高植物体内超氧化物歧化酶的活性,降低丙二醛的含量,从而保护细胞膜结构的完整性。

(三)钙起第二信使的作用

钙可以与植物细胞内的钙调蛋白结合,调节酶的活性,作为激素和环境信号转导的第二信使。目前,钙调蛋白与细胞分裂和分化、细胞骨架和细胞运动、光合作用、孢子及种子和花粉萌发、激素反应、核内酶系统和基因表达等密切相关。钙作为第二信使,在植物信号转导中起着重要作用,是植物中公认的主要转导信号。在机械、低温、红光、植物激素、真菌激发子、缺氧和水分胁迫等多种因素的刺激下,植物细胞质中游离钙离子的浓度在时间和空间上发生特异性变化,即诱导产生钙信号,调节植物的生长发育,增强植物的抗逆性。刺激引起的 Ca^{2+} 浓度变化可以是瞬时的、连续的或周期性的。从接受刺激到 Ca^{2+} 浓度发生明显变化的时间从几秒钟到几小时不等。胞质游离 Ca^{2+} 浓度的变化包括短暂的 Ca^{2+} 浓度变化。在外源性刺激下,细胞外 Ca^{2+} 通过开放 Ca^{2+} 通道进入细胞。同时,细胞内钙库(如内质网和液泡)向细胞质内释放 Ca^{2+},导致细胞质游离 Ca^{2+} 浓度迅速升高。这种钙信号转导模式通常存在时间较短。这种钙离子浓度先升高后降低的变化模式称为钙瞬变,这是最常见的钙信号模式。植物细胞对刺激做出反应的另一种钙信号模式是重复地使 Ca^{2+} 浓度增加,称为钙振荡。

在细胞中感知钙信号的元件称为钙信号靶蛋白。它参与特定钙信号的解码、植物生长发育的调节以及对各种外界胁迫信号的响应和转导过程。钙信号靶蛋白可分为三类:钙调蛋白、钙依赖性蛋白激酶(CDPK)蛋白和钙调磷酸酶 B 类似蛋白。钙调蛋白是植物细胞中最重要的钙结合蛋白。它为单链可溶性球蛋白,相对分子质量为 16.7。它由 148 个氨基酸组成,其中 1/3 的氨基酸残基是谷氨酸和天冬氨酸,具有酸性侧链,不含半胱氨酸和脯氨酸。该蛋白的等电点为 4.0,热稳定性好,保守性强。带负电的羧基位点与 Ca^{2+} 结合,结合后分子结构发生变化,疏水区域被激活,从而提高催化活性。钙调蛋白本身没有活性,只有当它与钙结合时,才能引起蛋白质结构的改变,使其与其他蛋白酶如激酶或磷酸酶结合,并调节细胞内信号转导。钙调蛋白主要通过与钙调蛋白结合蛋白结合来介导信号传递,从而调节细胞内的生理生化反应。

(四)钙具有生理调节作用

钙能中和植物代谢产生的有机酸,形成草酸钙、柠檬酸钙、苹果酸钙等不溶性有机酸钙,调节 pH 值,稳定细胞内环境。钙离子可以减少原生胶体的分散,调节植物细胞生命物质的胶体状态,使细胞的充水度、黏度、弹性和渗透性等适合植物的正常生长发育。

(五)钙与植物的抗寒性

低温胁迫导致植物体内产生大量的自由基,造成膜系统损伤和低温损伤。钙能减缓低温胁迫下植物超氧化物歧化酶(SOD)、过氧化物酶(POD)和过氧化氢酶(CAT)活性的下降。这三种酶是植物体内重要的保护酶,在清除自由基方面起着重要作用,与植物抗逆性密切相关。因此,钙能有效地提高植物的抗寒性。

(六)钙与植物的抗旱性

钙能调节某些酶的活性,传递干旱信号并诱导干旱信号的表达,提高植物的保水能力。

(七)钙与植物的耐盐性

钙能调节植物体细胞内离子的平衡,减少钠离子的吸收。最近的研究表明,钙能促进离子的选择性吸收、运输和分配。

第三节　钙在烤烟中的生理功能

钙在控制细胞和组织的发育中起着重要作用,具有协调烟草的生理功能,使烟草根系发达、生长旺盛、适时落黄的作用。Ca^{2+}能促进烟草幼苗的生长,提高烟草幼苗的抗旱性。钙被限制对植物氮的代谢有明显的影响,表现为对外来氮的吸收减少,抑制硝态氮从地下部向地上部移动,从而改变硝态氮在不同器官中的分布,降低地上部氮素同化酶的活性和蛋白质合成速率,最终导致植物生长衰退。一些研究还表明,在控制其他营养元素浓度一致的条件下,烟草的生长量随钙浓度的增加呈抛物线形变化。

一、我国烟叶钙含量状况

正常生长的烟草植株的钙含量为 $1.33\%\sim2.43\%$,制备后的烟叶的钙含量一般为 $1.5\%\sim2.5\%$,国外优质烟叶的钙含量为 2.5%,且上限为 3.5%,而中国烟叶的平均钙含量为 3.45%,这表明中国烟叶的钙含量很高。这主要是由烟草种植土壤的基础钙含量高所导致的。在国内各省中,总体而言,北方烟草植株的钙含量显著高于南方。河南和湖北烤烟的钙含量相对较高。河南省烟叶钙含量为 $2.53\%\sim5.53\%$,平均为 3.97%,烟叶中钙含量高于全国平均水平(3.45%)。在河南省,豫中烟区烟叶的钙含量(3.13%)显著高于豫南烟区(2.58%)。河南烟叶钙含量显著高于其他省份,安徽烟叶钙含量显著低于其他省份。此外,湖北和贵州烟叶的钙浓度显著高于湖南、四川和云南。

二、烟草对钙的吸收、运输和分配规律

钙是植物生长发育所必需的营养元素。它是烟草吸收的一种矿物质营养元素,仅次于钾。它是烟灰的主要成分之一,也是烟草植株中最难移动的营养元素之一,烟草对钙的吸收动态近似于 S 形曲线——前期缓慢、中期较快、后期降低,吸收的最高峰发生在烟草移栽后35 d。北方烟区和南方烟区烟草对钙的吸收量相差较大,南方烟区的钙吸收量明显高于北方烟区。钙吸收主要发生在凯氏带尚未形成的根尖和侧根形成部位。钙离子主要通过质流转移到根表面,然后通过质外体运输到木质部。植物钙的远距离运输主要发生在木质部。一般认为,钙在韧皮部很难运输,钙的运输动力主要是蒸腾作用产生的拉力。钙随着蒸腾作用产生的液流从木质部流向旺盛生长的树梢、幼叶、花朵、果实和顶端分生组织。钙到达这些器官和组织后,大部分变得相对稳定,几乎没有分布和运输再发生。器官蒸腾强度越大,生长时间越长,通过木质部运输的 Ca^{2+} 就越多。钙在烟株体内主要以果酸钙存在于胞间层中,以磷酸化合物钙盐存在于细胞中,较少移动。不同的烟草品种对钙的吸收与积累有一定的差异,绝大多数的烟草品种在移栽后对钙的吸收都有一个顶峰;在不同的生育时期,大多数烤烟品种的钙浓度在各器官中以叶片最大,其次是根,茎中的钙浓度最小;烤烟各器官对钙的吸收在移栽后 $40\sim60$ d 出现一个高峰。随着烟叶位置的升高和收获时间的推迟,烟叶中的钙含量呈降低趋势。因此,适当推迟采收期可以降低烟叶钙含量,提高烟叶质量。然而,一些研究发现,从第一片烟叶到第十四片烟叶,烟叶中的钙含量逐渐降低,然后缓慢增加。不同栽培管理措施对烟草钙含量的影响也各不相同。烟株生育期的适度干旱可以提

高烟叶的钙含量。随着施钙量的增加,烟叶钙含量在生长前期显著增加,尤其是团棵期和旺长期,烟草茎部钙含量也增加,但含量低于烟叶;在生长后期,比如现蕾期和成熟期,烟叶和茎中的钙含量降低。研究表明,烤烟中钾、钙、镁的含量随着生育期的延长而降低,在打顶后略有回升,钙在烟草体内多分布于叶片及茎秆中,烟草吸收的钙有60%~70%分布在叶部。

三、钙对烟叶生理功能的影响

钙是植物必需的营养元素。钙可以稳定细胞膜和细胞壁,作为第二信使传递并调节许多生理活动。钙能稳定生物膜的结构,与细胞膜的完整性密切相关。它在维持双脂层的基本结构和控制膜的通透性方面起着重要作用,并能降低细胞的渗透势。缺钙通常会导致细胞膜结构的破坏,使细胞内的扩散性化合物难以维持。研究发现,当细胞外液中 Ca^{2+} 浓度为 7 mmol/L 时,内向型钾通道电流降低 68%,表明 Ca^{2+} 能不完全抑制内向型钾通道;用 10 mmol/L 的 $CaCl_2$ 溶液处理烟草幼苗,能减缓高温胁迫所引发的一些胁变反应,如叶绿素破坏、积累膜脂过氧化产物 MDA,增加细胞膜的相对透性,降低内源性抗氧化剂和脯氨酸含量。钙可以调节细胞膜防御系统,减轻由活性氧引发的过氧化作用对膜系统的伤害,维持膜结构和功能的相对稳定性,提高烟草幼苗抵抗高温损伤所引起的膜脂过氧化的能力。研究表明,$CaCl_2$ 浸种处理能增加烟草幼苗结合钙的含量,增强细胞膜结构的稳定性,降低热胁迫下烟叶细胞膜的通透性,减少细胞内物质的渗漏,减轻烟草幼苗由于热应激和低温所导致的细胞膜损伤。由此认为,这是钙处理提高烟草幼苗抗热性的机制之一。钙调蛋白作为第二信使参与胞间信号的转导,能够影响植物的抗病生理反应。通常认为,外界刺激会引起胞质中 Ca^{2+} 浓度的变化,再通过调节钙调蛋白在细胞内的含量进行信号转导。研究表明,铁营养在烟草与 TMV 的互作关系中对钙信号系统有一定的调控作用。

Ca^{2+} 不仅能稳定细胞膜系统,维持细胞的完整性,还能与钙调蛋白结合,激活烟草中的多种酶,调节细胞代谢。研究表明,Ca^{2+} 信号途径可能参与了高温胁迫下的症状隐蔽。在用 Ca^{2+} 和抑制剂处理烟草并接种 TMV 后,Ca^{2+} 处理可显著提高烟叶中过氧化物酶(POD)和超氧化物歧化酶(SOD)的活性,减缓高温胁迫症状。关于 $CaCl_2$ 处理对烟草生长发育的影响有许多研究。在低温胁迫下,$CaCl_2$ 浸种可提高烟草幼苗结合钙的含量和膜保护酶的活性,降低细胞膜的通透性和丙二醛(MDA)的含量。用 10 mmol/L 的 $CaCl_2$ 溶液处理烟草幼苗,可以减缓高温胁迫引起的一些不良反应,提高烟叶膜的稳定性和膜保护酶的活性,保护细胞膜结构,减少高温对烟草幼苗的伤害。其他研究表明,施用钙可以提高烟叶抗氧化酶的活性,减少 H_2O_2 的积累,从而减少高温胁迫对烟叶的伤害,提高烟叶的耐热性。在烤烟幼苗低温高光胁迫研究的过程中,喷施 $CaCl_2$ 可以减少环境变化胁迫引起的烤烟幼苗光合作用下调。

四、烟叶钙含量的影响因素

(1) 土壤因素。土壤是烟草生长的重要生态条件之一。土壤理化性质和土壤养分状况也是影响烟草钙含量的因素之一。影响烟草钙吸收的主要因素是土壤水分、土壤供钙能力、土壤 pH 值、土壤质地和土壤矿质养分等。董建新等人研究指出,土壤含水率低,烟叶钙、镁含量较高,这可能与土壤溶液中阳离子之间的交换以及对根吸附位点的竞争有关。张大庚等人研究发现,土壤 pH 值与全钙、吸附钙含量显著正相关,与水溶态钙含量显著负相关;土壤有机质与全钙、不溶态钙显著正相关,与水溶态钙极显著负相关。

(2)遗传因素。植物矿质营养素的遗传差异是由许多方面引起的,如根系从基质中吸收养分的能力、根中养分运动和向木质部运输的差异、植物地上部位分布的差异以及植物代谢和生长期间养分利用效率的差异等。品种不同的烤烟,烟叶钙含量也存在差异。龙怀玉等人研究表明,烟叶中的钙浓度以云烟 85 最高,为 2.55%,以 K326 最低,为 2.23%,两者之间的差异达到显著水平。汤浪涛等人研究指出,云烟 85 的钙含量显著高于云烟 87 的钙含量,K326 的钙含量与云烟 85、云烟 87 的差异不显著。

(3)其他因素。烟叶品质和风格的形成是烟草品种基因型和生态因素综合作用的结果。品种基因型是遗传表达的内因。生态因素作为一种外因,发挥着重要作用。在生态因素中,生态因子,尤其是气候因子对烤烟品质有着明显的影响。前人研究发现,烟叶钙与 5 月降水量显著正相关,与光强负相关。烤烟部位、成熟度对烟叶钙含量有一定的影响。随着烟叶部位的上升和采收期的延迟,烟叶钙含量表现为降低的趋势,不同部位和不同采收时期的差异分别达到极显著和显著水平。也有研究发现,从第 1 叶到第 14 叶烟叶钙含量逐渐降低,之后缓慢上升,完熟和欠熟烟叶的钙含量均较高,成熟和尚熟烟叶的钙含量均较低。不同年份烟叶钙含量也会发生变化。张艳玲等人比较了 2000—2004 年和 1983—1984 年我国烤烟中部烟叶主要化学成分及部分中微量元素含量后表明,2000—2004 年烤烟中部烟叶的钙含量较 1983—1984 年明显下降。

第四节　钙肥施用对烟草产量和品质的影响

为烤烟生长提供全面均衡的营养是提高烤烟质量和经济效益的重要措施,已成为烤烟生产者的共识。钙是一种矿物元素,在烤烟对矿质营养素的吸收中仅次于钾,是烟草灰分的主要成分之一。Ca^{2+} 在协调和平衡植物对各种矿质营养素的吸收方面起着重要作用。Ca^{2+} 的一个重要的生理功能是它能减轻 Mg^{2+} 和 Mn^{2+} 及其他离子过多所引起的毒害。Ca^{2+} 还能调节土壤 pH 以满足烤烟正常生长发育所需的土壤酸碱度。大多数植烟土壤呈酸性或微酸性,加上烟草常年连作和大量施用化学肥料,酸度不断加深,Ca^{2+} 与其他中微量元素大量流失,仅靠施用磷肥,以磷肥的附加成分补充 Ca^{2+},远远平衡不了烟株生物体带走的 Ca^{2+},造成土壤和烟株 Ca^{2+} 营养的亏缺。

烟草植株的养分积累随营养液钙水平的增加呈抛物线形变化,但不同养分最大量积累时的营养液钙水平不同。因此,合理使用钙肥是非常重要的。对施用钙肥对烤烟产量、品质、产值和生理生化效应的影响的研究结果表明,施用钙肥能促进烟草植株的生长发育,改善烟草植株的植物学性状,增加烟草植株的色素含量,提高烟草植株的光合强度和蒸腾强度,提升烟叶的产量、品质和收入。烟草根、茎、叶的干重和上、中、下叶的相对钾含量随着外源 Ca^{2+} 水平的增加而增加,说明营养液中 Ca^{2+} 含量的增加可以提高烟叶产量,促进烟叶钾的积累。

交换态钙盐是土壤中主要的交换态盐之一。交换态钙是植物可利用的钙。土壤施入钙肥,可以显著增加土壤交换态钙含量,且土壤交换态钙含量与钙肥用量正相关。土壤交换态钙含量是评价土壤供钙能力的一个重要指标,它与植株叶片的钙含量和植株叶片的钙吸收量存在一定的相关性。研究结果表明,土壤交换态钙含量与烤烟生长发育吸收钙量有很好的相关性,二者的相关系数为 0.993,达到极显著正相关水平。研究表明:施肥对土壤有效钙镁含量的影响大于对烟叶钙镁含量的影响,土壤有效钙镁含量对烟叶钙镁含量的影响大于钙镁肥用量。因此,在缺乏钙镁元素的植烟土壤上增施钙镁肥,是提高土壤和烟叶中钙镁含量、协调烤烟矿质营养的有效措施。

一、施用钙肥对烟叶中钙含量的影响

在烤烟不同的生育时期施用钙肥,烟叶中钙含量随之发生改变。在生育前期(团棵期和旺长期),随着施钙水平的提高,烟叶钙含量增加。增施钙肥在团棵期和旺长期与烟叶钙含量正相关。在生育后期(现蕾期和成熟期),随施钙水平的提高,烟叶钙含量有所减少,特别是高钙处理的烟叶,钙含量减少最多。从总体看,随着生育期的进程,烟叶中钙含量逐渐减少,而且后期烟叶钙含量并未随施钙水平的提高而增加。在生育前期,在团棵期,随施钙水平的提高,烟茎钙含量有所增加,但钙含量比烟叶少,钙含量与施钙水平显著正相关;在旺长期,二者负相关,差异不显著。在生育后期,随着施钙水平的提高,烟茎钙含量较生育前期减少,高钙处理的烟茎钙含量减少较多,钙含量与施钙水平负相关;而不施钙、施低钙和施中钙处理的烟茎中的钙含量较高。在花和侧芽中也含有一定量的钙,说明提高施钙水平对烟叶团棵期、旺长期的影响较明显,施钙水平与烟叶钙含量显著正相关。在现蕾期、成熟期,二者之间的相关性不显著,烟茎钙含量与施钙水平在团棵期、现蕾期正相关,而在旺长期、现蕾期负相关。由此可见,团棵期是烟叶及烟茎积累钙的重要时期。当土壤中交换态钙含量升高或镁含量降低时,烟叶钙含量显著升高。土壤交换态钙含量的增加,促进了烟草对硼、氯养分的吸收,但显著抑制了烟草对氮、锌和锰养分的吸收。

二、施用钙肥对烤烟生育期的影响

随着土壤交换态钙含量的增加,烟草进入团棵期的时间提前,烟草进入现蕾期的时间也提前,说明在烤烟生长发育过程中,土壤交换态钙水平低,会推迟烤烟叶片进入团棵期和现蕾期的时间。随着施钙量的增加,烟株进入团棵期和现蕾期的时间差不多,但是不施钙或少施钙处理烟株的顶叶均比施钙量较多处理烟株的顶叶早成熟。对于不缺钙的植烟土壤,施钙量的增加对烟株进入团棵期和现蕾期的时间几乎没影响,但是叶片顶叶的成熟期相应推迟,生育期延长。这说明烟草体内有过多的 Ca^{2+} 会增加细胞数量,延长营养生长期,抑制烟叶成熟和颜色转化,造成过度生长、贪青和晚熟,不利于烟叶品质的提升。高加明等人研究发现,施用氨基酸螯合钙后,烤烟田间整体生长性能较好,平顶期的株高、叶面积等农艺性状指标均得到提高。同时,烤烟经济效益较高,中上烟比例较高。在烟叶品质方面,合理施用氨基酸螯合钙可以提高烘烤后上部烟叶的"两糖"含量,并在一定程度上降低烟碱含量。氨基酸螯合钙在团棵期和旺长期分次施用,中部和上部烟叶感官品质的评价效果最好。根据相关的试验结果可知,在团棵期和旺长期两个时期施用氨基酸螯合钙更为合适。

三、施用钙肥对烤烟主要农艺性状的影响

在不同的土壤交换态钙水平下,烤烟生长存在一定的差异。随着土壤交换态钙含量的增加,烟株的株高、茎围、叶数、最大叶长、最大叶宽先增加后减少。当土壤交换态钙含量超

过一定值时,烟株的株高、茎围、叶数、最大叶长和最大叶宽开始下降。不同时期施用钙肥对烤烟农艺性状的影响也不同。在团棵期,随着钙肥施用量的增加,株高、茎围、有效叶数、最大叶长、最大叶宽等农艺性状指标先增加后减少;在烟苗现蕾期,随着钙肥施用量的增加,烟株的株高、茎围、有效叶数、最大叶长和最大叶宽呈下降趋势。此外,对于 X2F 和 C3P 等级的烟叶来说,施用钙肥能在一定程度上影响烟叶身份和烟叶颜色。叶片和叶面积系数的增加必然促进光合作用,单叶重的增加促进干物质的积累(这可能是由于光合产物的增加),而钙离子能促进光合产物的运输。

四、施用钙肥对烤烟根系的影响

Ca^{2+} 对烤烟根系有显著影响。与不施用钙肥相比,施用钙肥后,烟株根深和根宽增加。发达的根系有利于烟草植株吸收养分,提高烟草植株的抗旱性和抗倒伏性。根据 Raikov 的研究,Ca^{2+} 可以改善土壤的结构和物理性质,促进团粒结构的形成,改善土壤的通气能力,有利于根系的生长发育。烟碱在根中合成,并通过木质部运输到地上叶。培育强根、促使主根滋生许多小根是提高叶片烟碱含量的一项重要而有效的措施。有人在研究中指出:土壤交换态钙含量在 511.75~766.47 mg/kg 范围内,烟株根系生长状况相对较好,土壤交换态钙含量较高和较低均不利于烟株根系的生长。

五、施用钙肥对烟叶色素及光合强度、蒸腾强度的影响

叶绿体中含有两大类色素,一类是叶绿素,另一类是类胡萝卜素。叶绿素包括叶绿素 a 和叶绿素 b 两种。叶绿素 a 是所有绿色植物的成分。除吸收光能外,少数叶绿素 a 分子还具有光敏化的特性,能进行光化学反应,被称为反应中心叶绿素 a。它是一个双分子体,通常叫作叶绿素 a 分子对。在一定范围内,叶绿素含量越高,光合作用越强,叶绿素含量下降是烤烟叶片衰老的特征。叶绿素 b 的主要功能是吸收和传递光能,无光敏化特性,不能进行光化学反应。植物的类胡萝卜素也有两大类,一类是橙黄色的胡萝卜素,另一类是叶黄素。叶绿体色素承担着光能的吸收、传递与转化功能,为碳水化合物的合成提供必不可少的能量。叶绿素是影响植株叶片光合作用的内在因素之一,叶绿素含量的变化直接影响烟株的生长过程。叶绿素含量过高或过低对烤烟烟叶的香气、吃味、杂气及刺激性均不利。

随着土壤交换态钙含量的增加,烤烟叶片的叶绿素(叶绿素 a 和叶绿素 b)、类胡萝卜素的含量均呈现出先上升后下降的规律。土壤交换态钙含量低于临界值时,烤烟叶片叶绿素 a、叶绿素 b 和类胡萝卜素的含量均较低。人们经研究发现,施钙处理叶绿素和类胡萝卜素含量均显著高于不施钙处理,其中叶绿素 a 随施钙量的增加而增加的趋势较明显。Ca^{2+} 是淀粉酶的必要成分,也是 ATP 激酶的活化剂。因此,Ca^{2+} 可以加速淀粉的分解,为呼吸作用提供大量的底物,而呼吸作用产生大量的合成叶绿素所必需的起始物质。另外,呼吸作用产生大量的能量,又可加速对 Mg^{2+} 等合成叶绿素的关键元素的吸收,叶绿素增加,光合产物势必增加。烟叶类胡萝卜素的含量显著提高,有着重要的意义。D. L. Roberts 等人研究指出,类胡萝卜素的降解产物是烟气香味的重要来源之一,类胡萝卜素的增加,会引起香气质和香气量的改变。可见,适宜的土壤交换态钙含量水平能使烤烟叶片光合色素含量维持在较高水平,使烟株的光合能力得到充分发挥,促进烟株正常生长发育,利于烟叶香气质和香气量的提升。

测定结果还表明,施钙处理烟株的光合强度、蒸腾强度显著高于不施钙处理。光合效率的提高意味着光合产物的增加。如前分析,施钙处理烟叶的 K^+、Zn^{2+}、Mn^{2+}、Mg^{2+}、Ca^{2+} 吸收量高于不施钙处理,这些元素能直接或间接影响光合作用,尤其是 K^+,对光合作用的影响更为明显。蒸腾作用是植物营养运输的主要动力,蒸腾强度的提高可以促进矿质元素的吸收和运输,同时可防止因阳光直射而造成植株体表过热。

六、施用钙肥对烤烟叶片大量、中量和微量元素含量的影响

随着供钙水平的提高,烟株体内吸收的氮、磷、钾、锌、锰的含量均呈抛物线形变化,但各元素的浓度以及达到最大浓度时营养液的钙水平是各不相同的。在低钙水平范围,烟草钾含量呈上升趋势,在钙水平超过 300 mg/L 后呈下降趋势,说明在低钙体系,二者有协合关系,提钙可以促进钾吸收。但在高钙体系,二者有拮抗关系,提钙可以降钾。烟草全株中钙含量与营养液中的钙水平呈极显著的正相关关系,而植株镁和铜的含量与营养液中的钙水平呈极显著的负相关关系,说明在供试浓度范围,镁、铜二者与钙存在拮抗关系,大量供钙抑制镁和铜的吸收。在不同供钙水平下烟叶中各元素含量的变化特征与全株的结果基本一致。田间试验表明,钙肥施用量不同,各处理烤烟叶片氮、磷、钾和镁的含量变化有所差别。烟叶钙含量的特点为:同一株烤烟的下部叶(第 3、4、5 叶位)钙含量最高,上部叶(第 14、15、16 叶位)次之,而中部烟叶(第 8、9、10 叶位)钙含量相对较低。从同一叶位不同处理来看,随着钙肥施用量的增加,烟叶钙含量整体上呈递增的趋势。

在同一钙肥施用量的情况下,烤烟叶片氮含量表现为上部烟叶＞下部烟叶＞中部烟叶。当适量施用钙肥时,烟叶的氮含量随着钙肥施用量的增加而有所提高;当大量施用钙肥时,烟叶的氮含量随着钙肥施用量的增加而有所减少。可见,适量钙肥的施用在一定程度上能促进烟株对氮的吸收。反之,施氮肥也能影响烟叶中钙的分布。徐照丽等人研究表明,氮水平和硝态氮比例对其他营养元素在烟株内的分配有影响。在相同的氮水平和硝态氮比例下,钙、镁、铜、锌在叶片中的分配率较高;施用硝态氮的比例相同时,随着施氮量的增加,分配给叶片的钙、镁、铜、锌等营养元素的比例降低。

在同一钙肥施用量的情况下,烤烟叶片磷含量表现为上部烟叶＞中部烟叶＞下部烟叶。当适量施用钙肥时,上部烟叶、中部烟叶和下部烟叶的磷含量随着钙肥施用量的增加而有所提高;当大量施用钙肥时,上部烟叶、中部烟叶和下部烟叶的磷含量随着钙肥施用量的增加而有所减少。可见,低浓度的钙素营养可以促进烟株对磷的吸收,提高烤烟叶片的磷含量;高浓度的钙素营养则会抑制烟株对磷的吸收,导致烤烟叶片磷含量的降低。在磷肥的基础上,配合施用钙肥,可以提高烤烟叶片在逆境下细胞膜结构的稳定性,促进细胞伸长和根系生长,提高保护酶的活性,对提高烤烟的抗逆性有显著效果。

钾通过膜上的钾离子泵被植物吸收。泵的运行需要呼吸来提供能量。Ca^{2+} 能与膜上的脂类物质结合,增加膜结构的稳定性,保持膜的孔径和通透性,有利于钾离子泵对钾的选择性吸收,防止钾离子从细胞内外渗。Ca^{2+} 还可以激活 ATP 酶,促进 ATP 分解和释放能量,促进植物对钾的吸收。以不同施用量的钙肥进行处理,各部位烟叶的钾含量有所差别,钾含量的变化状况也不尽相同。以不同施用量的钙肥处理后,上部烟叶、中部烟叶及下部烟叶的钾含量变化较复杂,规律性不强。当适量施用钙肥时,上部烟叶、中部烟叶和下部烟叶的钾含量表现出不明显的增加。当大量施用钙肥时,烟叶的钾含量下降。王英锋等人研究表明,

低浓度钙对烟草地上部和根系的钾吸收有促进作用,而高浓度钙则会抑制烟草对钾的吸收。适量的钙能有效促进烟株生长发育,增强根系的活力和吸收能力以及对钾离子的亲和力,促进烟株的钾吸收。赵鹏等人的研究结果表明,在石灰性土壤中,受钙、镁离子的影响,烟叶钾含量整体较低,施钾可以提高钾素吸收,相对减少对钙、镁的吸收,从而提高烟草产、质量。许多研究证明,钙可以促进植物的生长和对钾的吸收。安国勇等人认为,Ca^{2+} 可以稳定植物根细胞质膜电位,抑制 NaCl 引起的细胞质膜电位的降低,保持质膜超极化状态,促进根细胞质膜内向型钾离子通道的开放,利于根对钾离子的吸收。另外,Ca^{2+} 还能活化 ATP 酶,促使 ATP 水解、释放能量,从而促进对钾的吸收。可见,适量施用钙肥,可以促进烟株对钾的吸收;但过多地施用钙肥,反而抑制烟株对钾的吸收。

从烤烟叶片镁含量来看,中部烟叶和下部烟叶的镁含量与氮含量有相似的规律:当适量施用钙肥时,中部烟叶和下部烟叶的镁含量随着钙肥施用量的增加而有所提高;当大量施用钙肥时,中部烟叶和下部烟叶的镁含量随着钙肥施用量的增加而有所减少。随着石灰施用量的增加,烟叶中 Mg^{2+} 的含量增加,但对于交换态钙水平较高的土壤来说,施少量的钙肥对烟株的镁含量总体上影响不大,但过多的钙肥的施用却导致烟株镁含量有所下降。段宗颜等人也指出,对于植烟土壤缺镁,可以考虑降低土壤中有效钙的含量,从而减少对钙的吸收和对镁、钾吸收的抑制作用。向缺钙镁烟田添加适量的钙镁肥,有利于矿质营养平衡,促进烤烟生长。然而,当钙肥用量过多和钙镁肥比例较高时,田间生长较差。据研究,钙镁营养具有拮抗作用,高比例的钙镁降低了镁元素的有效性,从而影响了烤烟的生长。冯新伟研究指出:培养基中的 Ca^{2+} 浓度与烟叶镁含量呈显著或极显著负相关关系,这与烟叶镁含量随烟叶部位的增加而逐渐降低有关;上、中、下叶钙含量与烟叶镁含量呈显著负相关关系,培养基中的 Ca^{2+} 浓度主要影响上、下叶镁含量,烟叶的钙含量主要影响中间叶的镁含量,这可能是由钙是一种不易移动的元素,镁是一种易移动的元素,再加上钙和镁相互抑制所决定的。

钙肥的施用不仅会影响烤烟对 N、P、K、Mg 等大量、中量营养元素的吸收,而且对烟叶对微量元素的吸收有一定的影响。增加钙肥的施用量,钙肥对烟株吸收铁的影响较为复杂。施用钙肥,烤烟上部叶片铁含量的变化没有明显的规律,但当适量施用钙肥时,中部叶片和下部叶片的铁含量随着钙肥施用量的增加而有所提高;当大量施用钙肥时,中部叶片和下部叶片的铁含量随着钙肥施用量的增加而有所减少。上部烟叶和中部烟叶的锰含量随着钙肥施用量的增加呈下降的趋势,但下部烟叶的锰含量没有明显的变化规律。烟叶的铜含量随着钙肥施用量的增加整体呈上升的趋势,但增加得不明显。烟叶锌含量随着钙肥施用量的增加表现出不明显的递减趋势。

烟叶部位不同,微量元素的含量也有较大的差别。以同一施钙量处理的烟株叶片铁含量变化的规律性大致表现为:下部烟叶的铁含量最高,中部烟叶的铁含量次之,上部烟叶的铁含量最低。以同一施钙量处理的烟株叶片,铜含量表现为:上部烟叶的铜含量最高,中部烟叶的铜含量次之,下部烟叶的铜含量最低。以同一钙肥施用量进行处理,不同部位烟叶锰含量和锌含量的变化没有明显的规律。

七、施用钙肥对烤烟叶片烟碱、总糖、还原糖等含量的影响

当适量施用钙肥时,烤烟下部叶的烟碱含量随着钙肥施用量的增加而有所提高,烤烟上部叶和中部叶的烟碱含量变化规律不明显;当大量施用钙肥时,烤烟上部叶、中部叶和下部

叶的烟碱含量随着钙肥施用量的增加而有所减少。当钙肥施用量相同时,不同部位的烟碱含量为上部＞中部＞下部。就同一叶位来看,随着钙肥施用量的增加,烟碱含量均有所增加。

施用钙肥在一定程度上会增加烟叶的含糖量。烟叶还原糖含量与总糖含量有类似的变化规律。随着钙肥施用量的增加,烟叶的还原糖含量有不同程度的增加。总糖和还原糖在第3～16叶位都呈先增加后减少的趋势。就同一叶位来看,随着钙肥施用量的增加,总糖含量和还原糖含量整体上呈下降的趋势。

施用钙肥,不同部位烟叶氯含量的变化没有明显的规律。从不同叶位来看,总氯的含量整体上是上部＞下部＞中部。从同一叶位来看,随着钙肥施用量的增加,总氯含量整体上均呈下降的趋势。

总的来说,施用适量钙肥,烟叶中总糖、总氮、烟碱、K^+、Ca^{2+}的含量均明显高于不施钙肥。据研究,pH值是影响土壤中微量元素有效性和烟叶化学成分的重要因素之一。在pH 5.5～8.5范围内,随着pH值的升高,烟碱含量升高,而Ca^{2+}的施用伴随着pH值的升高,说明Ca^{2+}对烟叶的部分化学成分有重要影响。

八、施用钙肥对烤烟品质和产量的影响

烟叶中钙含量对烟叶各品质特性有不同的影响。当烟叶钙含量高于3.5％时,烟叶的香气质量、香气量、杂气、刺激性、余味、易燃性和灰分指标最低,而浓度和强度指标最高:当烟叶钙含量在2.5％～3.5％区间时,烟叶的香气质量、香气量、余味和可燃性指标最高;当烟叶钙含量在1.5％～2.5％区间时,烟叶杂气评分、刺激性、灰分、甜度、平滑度和香气类型指标最高。所以,当钙含量在1.5％～2.5％区间时,烟叶的感官品质较好;当烟叶钙含量大于3.5％时,烟叶的感官品质较差。结果表明,随着烟叶中钙含量的降低,烟叶的香气质量变好,杂气变轻,刺激性变小,后期口感更舒适,可燃性更强,灰分更好,香气特征变得更加明显,凝聚性变得更好,浓度变得更轻。

钙对烟叶的产量和品质有重要影响。在烤烟上施用钙肥可以促进烟草植株的生长发育,改善烟草植株的植物学特性,增加烟草植株的色素含量,提高烟草植株的光合强度和蒸腾强度,提高烟叶的产量和品质,从而提高烤烟的经济效益。烟叶中钙含量过高,烟草的成熟期推迟,烟叶表现为粗糙僵硬,叶片的硬度增加,烟叶的使用价值降低。钙过量还可能造成一些微量元素的失调,对烟草产生毒害作用。缺钙会导致烟株叶片出现反转卷曲的畸形症状,即导致倒勺子状翻转卷曲的发生。烟叶的矿质元素对烟叶的外观特征、香吃味、刺激性等的影响非常显著。一般认为,总灰分和钙含量较低的烟叶综合质量较高。增施钙肥使中、下部烟叶的烟碱含量显著降低,但上部烟叶的烟碱含量略有升高。Ca^{2+}供应适中,可提高烟叶中的糖含量。许自成等人研究表明,烟叶钙含量与烟叶总糖含量呈显著负相关关系。有研究表明,烟株缺钙,会抑制蛋白质的合成,促进蛋白质的分解;随着土壤交换态钙含量的提高,烟叶钙含量升高,烟叶中各种色素的含量、蛋白质的含量等也增多。施钙处理烟草叶绿素和类胡萝卜素含量均显著增加,其中叶绿素a随施钙量增加而增加的趋势较明显。钙与烟草的燃烧性有一定的关系,而烟草灰分中K^+与Ca^{2+}、Mg^{2+}的总量之比与烟草的持续燃烧性呈正相关关系。钙和镁能控制烟草燃烧达到完全程度,并改变灰分的颜色,使之发白。烟叶钙过量,地方杂气会增加。钙对烟草的物理性状也有影响,钙对烟草的填充力有良

好的促进作用,钙含量高,填充力也强,白肋烟和马里兰烟填充力强的原因之一就是其钙含量高。

研究发现,随着钙镁用量的增加,烟叶中还原糖和磷的营养水平提升,而烟碱和全氮含量普遍降低,钾含量在适宜的钙镁用量下达到较高水平,这可能是因为土壤钙镁过低和过高都不利于钾素营养的积累。与对照相比,烤烟的内在品质有了很大的提高。因此,对缺钙镁烟田补充适量钙镁肥是提高烤烟品质的可行途径。研究结果表明,增施一定量的钙肥,可以提高烟叶的产量、外观质量及经济效益。杨宇虹等人发现,施适宜的钙能促进烟株的生长发育,改善烤烟的株高、叶数、叶面积和鲜叶重等植物学性状,增加烟株的色素含量,增加烟株的光合强度以及蒸腾强度,使烟叶产量和质量都进一步提高,最终达到增加经济效益的目的。

第五节　钙的丰缺指标及钙肥施用

一、植物缺钙的原因

钙由于易形成不溶性钙盐并沉淀、固定在植物内,因此不能移动和重复使用。缺钙时,植物生长受阻,节间短,因此通常比正常植物短且柔软。缺钙植物的顶芽、侧芽、根尖等分生组织首先表现为元素缺乏。缺钙导致根尖芽和根尖发育不完全,出现"断颈"症状,嫩叶失绿、变形和呈镰刀状。在严重情况下,生长点坏死,叶尖和生长点呈凝胶状。缺钙时,根常变黑腐烂。一般来说,水果和贮藏器官的钙供应非常缺乏。水果和蔬菜中的钙缺乏通常根据贮藏组织的变形来判断。

植物缺钙有两个原因。一是土壤缺钙,主要发生在酸性沙质土壤中,造成水稻、小麦、玉米、棉花、花生等的生长结果受阻。二是生理性缺钙。虽然土壤富含钙,但果树和蔬菜经常缺钙。这是因为植物中钙的远距离运输主要发生在木质部,钙运输的驱动力是蒸腾作用,即钙通过蒸腾水运动,而幼嫩部分和果实的蒸腾作用较小,对钙的竞争弱于叶片。此外,钙在韧皮部的流动性差,很难运输和分配到新的部位和果实,因此容易发生钙缺乏。干旱会导致钙在蒸腾作用下向地上部分的运输受到限制。此外,过量施用氮肥,大量的钙进入叶片中,会导致叶片和果实之间的钙竞争,加剧缺钙。缺钙会导致顶芽、侧芽、根尖等分生组织卷曲变形,叶缘开始变黄,逐渐坏死。果树和蔬菜缺钙导致多种生理疾病,如苹果苦痘病、痘麻病和水心病,梨黑斑病和黑心病,猕猴桃早熟柔软、桃顶软化,橘子、荔枝、龙眼和杧果开裂,黄瓜弯曲,番茄脐腐病,白菜干烧心,严重影响果实和蔬菜的外观、内在品质和耐贮性。

钙难以补充的主要原因有两个。一是钙是一种惰性元素。在自然界中,钙离子容易与多种阴离子结合,产生不溶性沉积物,这些沉积物是固定的,不被作物吸收。在植物中,钙需求部分主要位于作物生长的顶端(如叶芽、嫩枝等)和果实。钙被根系吸收后,在蒸腾向上运输的过程中,容易与有机酸结合,形成有机酸钙,难以运输,无法到达真正需要钙的部位。二是钙与钾、铁、锌、硼等多种元素有拮抗作用,其中钙是最惰性的元素。当多种元素同时存在时,植物会优先吸收其他元素而不是钙。例如,在果实膨大期,当钾被大量施用时,果树只会吸收钾而拒绝吸收钙。

二、植物钙肥的合理施用

当作物需要补充钙时,最好同时补充硼。当植物缺钙时,它们首先在旺盛和年轻的部分表现出症状,如新根、顶芽和果实,从枯萎到坏死不等。缺钙可导致植物细胞膜透性增加、细胞壁交联解体,严重影响农产品的外观和品质。一般来说,水果和贮藏器官的钙供应很差。水果和蔬菜缺钙通常根据贮藏组织的变形来判断。钙被根吸收后,基本上通过木质部向上运输。钙在韧皮部很难运输,所以很难向下转移。因此,所有由韧皮部汁液供应的器官,如种子和果实,钙含量都很低。也因此,有人说:"无论土壤是否缺钙,植物果实一定缺钙。"此外,钙易形成不溶性钙盐,沉淀并固定在植物体内,不能迁移和再利用。

怎样做到合理施用钙肥呢？首先,选择合适的钙肥,采用合理的施用方法。土壤中施用的传统钙肥主要有石灰、硝酸钙、氯化钙、碳酸钙、过磷酸钙和钙镁磷肥。硝酸钙、氯化钙等高溶解度钙肥溶解后可喷施,或将钙肥施入土壤后立即浇水使其溶解,提高肥料的利用率。过磷酸钙应与有机肥堆放后施用。需说明的是,氯化钙易引起土壤盐渍化,在生产中应用较少;大量施用石灰容易增加土壤 pH 值,影响土壤微生物环境。目前,对蔬菜和果树提倡施用液体钙肥,如氨基酸螯合钙、腐殖酸钙和糖醇螯合钙。液体钙肥主要使用螯合剂来提高钙的稳定性。目前,最先进、最高效的施钙技术是糖醇一体化技术。糖醇螯合钙不仅可以提高钙的吸收率,而且可以通过叶片和果实通道被吸收,套袋后即可使用。其次,注意补钙期。不同的植物在不同的生长期需要不同数量的钙,应根据具体时期添加适量的钙肥。再次,钙可以与硼一起使用。为了提高液体钙肥的施用效果,在液体钙肥中添加硼、锌等元素。硼肥对果实的生长发育起着关键作用——促进花芽分化、提高坐果率和结实率。硼还起着更为重要的作用,即它具有很强的运输能力,可以促进某些钙的运输。硼可以使植物中的碳水化合物发挥作用,相当于"总司令"。它能迅速输送各器官所需的元素和养分,有利于叶片吸收,使作物正常生长。最后,钙肥可以与功能性肥料适当配合施用。施用钙肥时,可与功能性肥料相配合,以促进根系生长,提高作物吸收养分的能力,提高作物的抗逆性。

三、烟草钙的丰缺指标

由于烟草中的钙活性较低,很少从老叶转移到嫩叶部分,因此,在烟草的整个生长期都应及时补充适量的钙。烟草植株缺钙,植株矮小,呈深绿色。严重缺钙时,上部花蕾死亡,下部叶加厚,有棕红色斑点,甚至顶部死亡,雌蕊显著突出,造成生理代谢紊乱,抑制蛋白质的合成,促进蛋白质的分解,叶片失绿,变黄变白,直到落下,游离氨基酸显著增加。当钙含量较高时,会增加细胞数量,延长生长营养期,抑制烟叶成熟和颜色转化,造成过度生长、贪青和晚熟,不利于烟叶的品质。施钙量适中,可提高烟叶糖含量,提高烟叶的耐燃性,使灰分呈白色。

钙是烟草体内不能够再利用的营养元素。供钙不足时,钙优先满足老叶的生长,所以,缺钙症多先出现于上部叶。烟叶中钙含量过高,烟叶表现为粗糙、僵硬,叶片的硬度增加,烟叶的使用价值降低。钙过量还可能造成一些微量元素的失调;而缺钙则会导致烟株叶片出现反转卷曲的畸形症状,即导致倒勺子状翻转卷曲的发生。在诊断实践中,确定适宜的取样部位时,除考虑相关性这一基础外,还要充分考虑烤烟生长的特点,便于诊断指标在生产上的推广应用。烤烟旺长期是烤烟生理代谢最旺盛的时期,烤烟旺长期上部叶钙含量可作为钙素营养丰缺的诊断指标。

一般认为,土壤中交换态钙的临界含量为 400 mg/kg。随着连作季数的增加,土壤中交换态钙含量呈先增后减的趋势,但连作并没有导致土壤中交换态钙/镁比例的失衡。邹文桐在对福建优质烤烟生产的钙素营养研究中,根据实验结果提出,在烤烟旺长期,对交换态钙含量较低(分别为 370.23 mg/kg、436.22 mg/kg)的土壤进行钙处理,烟株在生长过程中虽未出现明显的缺钙症状,但生长发育受到抑制,烟株较矮小,长势也较差,上部烟叶钙含量分别为 1.30% 和 1.33%。对交换态钙含量较高(1540.21 mg/kg)的土壤进行钙处理,烟株虽未出现钙中毒现象,但烟株的农艺性状较差,长势相对较弱,上部烟叶钙含量为 2.03%。因此,依据各处理烟株在旺长期的生理生化指标和各处理烤烟相对生物量指标以及养分吸收状况,划分植烟土壤交换态钙含量的丰缺指标可能较为合理。为此初步提出:土壤交换态钙含量小于 400 mg/kg 为缺钙,土壤交换态钙含量为 400～700 mg/kg 为潜在性缺钙,土壤交换态钙含量为 700～1200 mg/kg 为适宜,土壤交换态钙含量大于 1200 mg/kg 为丰富。综合分析,可以确定烤烟土壤钙临界值为 400 mg/kg。在土壤的基础理化性质相近的条件下,若土壤有效钙含量低于 400 mg/kg,说明该植烟土壤钙肥力不够充足,需适时适量地增施一定量的钙肥;若土壤有效钙含量高于 700 mg/kg,则表明该植烟土壤有效钙较为充裕,能够满足烤烟生育期对钙的需求,无须施加钙肥。

四、烤烟对土壤钙肥力和施用钙肥的反应机制

随着钙肥的施入,土壤交换态钙含量增加,烤烟叶片的叶绿素(叶绿素 a 和叶绿素 b)、类胡萝卜素的含量均呈现出先上升后下降的规律,烟株株高、茎围、叶片数、最大叶长及最大叶宽呈先增加后下降的趋势。叶片的增大,叶面积系数的增加,势必促进光合作用;单叶重的提高有利于干物质的积累(这可能是光合产物增加的缘故)。随着土壤中施钙量的增加,植株的生长受到抑制,烟株株高、茎围、叶片数、最大叶长和最大叶宽开始呈下降的趋势。由此说明,只有当土壤中的有效钙含量在较适合的范围内时,对烤烟生长发育才最为有益。

五、植烟土壤钙肥施用

钙是烤烟的重要营养元素。它在烤烟的生长发育和营养代谢中起着重要作用,对烤烟的产量和品质有着深远的影响。施用中微肥是提高烤烟产量和品质的重要措施,但在实际生产中,缺乏土壤丰缺指标和营养诊断指标,无法指导烤烟中微肥的合理施用,影响了肥料的施用效果。烤烟是对钙肥反应良好的作物之一。合理施用钙肥对提高烤烟的产量和品质具有重要作用。

(一)钙肥施用量

我国土地资源丰富,土壤类型和性质各异,土壤类型不同,烟叶品种不同,田间钙肥施用量也应有所差异。对于钙肥的施用量,学术界暂时并无一致性的结论。其实,单独施用钙肥的情况基本没有,钙肥基本上都会与其他农艺措施相结合施用。比如:对酸性土施用石灰,其实是酸性土主要改良措施之一;对碱性土施用石膏,也是碱性土主要改良措施之一;施用过磷酸钙,就是在施用磷肥。可见,钙肥的施用量应遵照当地植烟土壤的养分含量确定。

（二）烤烟钙肥施用时期

烤烟生长各个时期都需要钙元素，但在整个生长发育过程中对钙素的需求随生育期的变化有一定的差异。不同栽培管理措施对烟草钙含量的影响也各不相同。有研究表明，烟株生育中期的适度干旱可以提高烟叶的钙含量；随着施钙量的增加，在生育前期（团棵期和旺长期）烟叶的钙含量增加，茎的钙含量也有所增加，但较烟叶少；在生育后期（现蕾期和成熟期），烟叶和茎的钙含量则下降。生育前期（团棵期和旺长期）是烤烟缺钙的关键时期，应注重这时期的钙肥施用量。在实际种植过程中，烟农一般采用钙肥基施的操作方法，在旺长期开始可适量对叶面喷施钙肥，加快旺长期烟株养分的积累。钙在植物体内不易流动，一旦固定，难以转移。叶面补施只能满足幼嫩器官的需钙要求，后续的钙需求，叶面补施难以满足。植物需要钙是一个长期的过程，伴随很长的生理期，所以补钙要以土壤补充为主。

（三）烤烟钙肥施用技术

植物营养木桶理论是烟草平衡施肥技术重要的理论支撑之一。该理论指出，植物能否完成其生命周期取决于"众多木板中最短的那块"，即最缺乏的营养元素。多年来，农业生产忽视了土壤养分的投入产出平衡，过分注重氮、磷、钾肥的供应，增加了氮、磷、钾肥的施用量，大幅减少了农家有机肥的用量，忽视了其他中微量营养元素的供应，导致了一些中微量元素的缺乏。烟草钙肥的施用一直是我国广大烟农忽视的问题。依据目前我国的基本国情，合理施用钙肥需要坚持以下原则：首先，必须满足烟草大田生长的养分需要；其次，在保证较高产质量的前提下进一步提高烟叶的可燃性和评吸特性，提高其商品性；再次，要适量增施钙肥，从而在一定程度上延缓烟株衰老、提高烟草的生长适应性；最后，适量增施钙肥必须以资源环境可持续发展为前提。合理施钙需要综合考虑多方面的情况。首先，植烟土壤的特性是必须考虑的一个因素。一般而言，强酸性土壤适宜施用白云石、菱钙矿、氢氧化钙、碳酸钙和钙钙磷肥，这类缓效性钙肥不仅能改善酸性土壤中氢离子和铝离子对钙的拮抗作用，还有利于钙肥的溶解和有效钙养分的释放。在施肥之前通过测土确定土壤性质是合理施肥的第一步。其次，合理施肥还应注重各种养分之间的平衡。近年来，大量元素肥料氮、磷、钾肥的大量施用使得土壤中钙含量处于相对缺乏的状态，在增施大量元素肥料的同时也应该补施钙肥。施用大量的化肥将不可避免地导致土壤耕作性能的下降和土地硬化。可采用有机肥料和无机肥料配合施用的方法。一方面，有机肥料以动物排泄物为主，富含钙素，充分腐熟后施入土壤可以及时补充土壤钙的不足；另一方面，施用有机肥料可以在一定范围内提高土壤中微生物的活性，改善土壤质地和耕作性能，有利于土地资源的再生和可持续利用。

（四）钙肥作为土壤调理剂对烟草生长的影响

土壤是烤烟生存的基质。土壤氮、磷、钾等养分的有效性随 pH 值的降低而降低。土壤 pH 值的降低不利于烟草植株的生长发育。当根际土壤 pH 值降至 5.4 时，烟草植株的根系质量降低、叶面积减小，烟草生长发育明显减缓，从而影响烟草的生长发育。施用生石灰和白云石粉可以调节土壤 pH 值，增加土壤钙、镁、速效磷和速效钾的含量，增加烟草的叶面积和叶绿素含量，改善烟草植株的农艺性状。但是，长期施用容易破坏土壤的结构和理化性质。传统的施用生石灰改善土壤酸化的方法容易造成土壤硬化和土壤钙、钾、镁元素失衡，导致作物产量下降。硅钙钾镁肥是枸溶性矿物肥料，是一种新型的土壤改良剂。它含有植物所需的多种元素，能调节土壤 pH 值，应用于花生、水稻、黄瓜等作物，增产减肥效果明显。栗方亮等人的研究表明，硅钙钾镁肥可以显著提高土壤 pH 值和养分含量。硅钙钾镁肥不仅能提高作物的产量和品质，还能使土壤 pH 值提高 0.1～0.8。硅钙钾镁肥用量越多，土壤 pH 的改善效果越明显。施用硅钙钾镁肥可以显著提高烟叶的株高和茎围，增加烟叶的 SPAD 值、叶数和叶面积，促进烟叶的生长发育。本研究也表明，在烟草种植中施用硅钙钾镁肥可以改善烟草生长环境，提高烟叶的产量和品质。原因是硅钙钾镁肥中含有多种有益元素，可与土壤中的多种元素进行交换和反应，对改善土壤特性、平衡烟草营养、增强烟草抗性起到作用。施用硅钙钾镁肥促进烟叶品质的改善的表现为烟叶外观品质得到改善、化学成分更加协调。

（五）生石灰对烟草生长的影响

石灰是主要的钙肥，包括生石灰、熟石灰（石灰钙粉、氢氧化钙）和碳酸钙。石灰呈碱性，不仅能补充作物的钙营养，还能调节土壤的酸碱度，改善土壤的结构，促进土壤中有益微生物的活性，加速有机质的分解和养分的释放。生石灰具有减轻铝毒害、调节土壤养分状态、增加养分的有效性、促进作物对养分的吸收的作用。同时，当土壤 pH＞6 时，生石灰会加速土壤有机氮向无机氮的转化，促进作物对氮素的吸收，进而促进幼苗的生长、根系的发育和生物量的增加。胡敏等人通过盆栽试验的研究得出以下结论：施用生石灰的土壤显著促进了大麦幼苗的生长发育，且以每千克土中加入 1.8 g 生石灰效果最佳。邓小华等人的研究表明，生石灰具有提高烟株生长和质量的效果。乔钰元等人在盆栽条件下的研究表明，适量的生石灰能够显著提高平邑甜茶的株高、地上部和地下部的生物量，促进根系的生长发育。研究结果表明，不同的生石灰量使烟草前期的长势发生显著性变化，在烟草的长势参数中，施用生石灰促进了烟草的生长，烟草生长前期的农艺性状指标、生物量和根系的生长指标显著提高，但是过量时会降低烟草的生物量。本研究表明，生石灰的施用促进了烟草生长前期叶绿素 a 和类胡萝卜素的增加，其原因可能是酸性土壤经生石灰处理后，土壤环境有利于烟草前期的生长，可以为烟草提供充足的养分，满足烟草生长所需，促进烟草进行光合作用。生长在未经生石灰改良的酸性土壤和生石灰过多的土壤环境中，烟草受到逆境胁迫，光合作用的进行受到抑制。

生石灰的施用显著改变烟草生长前期 POD、SOD 和 MDA 的含量，其原因主要是生石灰改变了酸性土壤的酸碱度，使烟草生长在不同 pH 的土壤环境中，受到不同程度的酸碱胁迫作用，导致活性氧的产生，进而影响幼苗体内保护性酶和丙二醛的分泌。在正常条件下，植物体内活性氧的含量处在一种动态平衡状态中。当受到酸碱胁迫时，植物体内会产生保护性酶，清除体内的活性氧，以保证机体的正常发育。MDA 含量是反映植物膜脂氧化程度的重要指标，MDA 含量越高，说明植物受到逆境胁迫的伤害越大。本研究表明，与不施用生石灰相比，施用生石灰，使丙二醛含量显著下降，说明生石灰处理促进了烟草前期的生长。但生石灰量过多时，在高 pH 下会抑制烟草组织和器官的分化，降低生物量。过量的生石灰会造成土壤氮素的挥发、碳酸盐的沉淀，使土壤营养元素失衡，进而抑制作物的生长发育。

参考文献

[1]　中国农业科学院土壤肥料研究所.中国肥料[M].上海:上海科学技术出版社,1994.

[2]　林培.区域土壤地理学(北方本)[M].北京:北京农业大学出版社,1993.

[3]　胡霭堂.植物营养学(下册)[M].北京:中国农业大学出版社,1995.

[4]　陈杰,李建伟,任竹,等.成土母岩与烤烟品质的关系[J].贵州农业科学,2010,38(12):122-125.

[5]　周卫,林葆.土壤中钙的化学行为与生物有效性研究进展[J].土壤肥料,1996,(5):19-22.

[6]　何电源.中国南方土壤肥力与栽培植物施肥[M].北京:科学出版社,1994:98-103.

[7]　白昌华,田世平.果树钙素营养研究[J].果树科学,1989,6(2):121-124.

[8]　周卫,林葆.棕壤中肥料钙迁移与转化模拟[J].土壤肥料,1996,(1):17-23.

[9]　张大庚,祝艳青,李天来,等.长期定位施肥对保护地土壤钙素形态分布的影响[J].水土保持学报,2011,25(2):198-202.

[10]　刘晶晶,刘春生,李同杰,等.钙在土壤中的淋溶迁移特征研究[J].水土保持学报,2005,19(4):53-56,75.

[11]　浙江农业大学.植物营养与肥料[M].北京:农业出版社,1991:26.

[12]　陆景陵.植物营养学(上册)[M].北京:中国农业大学出版社,1994:133-134.

[13]　晋艳,雷永和.烟草中钾钙镁相互关系研究初报[J].云南农业科技,1999,(3):6-9,47.

[14]　刘坤,周冀衡,李强,等.植烟土壤交换性钙镁含量及对烟叶钙镁含量的影响[J].西南农业学报,2017,30(9):2065-2070.

[15]　周卫,林葆.植物钙素营养机理研究进展[J].土壤学进展,1995,23(2):12-17,25.

[16]　张新,曹志洪.钾、钙和镁对烟叶品质的影响及烟草对它们的吸收规律[M]//曹志洪.优质烤烟生产的钾素与微素.北京:中国农业科技出版社,1995:63-68.

[17]　李娟,章明清,林琼,等.钾、钙、镁交互作用对烤烟生长和养分吸收的影响[J].安徽农业大学学报,2005,32(4):529-533.

[18]　介晓磊,刘世亮,李有田,等.不同浓度钙营养液对烟草矿质营养吸收与积累的影响[J].土壤通报,2005,36(4):560-563.

[19]　左天觉.烟草的生产、生理和生物化学[M].朱尊权,等,译.上海:上海远东出版社,1993.

[20]　刘冬碧,陈防,鲁剑巍,等.施钾对油菜干物质积累和钾、钙、镁吸收的影响[J].土壤肥料,2001,(4):24-28.

[21]　张晓林,和丽忠,陈锦玉,等.土壤-烤烟矿质营养元素相互关系的主组分分析[J].土壤学报,2001,38(2):193-203.

[22]　陈际型,宣家祥.低盐基土壤 K、Ca、Mg 的交互作用对水稻生长与养分吸收的影响[J].土壤学报,1999,36(4):433-439.

[23]　许自成,黎妍妍,肖汉乾,等.湖南烟区土壤交换性钙、镁含量及对烤烟品质的影响[J].生态学报,2007,27(11):4425-4433.

[24] 雷永和,邵岩,晋艳,等.烟叶含钾量与土壤养分的关系[J].云南农业科技,1994,(2): 3-6.

[25] J. 邦纳,J. E. 瓦纳.植物生物化学[M].北京:科学出版社,1984:374-378.

[26] HIRSCHI K D. The calcium conundrum. Both versatile nutrient and specific signal [J]. Plant Physiology,2004, 136(1):2438-2442.

[27] WHITE P J,BOWEN H C,DEMIDCHIK V, et al. Genes for calcium-permeable channels in the plasma membrane of plant root cells[J]. Biochimica et Biophysica Acta,2002,1564(2),299-309.

[28] MOORE C A,BOWEN H C,SCRASE-FIELD S,et al. The deposition of suberin lamellae determines the magnitude of cytosolic Ca^{2+} elevations in root endodermal cells subjected to cooling[J]. The Plant Journal,2002,30(4):457-465.

[29] WHITE P J. The pathways of calcium movement to the xylem[J]. Journal of Experimental Botany,2001,52(358):891-899.

[30] 尚忠林,毛国红,孙大业.植物细胞内钙信号的特异性[J].植物生理学通讯,2003,39 (2):93-100.

[31] HEPLER P K. Calcium:a central regulator of plant growth and development[J]. Plant Cell,2005,17(8):2142-2155.

[32] 宋秀芬,洪剑明.植物细胞中钙信号的时空多样性与信号转导[J].植物学通报,2001, 18(4):436-444.

[33] 张和臣,尹伟伦,夏新莉.非生物逆境胁迫下植物钙信号转导的分子机制[J].植物学通报,2007,24(1):114-122.

[34] CHIN D,MEANS A R. Calmodulin:a prototypical calcium sensor[J]. Trends in Cell Biology,2000,10(8):322-328.

[35] 毛国红,宋林霞,孙大业.植物钙调素结合蛋白研究进展[J].植物生理与分子生物学学报,2004,30(5):481-488.

[36] 曹志洪.优质烤烟生产的土壤与施肥[M].南京:江苏科学技术出版社,1991.

[37] 胡国松,赵元宽,曹志洪,等.我国主要产烟省烤烟元素组成和化学品质评价[J].中国烟草学报,1997,3(3):36-44.

[38] 陈江华,刘建利,龙怀玉.中国烟叶矿质营养及主要化学成分含量特征研究[J].中国烟草学报,2004,10(5):20-27.

[39] 黄元炯,傅瑜,董志坚,等.河南烟叶营养元素和还原糖、烟碱含量及其与评吸质量的相关性[J].中国烟草科学,1999,(1):3-7.

[40] 张延军,王晖,许自成,等.豫中、豫南烟区烤烟品质综合评价[J].郑州轻工业学院学报(自然科学版),2006,21(1):30-33,36.

[41] 龙怀玉,张认连,刘建利,等.中国烤烟中部叶矿质营养元素浓度状况[J].植物营养与肥料学报,2007,13(3):450-457.

[42] 杨龙祥,杨明,李忠环,等.不同品种烤烟大田期几种营养元素积累与分配研究初报[J].云南农业大学学报,2004,19(4):428-432.

[43] 张贵峰,李恒全,冯继焰,等.烤烟不同部位叶片钙镁铁含量的变化[J].农业与技术,

2008,28(1):29-32.

[44] 邵惠芳,陈红丽,娅小明,等.烤烟不同叶位烤后烟叶主要矿质营养含量差异研究[J].江西农业大学学报,2008,30(4):618-622,647.

[45] 董建新,梁洪波,元建,等.水分调控对烟叶钾及钙、镁含量的影响[J].烟草科技,2006,(4):45-49.

[46] 强继业,王化新,李佛琳,等.CaCl₂对烤烟吸收钙、钾营养的影响[J].云南农业大学学报,2001,16(2):120-123.

[47] 阮妙鸿,陈顺辉,李文卿,等.烤烟钾钙镁供应和吸收的关系[J].亚热带农业研究,2006,2(2):97-101.

[48] 韩锦峰.烟草栽培生理[M].北京:中国农业出版社,2003.

[49] ZOCCHI G,MIGNANI I. Calcium physiology and metabolism in fruit trees[J]. Acta Horticulturae,1995,383:15-23.

[50] 石永春,张守涛,刘卫群,等.不同离子对烟草根皮层细胞质膜内向 K⁺ 通道的影响[J].河南农业大学学报,2008,42(2):127-130.

[51] 张燕,李天飞,方力,等.钙对高温胁迫下烟草幼苗抗氧化代谢的影响[J].生命科学研究,2002,6(4):356-361.

[52] 陈静,冯振群,蒋士君.钙信号在烟草普通花叶病高温隐症中的作用[J].烟草科技,2007,(1):67-69.

[53] 张燕,方力,李天飞,等.钙对低温胁迫的烟草幼苗某些酶活性的影响[J].植物学通报,2002,19(3):342-347.

[54] 张燕,方力,李天飞,等.钙对烟草叶片热激忍耐和活性氧代谢的影响[J].植物学通报,2002,19(6):721-726.

[55] 谭伟,李庆亮,罗音,等.外源 CaCl₂预处理对高温胁迫烟草叶片光合作用的影响[J].中国农业科学,2009,42(11):3871-3879.

[56] 张会慧,包卓,许楠,等.钙对低温高光锻炼下烤烟幼苗光合的促进效应[J].核农学报,2011,25(3):582-587.

[57] 王瑞新.烟草化学[M].北京:中国农业出版社,2003.

[58] 汤浪涛,周冀衡,张一杨,等.曲靖烟区烟叶的中微量元素含量分布特点[J].四川农业大学学报,2009,27(4):440-443.

[59] 许自成,刘国顺,刘金海,等.铜山烟区生态因素和烟叶质量特点[J].生态学报,2005,25(7):1748-1753.

[60] 王晖,邢小军,许自成.凉山烟区主要气候因素与烤烟质量特点分析[J].中国农业气象,2007,28(4):420-425.

[61] 周翔,梁洪波,董建新,等.山东烟区降水对烟叶主要化学成分的影响[J].中国烟草科学,2008,29(2):37-41.

[62] 乔新荣,刘国顺,郭桥燕,等.光照强度对烤烟化学成分及物理特性的影响[J].河南农业科学,2007,(5):40-43.

[63] 张艳玲,尹启生,蔡宪杰,等.不同年份烤烟主要化学成分及部分中、微量元素比较[J].烟草科技,2007,(12):42-45.

[64]　訾天镇,郭月清.烟草栽培[M].北京:中国农业出版社,1996,113.

[65]　邹邦基,何雪晖.植物的营养[M].北京:农业出版社,1985,182-195.

[66]　段宗颜,郑波,鲁耀,等.钙镁比调控对不同部位烟叶 Mg、K、Ca 吸收的影响[J].中国土壤与肥料,2010,(5):61-65.

[67]　邹文桐,熊德中.土壤交换性钙水平对烤烟若干生理代谢的影响[J].安徽农业大学学报,2010,37(2):369-373.

[68]　邹文桐.福建优质烤烟生产的钙素营养研究[D].福州:福建农林大学,2008.

[69]　夏巍.不同供钾、钙和 pH 对烟草钾积累特性影响与品种响应研究[D].郑州:河南农业大学,2005.

[70]　杨宇虹,崔国明,黄必志,等.钙对烤烟产质量及其主要植物学性状的影响[J].云南农业大学学报,1999,14(2):148-152.

[71]　[德]蒙格尔,[英]克尔克贝.植物营养原理[M].刘武定,张宜春,刘同仇,等,译.北京:农业出版社,1987,450-469.

[72]　高加明,黄广华,任晓红,等.氨基酸钙对烤烟生长及烟叶品质的影响[J].现代农业科技,2020,(12):23-24,26.

[73]　何萍,金继运.氮钾营养对春玉米叶片衰老过程中激素变化与活性氧代谢的影响[J].植物营养与肥料学报,1999,5(4):289-296.

[74]　赵立红,黄学跃,许美玲.施氮水平及钾素配比对晒烟生理生化特性的影响[J].云南农业大学学报,2004,19(1):48-54.

[75]　刘卫群,韩锦峰,史宏志,等.数种烤烟品种中碳氮代谢与酶活性的研究[J].中国农业大学学报,1998,3(1),22-26.

[76]　高井康雄,等.植物营养与技术[M].敖光明,梁振兴,译.北京:农业出版社,1988,197-220.

[77]　中国农业科学院烟草研究所.中国烟草栽培学[M].上海:上海科学技术出版社,1987,38-39,135-137.

[78]　徐照丽,卢秀萍,焦芳婵.氮水平和 NO_3^--N 比例对烤烟新品种 YH05 烟叶化学成分的影响[J].华北农学报,25(S2):226-229.

[79]　徐照丽,邓小鹏,杨宇虹,等.氮水平和硝态氮比例对烤烟钙、镁、铜、锌等元素累积分配的影响[J].基因组学与应用生物学,2018,37(2):900-908.

[80]　汪邓民,周骥衡,朱显灵,等.磷钙锌对烟草生长及抗逆性影响的研究[J].中国烟草学报,1999,5(3):23-27.

[81]　冯新维,黄莺,吴贵丽,等.不同钙浓度对烤烟生长及镁吸收的影响[J].作物杂志,2021,(3):190-194.

[82]　王英锋,徐高强,代卓毅,等.低钾胁迫下不同钙浓度对烟草钾吸收的影响[J].中国烟草科学,2021,42(2):15-21.

[83]　聂新柏,靳志丽.烤烟中微量元素对烤烟生长及产质量的影响[J].中国烟草科学,2003,(4):30-34.

[84]　赵鹏,谭金芳,介晓磊,等.施钾条件下烟草钾与钙镁相互关系的研究[J].中国烟草学报,2000,6(1):23-26.

[85] 秦华,程森,吴家森,等.烤烟烟叶卷曲症状的诊断及其机理研究——Ⅱ.组织分析和水培试验[J].土壤学报,2007,44(6):1090-1096.

[86] 肖协忠,等.烟草化学[M].北京:中国农业科技出版社,1997.

[87] 曹志洪.优质烤烟生产的钾素与微素[M].北京:中国农业科技出版社,1995.

[88] 胡国松,王志彬,王凌,等.烤烟烟碱累积特点及部分营养元素对烟碱含量的影响[J].河南农业科学,1999,(1):10-14.

[89] 许自成,黎妍妍,肖汉乾,等.湖南烤烟营养元素含量与总糖和烟碱的关系[J].西北农林科技大学学报(自然科学版),2008,36(1):137-142,148.

[90] 闫克玉.烟草化学[M].郑州:郑州大学出版社,2002.

[91] 黄德明.作物营养和科学施肥[M].北京:农业出版社,1993:79-86.

[92] LÓPEZ-LEFEBRE L R,RIVERO R M,GARCÍA P C,et al. Effect of calcium on mineral nutrient uptake and growth of tobacco[J]. Journal of the Science of Food and Agriculture,2001,81:1334-1338.

[93] 池敬姬,王艳丽.总灰分及主要矿质元素对烟叶品质的影响[J].延边大学农学学报,2004,26(3):204-207.

[94] 杨宇虹,冯柱安,晋艳,等.酸性土壤的烟株生长及烟叶产质量调控研究[J].云南农业大学学报,2004,19(1):41-44.

[95] 广建芳,邵孝候,赵廷超,等.黔西南植烟土壤 pH 值分布与主要养分的相关关系[J].江苏农业科学,2019,47(9):280-283.

[96] 王辉,董元华,李德成,等.不同种植年限大棚蔬菜地土壤养分状况研究[J].土壤,2005,37(4):460-462.

[97] 栗方亮,张青,王煌平,等.土壤调理剂对蜜柚产量、品质及土壤性状的影响[J].中国农学通报,2018,34(6):39-44.

[98] 王建康,李小玲,陈海宁,等.硅钙钾镁肥对果蔗产量品质及经济效益的影响[J].甘蔗糖业,2016,(4):42-45.

[99] 马存金.硅钙钾镁肥不同用量对酸性土壤 pH 值及烟草根系发育的影响[J].江苏农业科学,2020,48(19):83-86.

[100] 万强,谭放军,周艳.水稻加施高活性硅钙钾肥增加产量和降低稻谷中镉含量的效果[J].磷肥与复肥,2012,27(4):83-84.

[101] 谭青涛,程云吉,赵新峰,等.硅钙钾镁肥不同用量对土壤养分及烟叶品质的影响[J].中国农学通报,2019,35(10):25-29.

[102] 马存金,任士伟,郑磊,等.硅钙钾镁肥用量对烟草根系发育及烟叶质量的影响[J].中国农学通报,2020,36(31):7-12.

[103] CHEN D M,LAN Z C,BAI X,et al. Evidence that acidification induced declines in plant diversity and productivity are mediated by changes in below-gound communities and soil properties in a semi-arid steppe[J]. Journal of Ecology,2013,101(5):1322-1334.

[104] 胡敏,向永生,鲁剑巍.石灰用量对酸性土壤 pH 值及有效养分含量的影响[J].中国土壤与肥料,2017,(4):72-77.

[105] 邓小华,黄杰,杨丽丽,等.石灰、绿肥和生物有机肥协同改良酸性土壤并提高烟草生产效益[J].植物营养与肥料学报,2019,25(9):1577-1587.

[106] 乔钰元,盛月凡,王海燕,等.生石灰与过磷酸钙混施对连作土壤的改良效果及平邑甜茶幼苗生长的影响[J].中国果树,2020,(3):16-22.

[107] 梁军伟.生石灰施用量对酸性土壤和烟草生长前期的影响[D].北京:中国农业科学院,2021.

[108] 梅旭阳,高菊生,杨学云,等.红壤酸化及石灰改良影响冬小麦根际土壤钾的有效性[J].植物营养与肥料学报,2016,22(6):1568-1577.

[109] 袁俊杰,蒋玉蓉,吕柯兰,等.不同盐胁迫对藜麦种子发芽和幼苗生长的影响[J].种子,2015,34(8):9-13,17.

[110] AZMAN E A,JUSOP S,ISHAK C F,et al. Increasing rice production using different lime sources on an acid sulphate soil in Merbok,Malaysia[J]. Tropical Agricultural Science,2014,37(2):223-247.

第八章　植烟土壤硫营养与施肥

第一节　土壤中的硫

一、土壤中的硫含量

硫(S)在地壳中的含量大约为 0.6 g/kg。我国土类全硫(S)含量为 0.11～0.49 g/kg,如表 8-1 所示。除盐土和自然植被生长较好的地区含硫较高外,在耕地中以黑土硫含量最高,水稻土和北方旱地(潮土、棕壤、褐土、楼土、绵土、栗钙土、黑钙土)硫含量次之,南方红壤旱地硫含量最低。

表 8-1　我国主要土壤类型的硫含量

土壤类型	全硫含量(S,g/kg)
红壤(自然植被)	0.146 ± 0.011
红壤(耕地)	0.105 ± 0.027
黄壤(自然植被)	0.337 ± 0.050
南方水稻土	0.240 ± 0.014
东北黑土	0.336 ± 0.060
棕壤、褐土	0.132 ± 0.046
栗钙土、灰钙土	0.147 ± 0.023
西北楼土、绵土	0.158 ± 0.022
黄淮海潮土	0.156 ± 0.020
滨海盐土	0.343 ± 0.061
高山草毡土	0.490 ± 0.125

二、土壤中硫的存在形态

土壤中的硫可分为无机态硫和有机态硫两类。土壤中的无机态硫包括:难溶态硫(固体矿物硫),如黄铁矿(FeS_2)、闪锌矿(ZnS)等金属硫化物和石膏等硫酸盐矿物;水溶态硫,主要为硫酸根及游离的硫化物等;吸附态硫,即土壤矿物胶体吸附的 SO_4^{2-},与溶液 SO_4^{2-} 保持着平衡,吸附态硫容易被其他阴离子交换。北方石灰性土壤以难溶态和易溶态硫酸盐为主。华北平原的潮土及黄土高原的楼土和绵土,无机态硫占全硫的 $40\%\sim45\%$。滨海盐土易溶态硫含量较高,占全硫的 41.7%,土壤中难溶态硫含量与碳酸钙的含量呈正相关关系。可见,这部分硫是和土壤碳酸钙共沉淀的。

土壤有机态硫主要存在于动植物残体和腐殖质中,以及一些经微生物分解形成的较简单的有机化合物中。硫和碳结合形成半胱氨酸,以 R—SH 基团的形式存在。此外,硫也可以磺酸、R—SO$_3$H 基团的形式存在。在胱氨酸中硫呈还原态,在磺酸中硫呈氧化态。

土壤中的硫大部分呈有机态,常与碳、氮结合。根据对各种形态硫含量的测定可知,南方水稻土、红黄壤有机态硫占全硫的 $85\%\sim94\%$,无机态硫仅占 $6\%\sim15\%$。北方某些石灰性土壤(楼土、绵土、潮土和滨海盐土)无机态硫含量较高,占全硫的 $39.4\%\sim61.8\%$。

三、土壤中硫的转化形式及其影响因素

(一)转化形式

①有机态硫的矿化和固定。有机态硫的矿化和固定是可逆反应,与有机态氮、磷的矿化和固定相似,受土壤 pH、湿度、温度、通气状况等多因素的影响。其中有机质本身的碳硫比是一个重要指标。据报道,有机质的碳硫比小于或等于 300 有利于有机态硫的矿化,碳硫比大于 300 则有可能发生生物固硫作用。

②矿物质的吸附和解吸。在富含铁、铝氧化物和氢氧化合物及以 1∶1 型黏土矿物为主的土壤中,硫酸根(SO_4^{2-})有可能吸附在带正电荷的土壤胶体上,但被吸附的 SO_4^{2-} 容易被其他阴离子交换出去。

③硫化物和元素硫的氧化。虽然土壤中原始硫化物的溶解度很小,但在酸性条件下,仍有极少量的硫化物可溶解出来,这些硫化物一旦进入溶液中,只要土壤有一定的通气性,S^{2-} 就会迅速氧化成 SO_4^{2-}。土壤中碱土金属硫酸盐可直接溶解干旱地区土壤中的石膏。

(二)影响土壤有机态硫转化的主要因素

①土壤微生物 N、C 的有效性。向土壤有机态硫库加入 C 或 S 会降低有机态硫的矿化,加入 N 时更是如此。也正因为如此,SO_4^{2-} 向还原态硫的转化固定往往因缺乏足够的 N 素而受到限制。

②植被。与裸地土壤相比,在有植被的土壤上,土壤有机态硫的矿化速率较大,这可能与植物根际的微生物活性较高以及由植物根系和根际微生物所分泌的磺基水解酶活性较高有关。土壤微生物和植物对土壤 SO_4^{2-} 的不断摄取也会刺激通过磺基水解酶作用酯键水解而进行的还原态硫的生物化学矿化。

③温度与湿度。田间土壤温度与湿度的波动性变化会引起土壤的干湿效应,由此可促进土壤有机态硫中 SO_4^{2-} 的释放。这主要是因为刺激了土壤微生物的活性,促进了土壤有机态硫矿化,或夏季的干燥高温造成了酯键的物理断裂。

④土壤 pH。酸性土壤提高 pH 也会促进有机态硫(酯)的水解矿化。此外,植物生长、蚯蚓等土壤动物因土壤 pH 改变而使活性增强,同样会通过增强磺基水解酶的活性以及土壤有机质的分解,从而促进土壤有机态硫的矿化。

四、影响土壤中有效硫含量的因素

①有机质。根据刘崇群的研究,有机质和有效硫、全硫、有机态硫的相关性极显著。

②海拔高度。海拔高度对土壤有效硫含量有明显的影响。海拔高度与有效硫有极显著的正相关关系。一般海拔升高,土壤有机质积累增加,有效硫含量也增加。

③母质、母岩。不同母质、母岩发育的土壤,有效硫含量不同。第四纪红色黏土、残积母质、坡积母质发育的土壤有效硫含量较高,冲积母质发育的土坡有效硫含量较低。母岩中玄武岩、石灰岩、白云岩、钙质页岩、碱性紫色砂页岩发育的土壤有效硫含量较高,板岩、酸性砂页岩、页岩发育的土壤有效硫含量较低。

④地形地貌。坡地、丘陵台地的土壤有效硫含量较低,丘陵谷地、盆地有效硫含量居中,低、中山地区有效硫含量较高。

⑤土壤类型。不同类型的土壤有效硫含量不同。除了紫砂田以外,几乎所有的土壤有效硫平均含量均较高,但缺硫土壤仍可以在黄砂田、红泥田、紫泥田、黄砂土、大土泥土、红泥土和紫泥土中大面积发现。冷烂田尤其是煤锈水田有效硫含量极高,硫在渍水条件下的还原性是冷烂田低产的主要原因之一。

第二节　植物体中的硫

一、植物体内硫的含量与分布

早在 19 世纪中叶,硫对植物生长的必需性就被发现了,但对硫在植物体中的基本功能在百余年后才研究得比较清楚。硫素是一些氨基酶的组成部分,是植物蛋白质形成所需的物质,有助于酶和维生素的形成。它能促进豆科作物根瘤的形成,并有助于籽粒生产。硫是叶绿素形成所必需的,施用硫素能促进农作物的光合作用和植物蛋白质的形成,增加营养,改善品质,提高产量。

植物硫含量为 0.1%～0.5%,其变幅受植物种类、器官和生育期的影响。硫在植物开花前集中分布于叶片中,成熟时叶片中的硫逐渐减少并向其他器官转移。例如,成熟的玉米叶片中硫含量占全株的 10%,茎中硫含量占全株的 33%,种子中硫含量占全株的 26%,根中硫含量占全株的 11%。植物体内的硫有无机硫酸盐(SO_4^{2-})和有机硫化合物两种形态。前者主要储藏在液泡中,后者主要是以含硫氨基酸(如胱氨酸、半胱氨酸和蛋氨酸)及其化合物(如谷胱甘肽)等存在于植物体各器官中。有机态的硫是组成蛋白质的必需成分。当对植物供硫适度时,植物体内含硫氨基酸中的硫约占植物全硫量的 90%。由于各种植物的蛋白质组成是一定的,因此蛋白质中硫和氮的含量基本上是恒定的。但是缺硫时,植物体的硫氮比会发生变化,因此,可以通过硫氮比来诊断植物的硫营养状况。植物吸收的硫首先满足合成有机态硫的需要,多余时才以 SO_4^{2-} 的形态储藏于液泡中。所以,当供硫不足时,植物体内大部分为有机态硫;随着供硫量增加,植物体内有机态硫增加;只有供硫十分丰富时,植物体内才有大量的 SO_4^{2-} 存在。

二、硫对植物生理功能的影响

（一）参与植物的光合作用

硫脂是高等植物体内同叶绿体相连最普遍的组分。硫以硫脂的方式组成叶绿体基粒片层，硫氧还蛋白半胱氨酸—SH 在光合作用中传递电子，形成铁氧还蛋白的铁硫中心，进而参与暗反应。硫脂是叶绿体内一个固定的边界膜，与叶绿素结合和叶绿体形式相关，并与电子传递和全部光合作用相关。硫还是铁氧还蛋白的重要组分，在光合作用及氧化物的还原中起电子转移作用。

缺硫使叶片气孔开度减小、羧化效率降低、RuBP 酶活性下降、硝酸盐积累，影响光合性能，最终使产量降低。叶片中有机态硫主要集中在叶肉细胞的叶绿体蛋白上。硫的供应对叶绿体的形成和功能的发挥有重要影响，缺硫会增加叶绿体结构中基粒的垛迭，使叶绿体结构发育不良，使光合作用受到明显影响。硫对作物光合作用的促进作用，主要是促进了叶绿素 a 和叶绿素 b 含量的显著升高，尤其是叶绿素 a，而 RuBPCase 和 PEPCase 及叶绿素含量的增加对植物光合能力的改善及有机物的合成显然是有利的。

（二）硫与酶活性

辅酶 A 在能量转化与物质代谢过程中的作用早已被证实，其组分中的—SH 基是脂酰基的载体，对脂肪酸和脂类代谢具有十分重要的作用。硫也是豆科作物及其他固氮生物固氮酶的重要组成部分，缺硫胁迫引起硝酸还原酶活性下降，导致蛋白质合成受阻，使得植物体内非蛋白氮含量相应增加。

（三）参与蛋白质和脂类的合成

硫是蛋白质中半胱氨酸、胱氨酸和蛋氨酸等含硫氨基酸的重要组成成分，蛋白质硫含量可达 21%～27%，蛋白质的合成常因胱氨酸、甲硫氨酸的缺乏而受到抑制。施硫能提高作物必需的氨基酸，尤其是甲硫氨酸的含量，而甲硫氨酸在许多生化反应中可作为甲基的供体。硫不仅是蛋白质合成的起始物，也是评价蛋白质质量的重要指标。另有试验表明，缺硫会导致含硫氨基酸含量降低，而其他氨基酸尤其是精氨酸的含量增加。与此同时，植物体内游离氨基酸的总量和非蛋白氮的含量提高，而蛋白氮的含量下降。硫素对膜脂类合成的贡献主要有两个途径：其一，它本身就是硫脂的组分；其二，它可帮助脂类的合成。硫脂的角色在前面的光合作用中已有提及。二酯磺酰甘油约占高等植物叶片全部脂类含量的 5%，而且这种硫脂既不局限于高等植物的叶片，也不局限于其光合组织。这种硫脂在光合细菌中的含量为 0.01%，在棕藻中的含量可达 18.3%；而其他的含硫脂肪，如神经酰胺磺酸、磷脂酰磺酰胆碱和氯磺酯，只在简单的有机体中存在。硫素在普通脂类的合成中常作为酶的一个辅基起催化作用。

三、硫在植物体内的转运

硫在植株体内的运输主要以 SO_4^{2-} 的形态进行，跨膜质子同向转运蛋白催化此过程，但也有少量的硫以还原态硫的形态运输，如半胱氨酸、谷胱甘肽等。植物从土壤中吸收硫是一个逆浓度梯度的主动吸收过程,硫主要以硫酸根的形式进入植株体内,因此,需要蛋白载体。这些运输蛋白分别参与根系初始吸收、长距离运输、硫同化以及光合作用和细胞器运输。在植株营养生长时期,根系吸收的硫素大部分流向正在发育的叶片。在植株生殖生长时期,硫素主要保证籽粒的需求,此时根系和叶片细胞液泡中的无机态硫、叶片中的谷胱甘肽以及其他部位中的有机蛋白都是硫素的积累形式。硫在植物体内可以移动,但是这种移动十分有限,所以缺硫症状首先表现在植物的幼嫩器官。硫在植株体内的移动称为再分配,通常以无机态硫即硫酸根的形式输出。在叶片成熟时,没有合成为有机态硫的无机态硫通过一定的循环通道进入正在发育的部位被再次利用,但在严重硫胁迫下,有机态硫也可以通过蛋白质水解转化为无机态硫,并输出到幼嫩部位被再次利用。

植物根系以很高的亲和力吸收硫酸盐,在土壤硫酸盐含量为 0.1 mmol/L 或更低时,便可以达到较大的硫酸盐吸收速率。植物根系吸收的硫酸盐运转到地上部是被严格控制的,植物根系似乎是硫同化的最初控制位之一。硫素的运转取决于该部位细胞组织的硫素供应以及其他部位对硫素的需求状况。根系所吸收的硫酸盐迅速越过根细胞的质膜,然后输送到木质部的导管,最后通过蒸腾流运送到地上部。硫酸盐的吸收和运转都需要能量,且能量以质子/硫酸盐(可能是 $3H^+/SO_4^{2-}$)的方式一起运转。这种能量由 ATP 酶(ATPases)的质子梯度产生。在地上部,硫酸盐未被固定而直接运转到叶绿体中还原。通过基因比对和系统发生学分析发现,硫酸盐的运转体基因可以分成 5 组群,每一组群都含有动力学性质和表达模式各异的硫酸盐运转体。高亲和力的硫酸盐吸收、低亲和力的液泡运转以及液泡的流出物均由植物的营养状况控制。研究表明,缺硫时,从根部的液泡和成熟叶片中输出的硫与需求部位的要求不一致,不能满足生长需要。谷胱甘肽是有机态硫转运的重要形式,同时也是缺硫的传导信号。缺硫时,谷胱甘肽的含量迅速下降,促进硫素的吸收和再分配。

四、硫在植物体内的吸收

(一)可供植物吸收的硫

植物可以通过主动吸收直接吸收无机态硫,并将其转化为人体所需的养分。植物吸收土壤无机态硫的形式主要是水溶性的硫酸盐。在根系吸收无机态硫的过程中,需要调动膜上的多种转运蛋白,不同的细胞对无机态硫的吸收能力有所差异,表现出硫素的差异性功能。植物主要通过两种方式积累生长发育所需的硫元素,一种是根系细胞的吸收,另一种是叶片细胞的累积。与根系细胞膜上丰富的转运蛋白相比,叶片细胞的转运蛋白含量较少,其吸收的硫一般用于细胞间的交换,因此,根系细胞吸收是植物体积累硫的主要方式。植物根系在吸收了无机态硫后,利用木质部的径流将其转运到其他部位。同时,植物的蒸腾作用、外界温度等因素都会直接影响到硫在植物体内的运输。

(二)植物根系吸收硫素的方式

植物主要依赖于根系来吸收土壤中的营养,植物生长发育所需的大部分营养都来源于其赖以生存的土壤。根尖是植物根系中最活跃的部分,也是植物吸收土壤营养的主要部位。植物吸收土壤营养的过程可以分为以下 4 个阶段:土壤中的养分迁移到根系附近;根系细胞表面吸附离子;根细胞通过跨膜运输的方式吸收离子;养分离子向地上部运输及分配。植物根系主要通过 3 种方式吸收土壤中的硫素,最常见的一种方式是土壤溶液中的养分离子通过质流和扩散到达植物根系表面而被直接吸收,在土壤溶液中养分离子浓度降低后,土壤颗粒固相吸附的养分离子进入液相。植物根系细胞在进行吸收的同时,依据接触土壤所传回的反馈信号,分泌可以活化难溶性物质的有机酸或氢离子,使得吸收效率进一步提升。还有一种方式是,影响各种营养离子,进而影响吸收效果。营养离子间的拮抗或促进作用影响植物的吸收,进而影响植物的养分含量。

五、硫素在植物体内的积累和利用

作物对硫素的需求受自身合成蛋白质数量和质量要求的控制。不同的作物、不同的部位以及不同的发育时期,对硫素的需求各不相同。在一般情况下,蛋白质合成活跃的部位需硫量多,合成的蛋白质中富硫氨基酸含量多的部位需硫量多。在植株营养生长时期,根系吸收的硫素大部分流向正在发育的叶片;在植株生殖生长时期,硫素主要保证籽粒的需求,在供应充足的情况下才会在叶片中积累,此时根系和叶片细胞液泡中的无机态硫、叶片中的谷胱甘肽(GSH)以及其他部位中的有机蛋白都是硫素的积累形式。硫胁迫时,根系积累更多的硫素供自身扩展,所以硫胁迫对根系的影响比较小,但使得植株的冠根比变小。

第三节　烤烟中的硫

一、烤烟中硫含量

将 28 个烤烟基因型(见表 8-2)分成 3 类:高效型、中间型、低效型。在高效型中把烟叶硫含量高于 1.30% 的基因型划分为超高效型(包括寸三皮、腾冲歪尾巴、红花大金元等 3 个烤烟基因型),把烟叶硫含量在 1.00%~1.20% 区间的基因型划分为高效型(包括富锦大叶、永顺烟、腾冲大理叶、净叶黄、翠碧 1 号、品 4、中烟 99、大叶烟、G70、G80 等 10 个烤烟基因型)。将烟叶硫含量在 0.79%~0.97% 的基因型划分为中间型(包括云烟 203、NC89、云烟 201、湘烟 1 号、NC82、延晒 2 号、K346、云烟 87、中烟 98、中烟 86、K326、龙江 911 等 12 个烤烟基因型)。低效型是烟叶硫含量在 0.60%~0.67% 区间的基因型,包括贵烟 4 号、中烟 90、吉永 1 号等 3 个烤烟基因型。28 个烤烟基因型的硫含量没有处于烟叶硫含量适宜范围下限(0.20%),即使是低效型的基因型,烟叶硫含量也接近于烟叶硫含量适宜范围的上限(0.70%)。

表 8-2　不同基因型烟叶硫含量

基因型	烟叶硫含量/(%)	基因型	烟叶硫含量/(%)
富锦大叶	1.188±0.045	NC89	0.884±0.034
永顺烟	1.157±0.037	云烟 201	0.921±0.061
品 4	1.068±0.039	湘烟 1 号	0.933±0.106
中烟 99	1.061±0.079	NC82	0.964±0.056
大叶烟	1.080±0.073	中烟 86	0.958±0.054

续表

基因型	烟叶硫含量/(%)	基因型	烟叶硫含量/(%)
腾冲大理叶	1.121±0.010	延晒2号	0.948±0.025
净叶黄	1.096±0.032	K346	0.834±0.025
翠碧1号	1.102±0.041	云烟87	0.836±0.045
G70	1.045±0.048	中烟98	0.805±0.051
G80	1.017±0.120	K326	0.815±0.093
寸三皮	1.446±0.040	龙江911	0.792±0.039
腾冲歪尾巴	1.468±0.059	贵烟4号	0.619±0.051
红花大金元	1.316±0.065	中烟90	0.615±0.031
云烟203	0.883±0.126	吉永1号	0.661±0.047

二、硫对烤烟生理功能的影响

(一) 硫对烤烟光合作用的影响

硫素营养影响到植株的光合作用,硫对植株光合作用的促进作用主要表现在适量的硫能增加植株体内的叶绿素含量,提高叶绿体内铁的活性,而这些对植株光合作用及有机物的合成都是有利的。叶绿体是植株进行光合作用的场所,叶绿素的含量直接影响到光合作用的速率,进而影响到植株干物质的合成和积累。硫虽不是叶绿素的组成成分,但影响到叶绿素的合成,缺硫时植株叶绿素含量降低。适量地施硫还可以提高植株 POD、CAT 和硝酸还原酶的活性,这些酶活性的提高有利于保护叶绿体的完整性,增强植株的光合作用能力。硫还是铁氧还蛋白、铁蛋白、钼铁蛋白的重要组分,这些物质在光合作用及氧化物(如亚硝酸根)的还原中起到电子转移作用,并参与暗反应中的还原过程,影响着植株的光合作用。

(二) 硫对烤烟碳氮代谢的影响

硫素营养对烤烟碳氮代谢及其代谢产物的形成有一定的影响。硫是胱氨酸、半胱氨酸和蛋氨酸等含硫氨基酸的重要组成成分,这些氨基酸的硫含量可达 21%~27%。蛋氨酸是组成植物蛋白质的一种必不可少的氨基酸,它在起动蛋白质的合成时有着特殊的功能。施硫能提高植株体内含硫氨基酸的含量,尤其是蛋氨酸的含量;缺硫会降低植株体内含硫氨基酸的含量。硫是构成蛋白质不可或缺的成分,植株体内几乎所有的蛋白质都含有硫,蛋白质的合成常因胱氨酸及蛋氨酸的缺乏而受到抑制。在多肽和蛋白质的合成中,二硫键决定着蛋白质分子的立体构型,它可以通过共价交叉式联结两个多肽链或一个多肽链的两端,使多肽结构稳定。硫酸根进入植株体内后,在细胞中先被还原为亚硫酸根,再转化为硫化氢,硫化氢能与丙酮酸结合形成半胱氨酸、胱氨酸和蛋氨酸等构成蛋白质的重要氨基酸。有研究表明,烤烟施硫量在 0~0.24 g/kg 范围内,烤烟叶片可溶性蛋白质含量随着硫素供应水平的升高而增加,施硫量与叶片可溶性蛋白质含量之间存在不显著的正相关关系。硫素营养还与淀粉、可溶性糖的合成有关。蔗糖合酶、腺苷二磷酸葡萄糖焦磷酸化酶、淀粉合酶(可溶性淀粉合酶 SSS 酶及束缚态淀粉合酶-GBSS 酶)是与淀粉合成相关的酶,据研究,硫与这些酶的活性及淀粉积累量呈现出一定的相关性。

（三）硫参与烤烟体内酶的合成和代谢

硫是烤烟体内某些酶和辅酶的组成成分,影响到多种酶的活性,参与调节烟株的代谢作用。固氮酶含有硫,固氮酶能促进豆科植物根瘤的形成,是豆科植物和其他生物固氮所必需的。辅酶中的硫氢基属于高能键,有储存能量的作用,这种储存的能量可用于许多合成反应,碳水化合物、氨基酸和脂肪等的合成都与辅酶密切相关。硫对 RuBPCase、NAD-谷氨酸脱氢酶、NAD-苹果酸脱氢酶、谷氨酸脱氢酶及硝酸还原酶的活性也有影响。

（四）硫能够合成多种生物活性物质,促进烟株的新陈代谢

硫存在于多种生物活性物质,如硫胺素(维生素 B_1)、生物素(维生素 H)、硫胺素焦磷酸(TPP)、硫辛酸、铁氧还蛋白、硫氧还蛋白和谷胱甘肽等中。硫胺素和生物素参与植物受精过程,促进花粉发芽和花粉管伸长。适宜浓度的硫胺素能促进根系生长,生物素还参与脂肪的合成过程。铁氧还蛋白在亚硝酸还原、硫酸盐还原、生物固氮、氨的同化和光合作用等过程中作为电子载体,不断在还原型与氧化型之间转化,促进植株的新陈代谢。和铁氧还蛋白一样,硫氧还蛋白通过可逆地转化为还原型或氧化型起质子供体的作用。硫氧还蛋白还可作为光合作用中酶的活化因子。硫辛酸是丙酮酸和 α-酮戊二酸氧化形成乙酰辅酶 A 和琥珀酰辅酶 A 过程中不可缺少的辅酶,以—SH 基氧化为—S—S—键来参加这个氧化还原反应。半胱氨酸、胱氨酸、谷胱甘肽在通过—SH 基氧化还原化来调节植株体内氧化还原的过程中,能使 Fe^{2+}、Mn^{2+} 等离子氧化,避免蛋白质变性而使植株受害。

（五）硫对烟株抗逆性的影响

适量的硫可增加植株体内可溶氮和硫、葡萄糖、蛋氨酸及胱氨酸的含量,降低冰点,提高植株的抗寒能力。植株体中"—SH"的数量与植物耐寒性、耐旱性和抗倒伏性等抗逆性有关,适量的硫能增加植株体中"—SH"的数量,有利于维持膜的弹性和稳定性,增强植株的抗寒、抗旱能力。在水分及盐分胁迫下,某些植株体内形成甲硫脯氨酸、二甲硫脯氨代替脯氨酸或甘氨酸甜菜碱作为胞质渗压剂,提高植株的抗旱能力。植株体内的半胱氨酸在 β-氰丙氨酸合成酶的作用下同化 HCN,解除 HCN 毒害;谷胱甘肽可结合植物毒素,使其失去毒性。

三、烤烟对硫的转运、吸收、同化及硫在烟株内的分布

（一）烤烟对硫的转运

硫在植物体内可以移动,但是这种移动十分有限,所以缺硫症状首先表现在植物的幼嫩器官。硫在植株体内的移动称为再分配,通常是以无机态硫即硫酸根的形式输出。在叶片成熟时,没有合成为有机态硫的无机态硫通过一定的循环通道进入正发育的部位被再次利用。但是在硫胁迫严重的情况下,有机态硫也可以通过蛋白质水解转化为无机态硫,并输出到幼嫩部位被再次利用。硫素进入根系细胞后,在液泡、细胞质和外部空间之间的转移与数学模型吻合程度较好;由于中皮层和表皮细胞的结构差异,硫素在叶片中的运动模式比较混乱,中皮层的存在严重阻碍了硫素的转移,使硫素的再分配受到限制。另外,无论哪一种细

胞,硫素的运转都受到液泡中硫素浓度的影响。

(二) 烤烟对硫的吸收

土壤中硫的形态较多,但烟株对硫的吸收以根系对土壤硫酸根的吸收为主——这种吸收方式的吸硫量一般会达到烟株总吸硫量的 2/3。烤烟的地上部分,特别是叶,也可以吸收空气中的 SO_2、H_2S。在大气硫含量高的地区,烟叶对硫的吸收量较大,最大吸硫量可达到烟株总吸硫量的 50%。

虽然硫可以通过被动方式随水流直接进入烟株体内,但是根系对硫的吸收是以主动耗能吸收为主的,需要载体蛋白起运输作用。根系各部位的活性差别较大,它们对硫的吸收能力也有较大差别。根系吸收最活跃的部位是在距根尖一定距离的地方,该部位的根系组织细胞已经完全发育,且尚未开始老化,吸收能力强。根系对硫的吸收还受其他因子的影响,如土壤 pH、土壤硫酸根的浓度、环境温度及植株体内硫酸根的浓度等。在生理 pH 范围内,根系对硫酸根的吸收速率很低;在 pH=4 时,根系对硫的吸收速率最快;随着 pH 的升高,根系对硫的吸收速率逐渐降低。烟株对硫的吸收还受到介质中硫浓度的影响,介质中硫浓度较低时,随着硫浓度的增加,烟株对硫的吸收量明显增加。在一定温度范围内,温度越高,根系对硫的吸收速率越快。烟株对硫酸根的吸收还受到烟株体内硫酸根浓度的调节,烟株吸收硫酸根后,细胞质和液泡中的硫酸根浓度升高,细胞质中的硫酸根流入液泡的数量减少;液泡向细胞质扩散的硫酸根数量增加,硫酸根在细胞质中累积,最后通过质膜被动流出的硫酸根数量和主动流入的硫酸根数量相等。但是,这种调节是有限度的,在高浓度硫素供应的介质中生长的烟株不可避免地会对硫酸根进行奢侈吸收。硫酸根(SO_4^{2-})通过蒸腾流运输到地上部叶片中,也有少量硫是以含硫氨基酸和硫胺素的形态移动的,它们在叶绿体中会被还原为有机硫化合物,供植株生长发育之需。硫从老叶向新叶的移动性较小,故缺硫现象一般首先发生在幼叶上。

(三) 烤烟对硫的同化

烟株对硫的同化与对硝酸根的同化类似,不同的是硫酸根可不经过还原而直接结合到烟株的有机结构,如细胞膜中的硫酸酯、多糖等中。此外,植株体内的硫能够重新被氧化,如半胱氨酸中的还原态硫可以被氧化为硫酸根。

硫同化的第一步是由 ATP 使硫酸根活化,该反应是由 ATP 硫酸化酶催化的,它使 ATP 中的两个磷酸基被硫酰基置换,从而导致磷硫酸腺苷(APS)和焦磷酸盐的形成,然后由 ATP 进一步激活形成磷酸腺苷硫酸盐(PAPS)。对于硫酸盐的还原途径来说,APS 的硫酰基转移到某一载体(一般是带有作为活性巯基半胱氨酸残基的谷胱甘肽的巯基—SH)上,如 $R-S-SO_3 \longrightarrow R-S-S-H$。随后的还原作用由铁氧还蛋白参与,并把新形成的—SH 转移给乙酰丝氨酸,乙酰丝氨酸再分解为乙酸和半胱氨酸。半胱氨酸是同化硫酸盐还原的第一个稳定产物,它是合成所有其他含有还原态含硫物质的有机化合物。

(四) 硫在烤烟中的分布

烟株体内的硫根据形态可分为两种:一种是无机态硫,如硫酸根(SO_4^{2-});另一种是有机态硫,主要是含硫氨基酸和蛋白质。含硫氨基酸主要包括胱氨酸、半胱氨酸、蛋氨酸和谷胱甘肽等,此外还有少量的硫胺素、生物素、辅酶 A 等其他一些含硫化合物。有机态硫是烟株体内硫的主要存在形式,当硫供应适度时,烟株体内的有机态硫占植株体内全硫的 90% 左右。硫在烟株体内的分布与烟株的部位有关,不同部位的硫含量有较大的差别。在硫供应充足的情况下,烟叶的硫含量从上到下呈明显的递减趋势,这是由于烟株中的硫主要以含硫蛋白质和游离硫酸根的形式存在,蒸腾作用会导致蛋白质的积累呈现出上部位叶高于下部位叶的趋势。在不同的器官中,硫的含量和分布也存在较大的差别,一般是烟叶的硫含量较高,烟茎的硫含量次之,烟根的硫含量最低。

第四节　硫肥施用对烤烟产量和品质的影响

一、硫肥施用对烤烟产量的影响

研究表明,硫素不足和过量都会对烤烟产量和品质造成不利的影响。烤烟是喜钾作物,对钾的需求量较大,对烤烟施用的钾肥一般为硫酸钾,所以烤烟很少出现缺硫的现象。在硫含量较低的土壤上,虽然烤烟未出现缺硫症状,但是施用硫肥仍能获得增产效果。有研究表明,当每亩施 7~10 kg 硫肥时,烤烟的产量和产值以及中上等烟比例都是较高的;缺硫处理影响烤烟产量,施硫能促进烤烟生长和干重累积,增加烤烟产量和烟农的收入。但过量的供硫处理,烤烟生长会受到一定的限制,主要是降低了烤烟的品质和产量。随着硫素施加水平的升高,烤烟不同部位硫的含量逐渐增加,不同部位硫含量大小排序为叶>根>茎;烤烟植株体内硫含量随硫素施加量的增加而增加,不同部位吸硫量大小排序为叶>茎>根。

二、硫肥施用对烤烟品质的影响

(一)硫肥对烟叶化学品质的影响

提高烟叶品质是烤烟生产的核心,烟叶品质的高低取决于烟叶中各内在化学成分(即各化学品质指标)的含量是否平衡。不同供硫水平对烟叶化学成分的影响较大,表现为:低用量时能够促进对氮、钾、钙、镁等营养元素的吸收,高用量时则起抑制作用。随着硫用量的增加,烟碱含量逐渐增大,糖碱比下降,双糖差减小,但在硫用量达到一定水平后,烟碱含量、糖碱比不再变化。许自成等人对全国各地烤烟硫含量<0.7%的烟叶样品进行相关分析,结果表明,不同等级的烤烟烟叶硫含量与总植物碱含量呈显著正相关关系,与总糖含量、糖碱比、氮碱比呈显著负相关关系。

(二)硫肥对烟叶燃烧性的影响

与氯相似,硫含量过高会降低烟叶的燃烧性。Myhre 早在 1956 年就做了有关这方面的研究。随后,以色列等国也相继报道:当烟叶硫含量过高时,烟叶燃烧性下降,烟叶品质变差。20 世纪 90 年代,法国巴斯凯维奇博士通过研究提出了有机钾指标概念,研究认为,只有与有机酸结合的钾(有机钾)才能对烟叶的燃烧性产生积极的影响,有机钾含量低(甚至出现负值)时,即使烟叶的总钾含量很高,烟叶的燃烧性也较差,氯和硫的存在会降低钾和有机酸的结合,在同等条件下,由于一个硫可以结合两个钾,因而硫对燃烧性的不良影响会远远超过氯。我国查录云等人研究认为,肥料中硫的施用量过多,不但会降低烟叶的香气质量,而且使杂气和刺激性较大,导致烟叶出现熄火现象。当烟叶中硫的含量超过 0.7% 时,烟叶的燃烧性就显著减弱,一般将 0.6% 作为游离硫含量的高限。美国等烤烟先进生产国已规定烟叶全硫的含量不许超过 0.7%,烤烟肥料的硫含量不许超过 5%。常爱霞等人研究认为,相对于烤烟总钾含量、总氯含量、钾氯比,烤烟无机态硫含量、钾硫比和有机钾含量与燃烧性的关系更为密切,无机态硫对烟叶内在质量的不利影响要远超过氯。

(三) 硫肥对烟叶香吃味的影响

硫能够影响烟叶的燃烧性,导致烟叶内含物质燃烧不完全,进而影响烟叶的香吃味等。有研究认为,施用硫酸钾过多容易导致烟叶燃烧时产生恶臭味。以色列研究了不同钾肥种类对香料烟品质的影响,结果表明,施硫酸钾处理烟叶质量差且产量低,而施硝酸钾处理烟叶质量较好;抽吸时,前者灰分呈黑色,抽吸质量差。胡国松等人用通径分析研究烤烟营养状况与香吃味的关系,指出在当地生产条件下,钾、钙、氮和锌等与香吃味之间呈正相关关系,硫和镁等与香吃味负相关;常爱霞等人也指出,无机态硫与烟叶的香气质、香气量、余味等感官指标呈显著或极显著负相关关系(浓度除外)。廖垫等人对硫和烟叶中性香气成分的关系做了研究,结果表明,当硫含量在 0.5%～0.7% 范围内时,烟叶的中性香气成分含量最高;当硫含量高于 0.7% 时,烟叶的中性香气成分含量呈下降趋势,二者的相关系数为 $R=-0.4077$。可见,过高的硫含量对烟叶的香味质量不利。

第五节　烤烟中硫的丰缺指标以及硫肥施用

一、烤烟中硫的丰缺指标

烤烟缺硫诊断分为形态诊断和化学诊断。

1. 形态诊断

烤烟缺硫早期新叶、上部叶片失绿黄化,叶面呈均匀黄色;后期除上部叶片失绿黄化外,下部叶片早衰、生长停滞。在低硫胁迫下,烤烟生育期推迟,甚至不能现蕾,株高、茎粗等农艺性状指标均明显低于正常供硫植株。施用单质硫具有促进烟株生长、提高烟叶产量的作用,烟株株高、节距、茎围、最大叶面积及烟叶产量、品质都有不同程度的增加,发病率明显降低。由于氮、硫元素共同参与植物合成蛋白质,因此当硫素缺乏时,症状与植株缺氮症状相似,即植株矮小,叶片缺绿,长势衰弱。但由于硫的长距离运输主要限于木质部,硫素可在植株体内移动,但硫的移动性不大,很少从老组织向幼嫩组织运转,因而缺硫症状多从上位叶开始,所以当硫素供应充足时,缺硫症状主要表现为植株新叶缺绿变黄;当硫素供应不足时,老叶缺硫症状与缺氮症状相似,无法区分。因此,形态诊断受外界干扰因素的影响较大,不能很好地反映植物硫素营养状况,只能作为初步硫肥诊断的参考。

2. 化学诊断

化学诊断首先需要选择适宜的采样时期(植物生育期)和采样部位(植物器官)。由于植物幼苗期对硫的需要还不如对氮、磷、钾的需要多,也就是说幼苗对硫不太敏感,因此,一般作物的幼苗诊断不能说明作物是否缺硫。植物进入营养生长与生殖生长都很旺盛的时期时,对硫的需要量明显增大,这时植物对环境中硫的状况比较敏感,是硫诊断的较好时期。由于植株对体内硫酸盐变化的敏感程度远比对全硫环境变化的敏感程度要大得多,因此认为前者是植物缺硫诊断的较好指标。另外,由于作物体内硫含量受氮与硫交互作用的影响较大,因此植株体内的氮硫比是诊断作物任何生育阶段硫素营养的可靠指标。

二、影响烤烟硫素积累的主要因素

(一)植烟土壤的理化性质

1. 植烟土壤的供硫水平

地壳中的硫含量平均为 300 mg/kg,烟叶硫含量与土壤有效硫含量呈极显著正相关关系,且烤烟对硫具有奢侈吸收的特点。烤烟中的硫主要有两个来源途径,一是烤烟根系从土壤溶液中吸收 SO_4^{2-},二是烤烟地上部分从大气中吸收含硫化合物,但以根系吸收利用为主。朱英华等人研究表明,湖南植烟生态区土壤有效硫和烟叶硫含量分别为 34.74 mg/kg 和 0.849%;湖南植烟生态区土壤有效硫和烟叶硫含量普遍偏高,且不同植烟生态区之间差异较大。有研究表明,江西省植烟土壤有效硫含量为 29.72 mg/kg;云南曲靖烟区土壤有效硫平均含量为 36.56 mg/kg,红河烟区土壤有效硫平均含量为 30.31 mg/kg。刘勤等人研究认为,土壤有效硫含量大于 30 mg/kg 为丰富甚至很丰富,为 16~30 mg/kg 为中等,小于 16 mg/kg 为缺乏。在土壤有效硫含量偏高的烟区,应合理控制含硫肥料的施用量,防止土壤硫素过量带来负面影响。

2. 土壤质地

由于成土母质、母质风化程度、气候条件不同,土壤硫含量及有效性差别很大。由花岗岩、砂岩、河流冲积物等母质发育的质地较轻的土壤,全硫和有效硫含量均低;山区冷浸田、返浆田、次生潜育化严重的青泥田由于低温和长期淹水的环境影响硫的释放,土壤有效硫含量偏低;成土母质为沉积岩的土壤硫含量较高。成土母质有差异,土壤质地也有所不同。烤烟养分含量的多少与土壤养分供给能力有着重要联系,土壤养分供给能力又与土壤质地密切相关。有研究认为,土壤质地与土壤养分指标关系的密切程度为有效锰>有效硫>有效铜>交换态镁>全氮>交换态钙>有效锌>有效铁>有机质>碱解氮>有效硼>全磷>速效钾>有效磷>缓效钾>水溶态氯>pH>全钾,其中土壤有效锰、有效硫、有效铜含量与土壤质地的关系较为密切。有效硫与松结态腐殖质和紧结态腐殖质呈显著或极显著正相关关系,与稳结态腐殖质呈显著负相关关系。这是因为有效硫在土壤中大部分以 SO_4^{2-} 与土壤矿物胶体吸附的形态存在,所以有效硫也与结合态腐殖质有着密切联系。

3. 土壤 pH

土壤酸碱度对烤烟栽培的影响较大。它不仅直接影响烤烟的生长,而且与土壤中的微生物活动,有机质的合成与分解,氮、磷元素的转化和释放,微量元素的有效性等均有密切关系。最适宜烤烟生长的土壤 pH 为 5.5~6.5。夏东旭等人研究表明,永德烟区土壤 pH 值与土壤有效硫的含量呈显著正相关关系;而贺丹锋等人认为罗平烟区土壤 pH 值与有效硫的含量呈极显著负相关关系。造成这种差异的原因可能是不同烟区土壤质地、气候条件有差异。另外,欧阳磊等人研究表明,沾益烟区植烟土壤 pH 为 5.5~6.5 的土壤的有效硫含量能够满足优质烤烟的生长需要,这与宋文峰等人的研究结果一致。由此可见,植烟土壤 pH 值对有效硫含量及烤烟对硫的吸收利用有着极其重要的影响。

4. 海拔高度

随海拔高度的变化,土壤 pH、光、温、水、热资源会产生很大的差异,土壤类型和成土母质也发生改变,从而影响到植烟土壤养分的含量、有效性和烤烟对矿质营养的吸收利用。海拔高度与土壤有效硫含量呈极显著正相关关系,即随着海拔高度的增加,土壤有效硫的含量呈递增趋势。这可能是因为高海拔烟区气温低,土壤微生物活性低,有机质分解不彻底而产生有机酸导致 pH 偏低,使土壤有效硫的含量增加。

（二）烤烟的品种

由于不同的基因型对硫素的利用有差异,在选择品种和确定硫肥的施用时,应充分考虑品种的特性。硫素的吸收和运转受一个或多个硫运输蛋白的影响,而蛋白质的合成是受基因控制的,不同基因型必然导致硫素吸收和运输过程的差异。朱英华等人认为,不同基因型烤烟烟叶硫含量存在很大的差异,并通过聚类分析将参试基因型划分为 3 类,烟叶硫含量为 0.60%~0.67% 的 3 个基因型为低效型,烟叶硫含量为 0.79%~0.97% 的 12 个基因型为中间型,烟叶硫含量超过 1.00% 的 13 个基因型为高效型。富锦大叶、永顺烟、腾冲大理叶、净叶黄、翠碧 1 号、品 4、中烟 99、大叶烟、G70、G80,这些品种属于硫高效基因型;在高效型中又将烟叶硫含量高于 1.30% 的基因型划分为超高效型,它包括寸三皮、腾冲歪尾巴、红花大金元 3 个烤烟基因型;而另一些硫低效基因型,例如贵烟 4 号、中烟 90、吉永 1 号,则对硫不敏感。

（三）耕作制度

烤烟为忌连作作物,在烟叶生产上,烟-稻轮作是水田种烟比较科学合理的轮作模式。当前,我国烤烟农业不断向规模化和集约化方向发展,由于受经济利益的驱动、耕地的有限性及生产栽培条件的制约,烤烟连作已成为一种不可避免的现象。刘方等人研究表明,黄壤烟地长期连作使土壤有效养分出现不同程度的积累,其积累程度顺序为 P>S>K>Mg>Ca,主要土壤有效养分均高于临界值,致使土壤有效养分累积失调。梁文旭等人研究表明,在 0~23 年烟稻复种连作研究范围内,土壤和烟叶中的硫含量呈逐步积累趋势,土壤有效硼、钼、硫、钙、镁的含量与烟叶中对应元素的含量达到了极显著或显著的正相关关系,其他元素的相关性不显著。朱英华等人研究表明,植烟年限为 1~15 年,随植烟年限的增加,植烟土壤全硫和有效硫含量显著增加;植烟年限超过 15 年,植烟土壤全硫和有效硫含量趋于平稳。引起这种差异的原因,可能是不同烟区气候条件、施肥水平有差异。总之,连作或轮作多年均造成土壤养分失调,最终造成烟叶产量和品质的显著降低。

（四）其他因素

大气中的硫素气体一部分被雨水带回土地,硫素气体浓度高时会形成酸雨。陈启红等人指出,酸雨对农作物产生直接作用,影响农作物的产量和质量。这是因为酸雨导致土壤酸化,降低土壤肥力和生产能力,改变农作物生长的环境,间接地影响农作物正常的生长发育。大气中含硫化合物主要是气态 SO_2。近年来,许多含硫废气被释放到大气中,参与硫素的大气循环,并以沉降或通过植物气孔的直接吸收利用补充给土壤与植物。大气中的二氧化硫还可被植物直接吸收,作物在土壤供硫不足时需硫量的一半来自大气。另外,在冲积平原上,地下水对作物补给的水量相当大,地下水中的硫可作为一个重要的硫源来满足不同作物的需要。因此,合理施用硫肥,还必须考虑溶解并贮存在土壤浅层地下水中的硫酸盐。当前,由于环境污染、含硫化肥过度施用,作物带走的硫数量有限,农业生态循环系统中硫含量增加,对农作物产量和质量带来一定的负面影响。

三、硫肥施用

(一)硫肥的种类和性质

硫肥大致可分为两类:一类为氧化型,如硫酸铵、硫酸钾、硫酸钙等;另一类为还原型,如硫黄、硫包衣尿素等。表 8-3 所示为常用的硫肥及其主要成分。

表 8-3　常用的含硫肥料及其主要成分

名称	S/(%)	主要成分
生石膏	18.6	$CaSO_4 \cdot 2H_2O$
硫黄	95~99	S
硫酸铵	24.2	$(NH_4)_2SO_4$
硫酸钾	17.6	K_2SO_4
硫酸镁	13.0	$MgSO_4$
硫硝酸铵	12.1	$(NH_4)_2SO_4 \cdot 2NH_4NO_3$
普通过磷酸钙	13.9	$Ca(H_2PO_4)_2 \cdot H_2O, CaSO_4$
硫酸锌	17.8	$ZnSO_4$
青矾	11.5	$FeSO_4 \cdot 7H_2O$

(二)施用硫肥考虑的因素

硫肥的有效施用条件取决于很多因素,土壤中有效硫的含量是最重要的一个影响因素。表 8-4 所示是我国主要烟区土壤硫素营养状况。一般大田作物土壤有效硫若含量小于 12 mg/kg,则认为是缺硫土壤;而有效硫含量为 12~24 mg/kg 时,认为该土壤存在潜在缺硫现象;有效硫含量大于 24 mg/kg 时,认为该土壤不缺硫。结果可见,我国东北烟区、黄淮的河南烟区、陕西烟区缺硫土壤比例较大;安徽、福建等烟区也有缺硫可能,而贵州、四川等省(区)缺硫土壤较少。另外,降水和灌溉水中硫的含量、施肥品种和用量、施肥方法和时间、水分管理、作物品种和产量等都影响硫肥的肥效。

表 8-4　我国主要烟区土壤有效硫状况

烟区	省份	测试样品数	百分率*/(%)
东南	福建	578	36
华中	湖南	820	21
华中	陕西	435	55

续表

烟区	省份	测试样品数	百分率*/(%)
华中	云南	623	33
西南	贵州	718	5
西南	四川	832	29
西南	河南	135	62
黄淮	山东	114	22
黄淮	河北	319	26
黄淮	安徽	792	22
东北	黑龙江	42	76
东北	辽宁	746	30
东北	吉林	563	28

注:*,小于 12 mg/kg 样品数占总样品数的百分率。

四、烤烟中硫肥的施用

(一)烤烟常用硫肥及其肥效

生产上常用的硫肥主要包括硫酸钾(硫含量为 17.6%)、硫酸铵(硫含量为 24.2%)、生石膏(硫含量为 18.6%)、硫酸镁(硫含量为 13.0%)、普通过磷酸钙(硫含量为 13.9%)等。有机肥料中也含有一定量的硫,但有机肥料中的硫多为有机态硫,植物较难吸收利用。钾是烤烟吸收的矿质元素中最多的一种元素,而对于钾肥的施用,除由硝酸钾提供部分钾外,大部分钾由硫酸钾提供。随着烟田中大量含硫化肥的施入,植烟土壤硫酸盐增加,而硫酸盐的吸附量随土壤溶液中硫酸盐浓度的增加而增加,导致烤烟硫含量累积,进而影响烤烟质量。因此,在烤烟生产上,在一般情况下,不需要再单独补充硫肥。在常用的硫肥中,硫黄含硫量高,但其中的硫以元素形态存在,需要经过氧化转化为 SO_4^{2-} 才能被作物吸收利用,施用后的残效也长;石膏与过磷酸钙中的硫以 SO_4^{2-} 的形态存在,能被作物直接吸收利用,这两种硫肥除了能提供硫外,还可供给作物钙,但硫含量较硫黄低,施用的后效较差。张传光等人报道,施用磷石膏显著增加了土壤中有效硫的含量,也增加了烤烟地上部硫的含量,但不同的磷石膏对烤烟植株硫含量的影响各异。张继光等人设置并开展了 3 年的硫酸钾肥定位试验,结果表明,根际土的有效硫含量受烤烟生育期及施肥量的影响较小,但根外土有效硫含量随施肥量的增加而增加,且以旺长期最高。土壤全硫含量受烤烟根系及施肥量的影响,根际土中含量显著低于根外土,且两者均随施肥量的增加而显著增加(对照的根际土除外)。硫酸钾肥显著增加了叶部全硫含量及其积累量,并且二者随施用量的增加而增加;硫酸钾肥对茎部全硫含量及其积累量的影响次之,对根部全硫含量及其积累量的影响最小,且施用量对成熟期各部位全硫分配率的影响较小。

(二)烤烟硫肥用量

烟株种植过程中施用的氮、磷、钾肥中含有大量的硫素,并且一些烟区为了满足烤烟对氮、磷、钾、镁等元素的需求,增施硫酸镁、硫酸钾等含硫肥料。朱英华等人认为,由于植物对养分的吸收受土壤条件、农田气候及作物特性等综合因素的影响,即使植烟土壤有效硫含量为适宜范围的上限,也应该对植烟土壤增施硫肥,但硫肥的用量不宜过高,以 50～100 kg/hm² 较为适宜。王国平等人研究表明,施硫量与烟叶硫含量呈正相关关系,尤其是中部叶,呈极显著正相关关系($r=0.9643$);少施硫处理和不施硫处理的烟叶产量和产值都较高,但不施硫处理的烟叶品质差,施硫大于 54.6 kg/hm² 处理的烟叶产、质量都较差。另外,杨波等人研究表明,与不施硫肥相比较,施肥(硫酸钾)显著增加了烤烟干物质的积累以及氮、钾、硫元素的积累;在烤烟生长发育进程中,提高硫酸钾施用量并没有明显增加烟叶的干质量;氮在烟株中的分配比例为叶＞茎＞根,钾和硫在烟株中的分配比例在团棵期和旺长期为叶＞茎＞根,在成熟期则为茎＞叶＞根;在烤烟生长进程中,硫酸钾施用量对烟根氮、钾、硫积累的影响不明显,硫酸钾施用量对烟叶氮、钾、硫积累的影响大于对根和茎氮、钾、硫积累的影响;提高硫酸钾用量显著增加了烟叶钾和硫的含量。显然,硫肥施用对烤烟干物质积累、产质量都有一定的影响,但高硫或低硫水平均不利于烤烟生长发育及品质的形成,并影响到其他营养元素的吸收利用。刘勤等人研究表明,不同施硫量对烤烟生长和产、质量的影响各不同。

河南宝丰不同施硫量对烤烟生长和产、质量的影响如表 8-5 所示,云南不同施硫量对烤烟生长和产、质量的影响如表 8-6 所示。

表 8-5　河南宝丰不同施硫量对烤烟生长和产、质量的影响

施硫量/(kg/hm²)	株高/cm	茎围/cm	叶数/片	产量/(kg/hm²)	产值/(元/hm²)	上、中等烟比例/(%)
对照	64.5	7.63	16.8	2596.5	25 731.0	93.1
37.5	60.1	7.57	16.7	2553.0	25 147.5	92.2
75.0	61.4	7.67	17.0	2584.5	25 509.0	95.8
112.5	65.9	7.83	17.7	2620.5	26 152.5	99.1
150.0	73.5	8.00	19.2	2625.0	26 119.5	96.5
225.0	74.5	7.90	18.5	2577.0	25 099.5	89.3

表 8-6　云南不同施硫量对烤烟生长和产、质量的影响

施硫量/(kg/hm²)	株高/cm	茎围/cm	叶数/片	产量/(kg/hm²)	产值/(元/hm²)	上、中等烟比例/(%)
对照	122.9	11.35	21.5	3471.2	33 485.1	78.5
37.5	111.1	11.65	21.6	3471.2	31 549.5	72.2
75.0	118.5	11.43	20.9	3261.6	29 923.9	77.3
112.5	121.2	11.69	20.3	3385.6	32 325.2	74.3
150.0	120.0	11.89	21.1	3952.4	42 046.8	81.6
225.0	122.8	11.73	21.5	3006.5	26 571.3	76.9

马仲文的研究认为,从烟叶产量、产值、外观质量、内在化学成分、评吸结果角度综合考虑,在一定的试验条件下,大田每公顷施用 30～90 kg 硫为宜,此时烟叶产量高、内在化学成分比较适宜、品质较好。该研究结果对正确认识硫素营养对烤烟生长和品质的影响、指导烟农合理施用硫肥具有重要的生产指导意义。福建省目前烤烟生产主要是使用烤烟专用肥。

据调查,福建省烤烟专用肥中含硫约 6%,一般每公顷施烤烟专用肥约 1500 kg。烟区土壤硫素营养能满足烤烟对硫素营养的需求时,不需施含硫肥料,且提倡禁用含硫肥料。一种观点认为补充烤烟镁素、钾素营养,在肥料使用上应把硫酸镁改为氧化镁,把硫酸钾改为硝酸钾;另一种观点是全部用硫酸镁和硫酸钾补充镁素、钾素营养,不必担心烟叶中的硫含量过量问题,不会影响烤烟品质。在烤烟生产上,对硫肥的合理使用要因地制宜、区别对待。对于缺硫和潜在缺硫土壤,可以适量施用硫肥;对于含硫较高的土壤,应避免使用含硫肥料。

(三)科学施用硫肥和有机肥料

一般认为土壤有效硫含量小于 12.0 mg/kg 时,土壤供硫能力低,需要施硫肥;有效硫含量为 12.1~16.0 mg/kg 时,施硫肥有一定的效果;有效硫含量大于 16.1 mg/kg 时,不再需要另外补施硫肥。朱英华等人研究表明,当施硫量为 50~100 kg/hm² 时,烤烟最大叶面积显著增加,叶绿素含量、Pn、Tr、Gs、VPD 明显提高,促进了烤烟正常的生长发育和光合作用。有研究表明,硫素不足(土壤硫用量<0.18 g/kg)可使烤烟叶片可溶性蛋白质含量降低;不施硫或高硫(土壤硫用量>0.18 g/kg)都会使叶片氨基酸含量降低;施用硫肥 37.5~112.5 kg/hm² 时,能明显促进烤烟生长,其中以硫用量为 75.0 kg/hm² 的处理最佳,烟叶产量和产值分别比对照增加 11.73%、10.67%;硫用量达到 225.0 kg/hm² 处理的烟叶产量、产值分别比硫用量为 75.0 kg/hm² 的烟叶下降 18.77%、17.14%,上等烟比例下降 9.9 个百分点。因此,应根据烟田土壤及烟叶硫含量的实际情况,合理规范含硫肥料在烤烟生产中的施用量。硫主要以硫酸盐的形态施入土壤,这种形态的硫有效性高,利于作物吸收利用。含硫化肥是农田硫素的主要来源,对农田硫素平衡起到非常重要的作用。硫肥与有机肥料都是烟叶生长过程中必不可少的肥料,且都与烟叶品质有着密切的关系。沈少君等人研究认为,有机肥料(菜籽饼)中低水平 300~375 kg/hm²,硫肥中水平 56.25 kg/hm²,烟叶内在化学成分整体较协调,上、中、下部叶烟碱表现较好。对于不缺硫土壤(有效硫含量>16 mg/kg),硫肥不宜施用过多,一般烤烟专用肥配方即能够满足烟株的生长需要,不提倡另外追施硫肥。硫肥与有机肥料的合理平衡施用,对于提高烟叶品质、增加经济效益、丰富硫素营养理论和有机肥料营养理论具有重要的意义。张焕菊等人研究表明,应用生物有机肥料降低化肥用量 30%不仅不会阻碍烤烟生长,还能在一定程度上改善烤烟的经济性状,使烟叶的化学成分更加协调,从而使各部位烟叶的感官评吸质量整体得到改善;其他减肥比例则会对烤烟生产带来不同程度的负面影响。另外,有研究发现,不同的氮源对烤烟吸收硫也有影响,在相同的供氮水平下,以铵态氮作氮源时,烤烟吸收的硫高于以硝态氮作氮源时的吸硫量;硝态氮处理红壤和潮土,烟叶硫含量降低。可见,增加硝态氮比例可以避免烟叶累积过量的硫,从而保证烟叶质量。生产上调控烟叶中的硫含量使其在适宜范围内时,应把握好氮肥用量及供试氮源的搭配比例,并提倡硫肥与有机肥料配合施用。

(四)硫肥与其他肥料配施

S 与 N 或 Ca、K、Zn 之间的交互作用对养分的吸收和利用是协同的,S 与 Mg、Mo、Cu、Se、Fe、Sb、Cd、B、Br 之间的交互作用对养分的吸收和利用是拮抗的,而 S 与 P 或 Se 之间的交互作用对养分的吸收和利用是协同还是拮抗取决于作物种类、生长阶段和养分的浓度;N、S 配施可以促进蛋白质的合成,提高作物的产量和品质。氮素的不同形态也对硫素的吸收和利用有影响。有研究表明,铵态氮较硝态氮更有利于促进对硫酸盐的吸收;而硫对烤烟磷吸收的影响表现为低量(硫用量为 $0 \sim 0.18$ g/kg)时促进、高量(硫用量 >0.18 g/kg)时抑制。因此,生产上不光要控制硫肥施用量,还要注意硫肥与其他肥料的搭配施用。

参考文献

[1] 鲍士旦.土壤农化分析[M].3 版.北京:中国农业出版社,2018.

[2] 吕贻忠,李保国.土壤学[M].北京:中国农业出版社,2006.

[3] 刘崇群.中国南方土壤硫的状况和对硫肥的需求[C]//美国硫研究所,中国硫酸工业协会,中国磷肥工业协会,中国植物营养与肥料学会.中国硫肥的需求和发展国际学术讨论会论文集.北京:1995:3-10.

[4] 王庆仁,HOCKING P J.油菜[35]S 分配与再分配的研究[J].土壤通报,1998,29(1):29-32.

[5] 王庆仁,林葆.硫胁迫对油菜超微结构及超细胞水平硫分布的影响[J].植物营养与肥料学报,1999,5(1):46-49.

[6] 祁葆滋.硫营养对小麦、玉米碳、氮代谢中几项生理参数的影响[J].作物学报,1989,15(1):31-35.

[7] 李立人,王维光,韩祺.苜蓿二磷酸核酮糖(RuBP)羧化酶体内活化作用的调节[J].植物生理学报,1986,12(3):33-39.

[8] 陈克文.作物的硫素营养与土壤肥力[J].土壤通报,1982,(5):43-49.

[9] 鲁剑巍,陈防,陈行春,等.钾、硫肥配施对作物产量与品质的影响[J].土壤通报,1994,25(5):216-218.

[10] 王才斌,迟玉成,郑亚萍,等.花生硫营养研究综述[J].中国油料,1996,18(3):76-78.

[11] SUNARPI,ANDERSON J W. Effect of sulfur nutrition on the redistribution of sulfur in vegetative soybean plants[J]. Plant Physiology,1996,112(2):623-631.

[12] HAWKESFORD M J,BUCHNER P,HOPKINS L,et al. The plant sulfate transporter family:specialized functions,integration with whole plant nutrition[C]//DAVIDIAN J C,GRILL D,DE KOK L J,et al. Sulfur transport and assimilation in plants:regulation, interaction and signalling. Leiden:Backhuys Publishers,2003:1-10.

[13] CLARKSON D T,HAWKESFORD M J,DAVIDIAN J C. Membrane and long-distance transport of sulfate[C]//DE KOK L J,STULER I,RENNENBERG H,et al. Sulfur nutrition and assimilation in higher plants. The Hague,The Netherlands:SPB Academic Publishing,1993:3-19.

[14] BUCHNER P,STUIVER C E E,WESTERMAN S,et al. Regulation of sulfate uptake and expression of sulfate transporter genes in *Brassica oleracea* as affected by atmospheric H_2S and pedospheric sulfate nutrition[J]. Plant Physiology,2004,136:3396-3408.

[15] NIKNAHAD-GHARMAKHER H,PIUTTI S,MACHET J M,et al. Mineralization-immobilization of sulphur in a soil during decomposition of plant residues of varied

chemical composition and S content[J]. Plant & Soil,2012,360(1-2):391-404.

[16]　许飞云,张茂星,曾后清,等. 水稻根系细胞膜质子泵在氮磷钾养分吸收中的作用[J]. 中国水稻科学,2016,30(1):106-110.

[17]　HUBBERTEN H-M,DROZD A,TRAN B V,et al. Local and systemic regulation of sulfur homeostasis in roots of *Arabidopsis thaliana*[J]. Plant Journal,2012,72(4): 625-635.

[18]　CHEN W L,LI J,ZHU H H,et al. A review of the regulation of plant root system architecture by rhizosphere microorganisms[J]. Acta Ecologica Sinica,2016,36(17): 1-13.

[19]　张涛. 牛粪生物质炭对淡灰钙土-作物系统中作物生理特征及硫的植物有效性影响研究[D]. 兰州:兰州交通大学,2017.

[20]　张慧萍,王淑月,欧忠辉. 根表面养分吸收通量和根围溶质浓度的近似解析解[J]. 植物生态学报,2018,42(10):1043-1049.

[21]　GOJON A,NACRY P,DAVIDIAN J-C. Root uptake regulation:a central process for NPS homeostasis in plants[J]. Current Opinion in Plant Biology,2009,12(3): 328-338.

[22]　VACHERON J,DESBROSSES G,BOUFFAUD M-L,et al. Plant growth-promoting rhizobacteria and root system functioning[J]. Frontiers in Plant Science,2013,4: 1-19.

[23]　WANG Z Y,ZHANG H Y,HE C Q,et al. Spatiotemporal variability in soil sulfur storage is changed by exotic *Spartina alterniflora* in the Jiuduansha Wetland,China [J]. Ecological Engineering,2019,133:160-166.

[24]　WEESE A,PALLMANN P,PAPENBROCK J,et al. *Brassica napus* L. cultivars show a broad variability in their morphology,physiology and metabolite levels in response to sulfur limitations and to pathogen attack[J]. Frontiers in Plant Science, 2015,6:1-18.

[25]　ZHAO Y W,XIAO X,BI D M,et al. Effects of sulfur fertilization on soybean root and leaf traits,and soil microbial activity[J]. Journal of Plant Nutrition,2008,31 (3):473-483.

[26]　BARBERON M,GELDNER N. Radial transport of nutrients:the plant root as a polarized epithelium[J]. Plant Physiology,2014,166(2):528-537.

[27]　DIJKSHOORN W,VAN WIJK A L. The sulphur requirements of plants as evidenced by the sulphur-nitrogen ratio in the organic matter a review of published data [J]. Plant and Soil,1967,26(1):129-157.

[28]　孟赐福,姜培坤,曹志洪,等. 硫素与其他营养元素的交互作用对作物养分吸收、产量和质量的影响[J]. 土壤,2009,41(3):329-334.

[29]　SMITH I K,LANG A L. Translocation of sulfate in soybean (*Glycine max* L. Merr) [J]. Plant Physiology,1988,86(3):798-802.

[30]　BELL C I,CLARKSON D T,CRAM W J. Partitioning and redistribution of sulfur

during S-stress in *Macroptilium atropurpureum* cv. Siratro[J]. Journal of Experimental Botany,1995,46(1):73-81.

[31] 朱英华,屠乃美.烟草基因型的硫效率差异研究[J].安徽农业科学,2010,38(16): 8399-8400.

[32] 李玉影.大豆需硫特性及硫对大豆生理效应的影响[J].黑龙江农业科学,1998,(5): 12-15.

[33] 陈秋舲,李延,陈木旺.S素营养对水稻若干生理代谢的影响[J].福建农业大学学报, 1997,26(3):328-332.

[34] 李金凤,张玉龙,汪景宽.硫对大豆生长发育及生理效应影响的研究[J].土壤通报, 2004,35(5):612-616.

[35] DEBOER D L,DUKE S H. Effects of sulphur nutrition on nitrogen and carbon metabolism in lucerne(*Medicago sativa* L.)[J]. Physiologia Plantarum,1982,54(3): 343-350.

[36] TERRY N. Effects of sulfur on the photosynthesis of intact leaves and isolated chloroplasts of sugar beets[J]. Plant Physiology,1976,57(4):477-479.

[37] 何念祖,孟赐福.植物营养原理[M].上海:上海科学技术出版社,1987,1-15.

[38] 杨凤娟,刘世琦,王秀峰,等.硫对大蒜生理生化指标及营养品质的影响[J].应用生态 学报,2004,15(11):2095-2098.

[39] 马友华,丁瑞兴,张继榛,等.硒和硫配施对烟草叶绿素及保护酶活性的影响[J].南京 农业大学学报,1999,22(4):109-111.

[40] 王庆仁,林葆.植物硫营养研究的现状与展望[J].土壤肥料,1996,(3):16-19,29.

[41] ANDERSON G C,LEFROY R D B,CHINOIM N,et al. The development of a soil test for sulphur[J]. Norwegian Journal of Agricultural Sciences,1994,15:83-95.

[42] 张英聚.植物的硫营养[J].植物生理学通讯,1987,(2):9-15.

[43] 叶勇,吴洵,姚国坤.茶树的硫营养及其品质效应[J].茶叶科学,1994,14(2): 123-128.

[44] 李玉颖.黑龙江省黑土大豆施硫效果的研究[J].土壤肥料,1997,(3):23-25.

[45] 李贵宝.硫肥的增产效应及其在河南省的应用前景[J].河南农业科学,1997,(3): 21-23.

[46] 李玉颖.硫在作物营养平衡中的作用[J].黑龙江农业科学,1996,(6):37-39.

[47] 耿建梅.茶树的硫素营养研究[J].茶叶通报,2001,23(2):25-26.

[48] 李玉梅.土壤硫素转化特点及烤烟(Flue-cured Tobacco)硫肥施用效应的研究[D].福 州:福建农林大学,2004,34-35.

[49] 叶勇.硫影响茶树氮代谢内在机理的探讨[J].福建茶叶,1993,(1):14-16.

[50] 王旭东,于振文,王东.钾对小麦旗叶蔗糖和籽粒淀粉积累的影响[J].植物生态学报, 2003,27(2):196-201.

[51] 王东,于振文,王旭东,等.硫营养对小麦籽粒淀粉合成及相关酶活性的影响[J].植物 生理与分子生物学学报,2003,29(5):437-442.

[52] 秦光蔚,梁永超,周祥,等.硫对油菜产量和抗逆性的影响[J].土壤肥料,2001,(1):

36-39.

[53] FITZGERALD M A,UGALDE T D,ANDERSON J W. Sulphur nutrition changes the sources of S in vegetative tissues of wheat during generative growth[J]. Journal of Experimental Botany,1999,50(333):499-508.

[54] 周冀衡.K$^+$与相伴阴离子(SO_4^{2-}、Cl^-)对烟草生长和有关生理代谢的影响[J].中国烟草学报,1994,(2):46-53.

[55] MENGEL K,KIRBY E A. Principle of plant nutrition[M]. 4th ed. Bern:International Potash Institute,1987,11-19.

[56] 刘勤,张新,赖辉比,等.土壤烤烟系统硫素营养研究:Ⅰ土壤硫素营养状况及对烤烟生长发育的影响[J].中国烟草科学,2000,(4):20-22.

[57] 刘国顺.烟草栽培学[M].北京:中国农业出版社,2003.

[58] 李玉梅,徐茜,熊德忠.不同硫肥用量对烤烟产量和品质的影响[J].中国农学通报,2005,21(2):171-174.

[59] 游志音,曾文龙,林中麟,等.硫肥施用量对烤烟产质量的影响[J].闽西职业技术学院学报,2009,11(2):113-116.

[60] 许自成,刘春奎,毕庆文,等.中国主产烟区烤烟硫含量的分布特点及与其他化学成分的相关分析[J].郑州轻工业学院学报(自然科学版),2008,23(1):1-5,10.

[61] 曹志洪.优质烤烟生产的钾素与微素[M].北京:中国农业科技出版社,1995,36-46.

[62] 胡有持,刘立全.低焦油混合型卷烟的设计——与巴斯凯维奇博士座谈摘要[J].烟草科技,1993,(3):10-14.

[63] 查录云,郑劲民,谢德平,等,硫与烤烟质量相关性试验研究[J].烟草科技,1993,(4):40-42.

[64] 胡国松,郑伟,王震东,等.烤烟营养原理[M].北京:科学出版社,2000:184-185.

[65] 常爱霞,杜咏梅,付秋娟,等.烤烟主要化学成分与感官质量的相关性分析[J].中国烟草科学,2009,30(6):9-12.

[66] 胡国松,彭传新,杨林波,等.烤烟营养状况与香吃味关系的研究及施肥建议[J].中国烟草科学,1997,(4):23-29.

[67] 廖塈,赖荣洪,曾兵.烟叶中性香味成分含量与硫的关系[C]//中国烟草学会 2009 年年会论文集(工业部分).2009,(3):9-15.

[68] 王信民,蔡宪杰,尹启生,等.单质硫对烤烟产质量的影响[J].烟草科技,2002,(6):34-37.

[69] 崔岩山,王庆仁.土壤与大气环境中硫行为及其对植物的影响[J].中国生态农业学报,2002,10(3):80-82.

[70] 苏艳敏,刘文利.作物的缺硫诊断与矫正施肥现状[J].延边大学农学学报,2002,24(1):72-73.

[71] 邵惠芳,任晓红,乔宁,等.烟草硫素营养研究进展[J].中国农学通报,2007,23(3):304-307.

[72] 朱英华,周可金,肖汉乾,等.湖南植烟土壤有效硫及烟叶硫研究初报[J].中国烟草科学,2013,34(4):5-8.

[73] 王东胜,徐庆凯,王能如,等.江西烟区土壤中量及微量元素的含量分析[J].贵州农业科学,2011,39(2):91-96.

[74] 黄婷,周冀衡,李强,等.不同海拔高度植烟土壤 pH 值分布情况及其与土壤养分的关系——以云南省曲靖市为例[J].土壤通报,2015,46(1):105-110.

[75] 付亚丽,李宏光,付国润,等.红河植烟土壤中微量元素含量分析[J].云南农业大学学报,2012,27(1):73-79.

[76] 罗先学,彭德元,王振华,等.慈利植烟土壤养分状况评价及其与土壤质地的关系[J].作物研究,2015,29(3):284-289.

[77] 曾强,吴平,陈星峰,等.南平植烟土壤质地状况及其与土壤养分的关系[J].安徽农业科学,2012,40(5):2763-2765.

[78] 李明德,吴小丹,吴海勇,等.张家界植烟土壤的有机无机复合状况及其与土壤养分的关系[J].湖南农业科学,2012,(5):34-37.

[79] 林毅,梁颂捷,朱其清.三明烟区土壤 pH 值与土壤有效养分的相关性[J].烟草科技,2003,(6):35-37.

[80] 夏东旭,王建安,刘国顺,等.永德烟区土壤 pH 值分布特点及其与土壤有效养分的关系[J].河南农业大学学报,2012,46(2):121-126.

[81] 贺丹锋,周冀衡,张毅,等.云南省罗平烟区植烟土壤 pH 分布特征及其与土壤养分的相关性[J].作物研究,2016,30(2):136-141.

[82] 欧阳磊,周冀衡,段志超,等.云南沾益植烟土壤 pH 分布特征及其与土壤养分关系[J].江西农业大学学报,2013,35(4):692-697.

[83] 宋文峰,刘国顺,罗定棋,等.泸州烟区土壤 pH 分布特点及其与土壤养分的关系[J].江西农业学报,2010,22(3):47-51.

[84] 王小兵,周冀衡,李强,等.曲靖烟区海拔高度分布特点及其与土壤养分的关系[J].烟草科技,2013,(11):86-90.

[85] 谢瑞芝,董树亭,胡昌浩,等.不同基因型玉米硫素吸收利用差异研究:I.根系吸收动力学参数与品种对硫肥的响应[J].作物学报,2002,28(3):345-350.

[86] PARDEE A B. Purification and properties of a sulfate-binding protein from *Salmonella typhimurium*[J]. Journal of Biological Chemistry,1966,241(24):5886-5892.

[87] 张继光,申国明,张久权,等.烟草连作障碍研究进展[J].中国烟草科学,2011,32(3):95-99.

[88] 刘方,何腾兵,刘元生,等.长期连作黄壤烟地养分变化及其施肥效应分析[J].烟草科技,2002,(6):30-33.

[89] 梁文旭,靳志丽,莫凯明,等.烟稻复种连作对中、微量元素含量的影响效应研究[J].中国土壤与肥料,2014,(2):40-44.

[90] 朱英华,屠乃美,肖汉乾,等.烟-稻复种连作年限对土壤钙镁硫含量的影响[J].华北农学报,2012,27(1):218-222.

[91] 王庆仁,李继云.大气质量提高与农业中的硫肥需求[J].应用生态学报,1999,10(4):497-500.

[92] 陈启红,黄艳飞.酸雨的危害及防治[J].吉林农业,2011,(5):244-245.

[93]　黄界颖,马友华,张继榛.农田生态系统中硫平衡的研究——地下水中硫的作用[J].土壤通报,2003,34（3）:233-237.

[94]　鲁如坤,等.土壤-植物营养学原理和施肥[M].北京:化学工业出版社,1998,296-306.

[95]　刘崇群.硫肥的重要性和我国对硫肥的需求趋势[J].硫酸工业,1995,（5）:20-23.

[96]　朱列书.烟草营养学[M].长春:吉林科学技术出版社,2004.

[97]　李录久,戚士胜,孙礼胜,等.土壤硫肥力与作物硫营养研究进展[J].安徽农业科学,2003,31(2):188-190.

[98]　张传光,岳献荣,史静,等.昆明不同产地磷石膏对烤烟生长及砷污染风险的影响[J].生态环境学报,2014,23(4):685-691.

[99]　张继光,梁洪波,申国明,等.连续多年施用硫酸钾肥对烟田土壤及烟株硫素含量的影响[J].中国烟草科学,2013,34(6):77-82.

[100]　王国平,向鹏华,曾惠宇,等.不同供硫水平对烟叶产、质量的影响[J].作物研究,2009,23(1):35-37.

[101]　杨波,吴元华,董建新,等.不同硫酸钾用量对烤烟氮、钾、硫吸收的影响[J].江苏农业科学,2015,43(4):116-119.

[102]　马仲文.福建植烟土壤硫素营养状况与烤烟施用硫肥效应的研究[D].福州:福建农林大学,2005.

[103]　沈少君,杜超凡,杨志杰,等.有机肥与硫肥平衡配施对烤烟品质的影响[J].中国烟草科学,2009,30(2):36-40.

[104]　邱志丹,沈少君,施伟平,等.有机肥与硫肥平衡配施对烤烟生物学特性的影响[J].中国烟草科学,2008,29(1):7-10.

[105]　张焕菊,陈刚,王树声,等.应用生物有机肥减少烤烟化肥用量试验研究[J].中国烟草科学,2015,36(1):48-53.

[106]　刘勤.氮形态和硫水平对烤烟氮、硫、钾等营养的影响[J].土壤通报,2006,37(6):1171-1174.

第九章　植烟土壤锌营养与施肥

第一节　土壤中的锌

锌是地壳中一种重要的微量元素,在地壳中的丰度为 0.0075%。在自然界中,锌主要以无机矿物态存在,经过土壤-植物-微生物等一系列复杂的生理生化过程进入土壤,最后转化为有机态的 Zn 离子。

土壤中的锌主要包括以下几种类型:水溶态锌、交换态锌、难溶性锌和有机螯合态锌等。其中有机螯合态锌主要包括易溶盐类及其溶液中的 Zn^{2+}、交换态的锌、有机态的锌、原生和次生矿物中的锌。

土壤中的锌主要来自矿物和岩石的风化。此外,近些年来,随着社会经济的发展、城市化进程的加快,农田灌溉以及化学肥料的施用等也成为土壤锌的重要来源。在我国,土壤中锌含量的变幅为 $3 \sim 790 \ \mu g/g$,平均含量为 $100 \ \mu g/g$。锌是植物生长必不可少的微量元素之一,植物正常锌含量一般为 $5 \sim 150 \ mg/kg$(干重)。锌含量常因作物种类及品种不同而有差异,同一作物不同部位锌含量也不相同。例如,水稻籽粒锌含量为 $18 \sim 35 \ mg/kg$,茎部锌含量为 $38 \sim 125 \ mg/kg$。锌在植物体内的吸收、运转和分配受锌的供应水平和植物物种的制约。在正常供锌水平下,新生组织的锌含量通常高于成熟组织。在锌毒害水平下,锌在皮层和叶中积累;在某些组织中,锌在细胞壁中积累或被阻隔在组织液中。

第二节　锌在植物体中的生理功能

一、锌在植物体内的功能及意义

1. 锌对光合作用的影响

锌是光合作用过程中不可或缺的营养元素。一方面,锌参与形成了锌原卟啉,而锌原卟啉是合成镁原卟啉的前提;另一方面,锌还可以通过影响碳酸酐酶的活性,进而影响到植物的光合作用。锌是叶绿体的重要组成成分,在稳定叶绿素的结构以及发挥其功能方面都起着重要作用。植株缺锌时,叶片中叶绿素含量明显降低,光合作用速率也明显下降。此外,缺锌还引起植株硝酸还原酶活性的降低,使可溶性蛋白质的合成受到影响。在玉米上的研究发现,玉米缺锌时,会引起玉米白苗;在果树上的研究发现,缺锌会造成叶面积减小、叶片弯曲、叶重下降、叶脉间失绿、叶片上卷等;在蔬菜上的研究表明,缺锌会引起叶绿素含量下降,造成白化。门中华等人的研究表明,植物缺锌时,光合速率下降$50\% \sim 70\%$。

此外,有研究表明,不但缺锌影响植物体内叶绿素的含量,高锌条件也会影响到植物叶绿素的含量。在果桑和黑麦草上的研究也发现,在锌污染条件下,果桑和黑麦草的叶绿素含量均明显降低。番茄幼苗的叶绿素含量随锌处理浓度的增高而降低。施加适量的锌肥能够提高烟株硝酸还原酶的活性,但锌肥施用过量并不能提高硝酸还原酶的活性,而且在植株的生长后期,施加锌肥和不施加锌肥效果的差异不显著。锌还是碳酸酐酶的重要组成成分。研究表明,植物体内的碳酸酐酶与锌含量存在明显的正相关关系。在植物体内,碳酸酐酶可以通过催化作用催化二氧化碳和水结合生成碳酸,从而影响光合作用。植物缺锌会引起植株体内碳酸酐酶活性的急剧下降,导致植株体内核酮糖-1,5-双磷酸羧化酶的活性明显降低,从而引起光合作用的下降。此外,在缺锌条件下,不但叶绿素的含量会降低,而且植物的叶肉细胞和维管束鞘细胞也会出现异常,从而影响光合作用的进行。李延等人的研究发现,水稻缺锌时,光合速率、叶绿素含量以及硝酸还原酶的活性降低。

2. 锌对酶的活化作用

锌是植物体内许多酶的组成成分和激活剂。在植物体内,锌直接参与了许多酶的组成,如乙醇脱氢酶、铜锌超氧化物歧化酶、碳酸酐酶和RNA聚合酶等。此外,锌也是植物体内许多酶的活化剂。现已发现80多种酶含锌和需要锌作为辅酶。这些酶包括碱性磷酸酯酶、醇脱氢酶、谷氨酸脱氢酶、醛缩酶、苹果酸脱氢酶、磷酸甘油醛脱氢酶、乙醇脱氢酶、乳酸脱氢酶、异构酶、RNA和DNA聚合酶等。其中,苹果酸脱氢酶参与呼吸作用,而磷酸甘油醛脱氢酶、乙醇脱氢酶、乳酸脱氢酶则作为糖酵解过程中的活化剂参与糖酵解。此外,锌还参与植物体内生长素的合成,能够促进吲哚乙酸和丝氨酸合成色氨酸。缺锌时,植物体内生长素含量明显降低,会出现"小叶病"。另外,还有研究表明,植株缺锌时,植株体内硝酸还原酶和蛋白酶的活性均会降低。总而言之,在植物体内,锌主要通过影响酶的活性,进而影响植物的代谢活动。

3. 锌对核酸以及蛋白质的作用

锌还参与植株氮代谢过程,与植物体内的蛋白质和核酸代谢过程密切相关。这主要是因为缺锌影响蛋白质合成过程中RNA聚合酶的活性,从而导致蛋白质的合成过程受阻,所以缺锌植株体内的游离氨基酸累积。在蚕豆上的研究发现,当培养箱中的锌离子浓度较低时,对DNA、RNA以及核糖核酸酶均有一定的刺激作用,但锌离子高浓度时表现为抑制作用。此外,有研究表明,植株缺锌和高锌都会造成植株硝酸还原酶的活性降低、硝态氮和铵态氮的含量降低。一方面,Zn是RNA聚合酶的组成成分。在正常条件下,它抑制核糖核酸酶的活性,保护核酸不受降解;在缺锌的条件下,它会影响RNA聚合酶的活性,提高核糖核酸酶的活性,造成RNA合成受阻,从而引起RNA水平的下降。另一方面,锌还直接参与锌指蛋白的合成。锌指蛋白是一类具有指状结构域的转录调控因子,负责调控基因表达。锌指蛋白首先是作为一种转录调控因子被发现的,它在蛋白质中形成一个相对独立的区域,可以与特定的DNA相结合,从而影响基因调控。在植物体内,锌指蛋白还参与了植物的逆境调节,与植物的盐胁迫、冷胁迫、干旱胁迫和氧胁迫等逆境胁迫密切相关。在缺锌条件下,植物体内蛋白质的含量和合成速率均会下降,而氨基酸和酰胺则会积累。蛋白质含量降低和合成受阻的原因主要是缺锌导致植物体内 RNA 的活性降低,并且影响植株体内核糖体的水平。此外,植物缺锌时,还会引起核糖体的变形,影响到蛋白质的代谢活动。还有研究表明,光照强度会影响锌对植物蛋白质的代谢活动,正常光照条件和缺锌条件下植物中叶绿体蛋白质的含量是不同的。在弱光条件下缺锌植物体内叶绿体蛋白质的含量与在正常光照条件下植物中叶绿体蛋白质的含量基本相同,但在高光强条件下缺锌植株体内叶绿素蛋白质的含量比正常光照条件下植物中叶绿体蛋白质的含量减少一半以上,但蛋白质的成分没有变化。

4. 锌对植物活性氧代谢的影响

锌对植物体内的活性氧起着重要的影响。锌是 Cu-Zn 超氧化物歧化酶的组成成分。有研究发现,施锌可以提高苦瓜叶片 SOD、POD、CAT 的活性,增加体内 AsA 的含量,降低叶片中膜脂过氧化产物 MDA 的含量,使细胞膜、叶绿素、核酸等免受活性氧自由基的毒害。统计数据表明,植物体内 MDA 的含量与叶片 SOD、POD、CAT 的活性以及 AsA 的含量呈极显著负相关关系。这说明施加锌肥可以提高叶片中 SOD、POD、CAT 的活性和 AsA 的含量,有利于降低膜脂的过氧化作用。由于植株缺锌,因而产生造成自由基不能被及时地清除出去而引起的胁迫作用。研究表明,在水稻幼苗期喷施锌溶液能提高水稻幼苗根和叶片中 SOD、POD 的活性。此外,也有研究表明,施加锌肥有助于植株体内可溶性蛋白质含量的增加。锌还能提高烤烟叶片中超氧化物歧化酶的含量,从而削弱三原子氧游离基对烤烟的损害,减少烤烟中丙二醛的含量。同时,马传义等人的研究还发现,在锌污染条件下,烤烟植株内超氧阴离子自由基浓度升高,导致烤烟的膜脂过氧化作用加剧、膜透性增大。在莨草上的研究表明,过量的锌会使膜系统受损,削弱叶内抗氧化系统 SOD、CAT、POD 对植物细胞的保护能力,对细胞器结构造成破坏;而在水稻上的研究表明,不论是在低浓度条件下的锌处理,还是在高浓度条件下的锌处理,均能提高水稻幼苗根、叶片中 SOD、POD 的活性,从而提高细胞内清除活性氧的能力,有利于保护和提高细胞膜的稳定性,提高细胞膜的抗逆能力,保证细胞的正常生长发育,从而促进水稻幼苗的生长和发育。

5. 锌对植物激素的影响

锌是植物体内合成激素 IAA(生长素)所必需的营养元素,而 IAA 在植物的生长发育过程中起着重要的作用,能够促进植物生长、延缓衰老。在缺 Zn 条件下,植物体内的 IAA 会分解,造成 IAA 含量下降;在锌污染条件下,过量的锌离子能够抑制吲哚乙酸的合成,从而造成生长素含量的急剧下降。研究发现,经不同锌处理的苦瓜植株叶片中 IAA 的含量均比对照处理高,而且随着施 Zn 水平的不断提高,IAA 含量呈逐渐上升的趋势。当锌浓度进一步增加时,植物体内 IAA 的合成积累会打破正常的激素平衡,对植物产生不利影响。除了与 IAA 合成相关外,有研究发现 ABA 与植株体内的锌含量也有一定的关系。施用锌肥后,苦瓜叶片 ABA 的含量显著下降,但其作用机理却不明。此外,许多研究者发现,锌对赤霉素的合成也有影响。有研究表明,在对菜豆施加锌肥后,菜豆叶片中赤霉素的含量增加,茎中赤霉素的含量也表现出类似的现象。缺锌时赤霉素缺少可能是造成植株节间缩短的原因之一,植株节间缩短的另一个原因是植株体内脱落酸含量增加。

二、烤烟锌营养研究进展

1. 烤烟对锌的吸收和分配

锌是烤烟生长发育必需的一种微量元素,主要以离子状态被植物吸收。烟叶的锌含量

一般为 $51\sim84$ mg/kg。锌含量在烤烟的各个部位并不相同,烟草中锌主要集中分布在根和顶端生长点及第一片叶,下部叶锌含量较少。在幼苗期,在烤烟的不同部位,以顶部锌的含量最高,根部的锌含量次之,茎部的锌含量又次之,叶部的锌含量最低。烟叶中锌含量所占比例最大,为 40% 以上,茎部的锌含量约占 30%,根部的锌含量所占比例大约为 18%,被打顶及抹杈所带去的锌大约占 10%。对于烤烟的不同叶位而言,锌含量变化规律为上部叶>中部叶>下部叶。在成熟的烟株中,锌含量表现为叶>茎>根。锌的吸收量随着烟株的不断生长而不断增加。研究表明,锌主要分布在烤烟的叶部,叶部的锌含量占烤烟全锌含量的 63.8%,而且叶部的锌主要集中在上部叶和中部叶;而茎部的锌则主要分布在表皮层,髓部含量极少。锌在各部位的分布按含量多少为叶>茎>根>果实。赵光伟等人的研究结果表明,随着烤烟叶位的上升,烟叶中的锌含量逐渐上升,且上、中、下三个部位之间锌含量的差异极为显著。

2. 锌对烟草生长发育的影响

锌作为烤烟生长发育必需的微量元素,无论是含量过低还是含量过高都会影响到烤烟的生长发育,并且在一定程度上影响烤烟的质量。当土壤有效锌含量较低时,植株生长缓慢,矮小,节间缩短,叶片的生长受阻,而且顶叶簇生,下部叶易产生坏死斑。杨波等人的研究结果显示,当锌浓度较低时,烟草植株的生长速率、叶片发育以及干物质的积累量均较对照低;而在锌高浓度条件下,烟草植株会出现中毒症状。在烟草生产过程中,通过叶面喷施锌肥,可以使烟草的整齐度、农艺性状明显改善,并且提高烟草的产量和产值。李晔等人的研究结果表明,用不同浓度的锌离子溶液处理烟草幼苗,能够使幼苗的酶活性显著提高、可溶性蛋白质含量明显增加。韦凤杰等人的研究表明,增施锌肥可以明显提高烤烟中部以及下部叶片的香气质量;在旺长期喷施锌肥对烤烟叶片香气物质总量的影响最为明显,对下部烟叶香气物质含量的提高效果最大,且影响效应为下部叶>上部叶>中部叶。此外,有研究表明,烤烟施用锌肥能够促进烤烟根部、茎部、叶片的均衡生长。

在冬小麦上的试验表明,施加锌肥能促进冬小麦植株的生长,有利于冬小麦次生根的发生。在玉米上的研究表明,施用锌肥后,玉米的涝害明显减轻,而且施加锌肥后,淹水玉米不定根的数量明显增多,植株的高度也明显增加。此外,施加锌肥可以增强作物的抗病能力。刘国顺等人在烟草上的研究发现,在烟苗的十字期,施加锌肥后,烟苗的农艺性状显著优于对照处理组,烟苗中可溶性糖的含量也高于对照处理组,可溶性蛋白质以及硝酸还原酶的活性也表现出类似的现象。同时,研究也发现,高浓度的锌处理对烟苗的根系会产生不利影响。

锌在植物体内的一个重要作用就是参与生长素吲哚乙酸的代谢活动。试验证明,锌能促进吲哚乙酸与丝氨酸的反应,间接影响生长素的合成。烟草缺锌时,下部叶片首先表现出缺素症状,叶尖褪色,生长停滞,植株矮小,顶叶呈簇生状,并导致 IAA 合成过程受阻,使作物的生长发育停滞不前、叶片变小,从而引发"小叶病"。

3. 锌对烟草矿质元素吸收的影响

锌作为植物体内一种重要的微量元素,与其他的许多元素之间存在着相互作用。1962年,Langin 提出对土壤增施氮肥有利于增加植物对锌的吸收量。但也有研究表明,土壤中增施氮肥过多,虽然使作物生物产量增加,但会造成作物体内锌含量相对降低,使缺锌症状加重;在作物不同生长阶段,氮和锌之间表现出的效应不相同。大量研究表明,锌不但与氮存在相互作用,与磷也存在相互关系——大量施加磷肥会造成植物缺锌。此外,施加锌肥过多时,会导致植物出现缺铁症状,但这时如果增施铁肥,缺铁症状会减轻乃至消失。李楠等人研究表明,高锌条件会促进植物对 K 离子的吸收。此外,锌与铜之间存在拮抗作用。研究表明,在铜缺乏的情况下,施加锌肥会造成铜缺乏的加剧。但也有研究指出,随着土壤锌含量的增加,烤烟对铜的吸收量相应增加。锌和锰之间也存在一定的拮抗作用,锌和钙、镁之间也存在一定的联系,土壤中钙、镁的缺乏都会在一定程度上影响到锌的吸收。另外,锌还会影响植物对氯、硼的吸收,锌通过提高细胞质膜的透性,使氯、硼的透性增加,甚至造成硼的毒害。

4. 锌对烟草品质的影响

锌作为植物体内一种必需的微量元素,对烟草的品质影响很大。施用锌肥对烤烟烟碱、还原糖、氮碱比的影响不大,但有改善糖碱比和香吃味的作用,具体表现为施锌处理的评吸总分均比对照处理组高。施锌处理对烤烟的感官评价没有影响,但可以在一定程度上改善烟叶的香气质和香气量,并且可以降低烤烟的杂气量,显著提高烤烟的香吃味。宋斌的研究表明,喷施低浓度的硫酸锌有助于提高烟叶上中等烟的比例,改善烤烟的品质,但硫酸锌浓度过高时则会降低烤烟的品质。伏秋庭的研究发现,锌元素对烤后烟叶化学成分有重要影响,喷施锌肥能够显著提高烟叶的糖含量,并且可以使烟叶的化学成分更加协调。何明辉等人的研究也表明,施加锌肥可以增加烤烟的产量。在河南进行的田间试验也发现,施用锌肥后,烟叶外观质量比较好,内含物增加,厚薄适中,油分足,弹性强,组织疏松,平均亩产量提高9.9%,上等烟比例提高13.6%。总体而言,在锌有效性较低的土壤上施加适量的锌肥有助于烟叶品质的改善。

第三节　植烟土壤中锌丰缺指标诊断

锌是烤烟生长发育必需的微量元素。锌在植物体内属于易移动元素,游离态的锌离子可能是通过木质部进行长距离运输的;而在韧皮部,锌的主要运输形态是由有机阴离子与锌离子形成的复合物。在植物体内移动时,锌中的一部分可以被再利用。土壤的锌含量较丰富时,锌首先在植物的根部积累,然后再转移至植物地上的其他部位;而土壤的锌含量较低时,锌则主要集中在植物的根部,很少向上运输。锌在烟草体内,可促进烟草的生长,改善烟草的生物学性状。锌参与植物体内叶绿素的合成,缺锌会导致碳酸酐酶活性的急剧下降,严重影响植物的光合作用。此外,锌还同时参与了植物体内的许多生理生化反应,是植物体内许多酶的激活剂,在光合作用、糖酵解、碳水化合物的代谢、呼吸作用等方面都起着重要的作用。同时,还有研究表明,合理施用锌肥不仅能显著提高烟叶上中等烟的比例,促进烟株生长,而且能改善烟草的糖碱比,改善烟草的香吃味,改善烟叶的外观品质,降低烟叶的杂气量,提高烟叶的适口性。

一、植烟土壤锌的丰缺指标和烤烟锌营养诊断指标

湖北省是我国烤烟的主要生产基地之一。近年来,随着全国大面积测土配方施肥技术的推广,越来越多的缺锌地区被发现,而湖北省主要烟区土壤锌元素缺乏状况也十分严重,锌元素的缺乏已成为限制烤烟高产优质的重要因子。测土施肥是国家相关部门重点推广的

农业增产技术措施,因此施用锌肥首先需弄清土壤锌的丰缺状况。本研究的主要目的是明确湖北省重点烟区土壤锌元素的丰缺指标,加快建立适合湖北省烟区生态特点的技术诊断体系,从而为现代烟草农业的有序发展、维护耕地安全、提高烤烟综合生产能力和增加农民收入、保障生态生产安全提供科技支撑。

(一)材料与方法

1. 盆栽试验设计

1)2011年盆栽试验

2011年盆栽试验所采用的烤烟品种为云烟87。该品种的种性稳定,变异系数较小,且各种化学成分协调,评吸质量中偏上,与云烟85和K326相比,评吸得分最高。在生育期内,该品种生长整齐、迅速。此外,该品种还具有抗逆性较强、适应性广的特点。

2011年,从恩施州选取17个点的土壤样品,并从中分析筛选出土壤有效锌含量极缺的一个土壤样品进行盆栽试验。所选土壤为偏酸性黄棕壤,有效锌含量为0.76 mg/kg,有机质含量为18.24 g/kg,全氮含量为0.92 g/kg,碱解氮含量为125.07 mg/kg,全磷含量为1.02 g/kg,速效磷含量为23.26 mg/kg,全钾含量为28.64 g/kg,速效钾含量为104.56 mg/kg。

将从恩施州取回的土壤平均分为6份,人为添加锌元素,形成Tr1(有效锌含量为1.18 mg/kg)、Tr2(有效锌含量为1.21 mg/kg)、Tr3(有效锌含量为1.25 mg/kg)、Tr4(有效锌含量为1.27 mg/kg)、Tr5(有效锌含量为1.57 mg/kg)、Tr6(有效锌含量为1.76 mg/kg)6个不同梯度土壤锌含量的土壤,并将土壤放置陈化一个月以上。试验设置对照(CK)和施肥(+Zn)等两个不同的处理,其中施肥处理是添加锌含量为2 mg/kg的锌肥,各个处理均设置3次重复(即$n=3$)。每个盆栽桶装土10 kg,共36桶;每桶种植烤烟2株,共72株。氮肥采用硝酸铵(含氮35%),磷肥采用过磷酸钙(含P_2O_5 14.5%),钾肥采用硫酸钾(含K_2O 54%),锌肥采用硫酸锌(含锌22.6%)。100%的锌肥、磷肥和70%的氮肥、钾肥在移栽前15 d基施,剩余30%的氮肥、钾肥在移栽后10~15 d施用。

2011年土壤盆栽试验施肥量如表9-1所示。

表9-1　2011年土壤盆栽试验施肥量

处理	设计养分用量				实际施用肥料(10 kg土壤)			
	N/(g/kg)	P_2O_5/(g/kg)	K_2O/(g/kg)	Zn/(mg/kg)	硝酸铵/(g/盆)	过磷酸钙/(g/盆)	硫酸钾/(g/盆)	硫酸镁/(g/盆)
CK	0.15	0.15	0.30	0.00	4.29	10.30	5.56	2.57
+Zn	0.15	0.15	0.30	2.00	4.29	10.30	5.56	2.57

2)2012年盆栽试验

2012年盆栽试验所采用的烤烟品种为云烟87,所采用的土壤为黄棕壤。该土壤有机质含量为7.15 g/kg,碱解氮含量为70.21 mg/kg,速效磷含量为4.85 mg/kg,全钾含量为16.15 g/kg,速效钾含量为71.48 mg/kg。

土壤锌含量仍为6个梯度(编号为Tr1~Tr6)。这6个梯度的有效锌含量依次为1.16 mg/kg、1.32 mg/kg、1.37 mg/kg、1.70 mg/kg、1.87 mg/kg和2.22 mg/kg。每个梯

度的土壤设置施肥(＋Zn)和对照(CK)两个处理,其中施肥处理是在对应梯度的空白土壤中添加 Zn 2 mg/kg,各个处理设置 3 次重复(即 $n=3$)。每个盆栽桶装土 10 kg,共 36 桶;每桶移栽烟苗 2 株,共 72 株。氮肥采用硝酸铵(含氮 35%),磷肥采用过磷酸钙(含 P_2O_5 14.5%),钾肥采用硫酸钾(含 K_2O 54%),锌肥采用硫酸锌(含锌 22.6%)。100% 的锌肥、磷肥和 70% 的氮肥、钾肥在移栽前 15 d 基施,剩余 30% 的氮肥、钾肥在移栽后 10～15 d 施用。

2012 年土壤盆栽试验施肥量如表 9-2 所示。

表 9-2　2012 年土壤盆栽试验施肥量

处理	设计养分用量				实际施用肥料(10 kg 土壤)			
	N /(g/kg)	P_2O_5 /(g/kg)	K_2O /(g/kg)	Zn /(mg/kg)	硝酸铵 /(g/桶)	过磷酸钙 /(g/桶)	硫酸钾 /(g/桶)	硫酸镁 /(g/桶)
CK	0.15	0.15	0.30	0.00	4.29	10.30	5.56	2.57
＋Zn	0.15	0.15	0.30	2.00	4.29	10.30	5.56	2.57

2. 田间试验设计

1) 2011 年田间试验

田间试验采用云烟 87 烟草品种。

试验地位于湖北省恩施州咸丰县。咸丰县位于湘、鄂、赣、渝四省边区结合部,云贵高原东延武陵山余脉与大巴山之间,兼有北亚热带季风气候和南温带季风气候特征,气候温和湿润,光热资源丰富,雨量充沛,生态环境优良,孕育了富饶的物产,为优质烤烟生产提供了适宜的环境条件。本试验在恩施州咸丰县精选 6 个试验点,对土壤的有效锌含量从极缺、缺到丰富的烟田进行田间试验。

2011 年田间试验点土壤基础理化性质如表 9-3 所示。

表 9-3　2011 年田间试验点土壤基础理化性质

试验点	有效锌 /(mg/g)	全氮 /(g/kg)	碱解氮 /(mg/kg)	全磷 /(g/kg)	速效磷 /(mg/kg)	全钾 /(g/kg)	速效钾 /(mg/kg)	有机质 /(g/kg)
Plot1	0.56	1.06	141	0.59	15.8	14.8	62	22
Plot2	1.39	1.15	222	0.71	18.8	13.5	212	26.6
Plot3	1.60	0.82	158	0.49	5.78	24.5	125	18.9
Plot4	1.71	0.76	113	0.83	28.9	26.8	46.9	18.6
Plot5	2.23	0.63	102	0.52	10.8	24.9	86.6	16.2
Plot6	2.37	0.74	109	0.537	10.8	28.7	48.7	18.2

试验共设 2 个不同的处理:①N P K Mg B Zn(完全养分,记为"＋Zn");②N P K B Mg (缺锌),记为"CK"。每个试验点不设重复。本试验共设 4 个小区,其中 CK 处理小区面积为 130 m^2(180 株),其他 3 个小区每个小区面积为 86.4 m^2(120 株)。

2011 年田间试验肥料用量如表 9-4 所示。

表 9-4　2011 年田间试验肥料用量

处理	kg/亩						g/10 m² 小区					
	N	P₂O₅	K₂O	MgSO₄	B	Zn	硝酸铵	过磷酸钙	K₂SO₄	MgSO₄	B	Zn
CK	6.75	8.10	16.90	10	0.5	0	154	1012	354	150	7	0
+Zn	6.75	8.10	16.90	10	0.5	1	154	1012	354	150	7	15

氮肥采用硝酸铵(含氮 35%),磷肥采用过磷酸钙(含 P_2O_5 14.5%),钾肥采用硫酸钾(含 K_2O_5 4%),锌肥采用硫酸锌(含锌 22.6%)。所有的锌肥、磷肥和 70% 的氮肥、钾肥均在移栽前 15 d 进行基施;剩余 30% 的氮肥、钾肥在移栽后 10~15 d 施用。基肥主要进行单行条施。追肥在离烟株 10 cm 的位置进行环施,施肥深度为 10 cm,随后覆上地膜。小区按 120 cm 的行距和 60 cm 的株距进行种植试验。烟苗采用营养块育苗移栽方式。小区排列如图 9-1 所示。

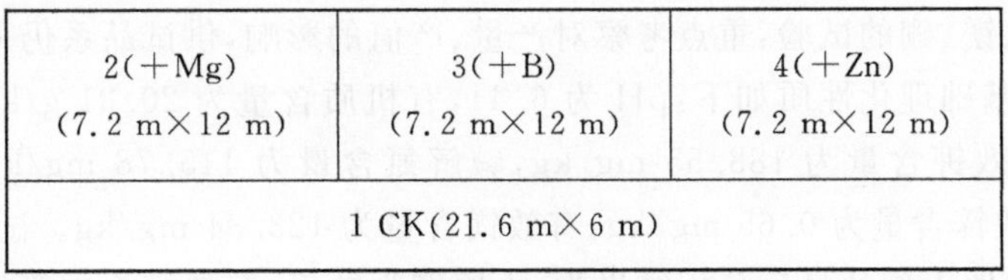

2(+Mg) (7.2 m×12 m)	3(+B) (7.2 m×12 m)	4(+Zn) (7.2 m×12 m)
1 CK(21.6 m×6 m)		

图 9-1　2011 年田间试验小区布置图

2) 2012 年田间试验

为了考察试验结果的重现性,2012 年继续在恩施烟区开展田间试验。试验采用烤烟 K326 品种。

重新在恩施烟区精选 Zn 含量从极缺、缺到丰富的烟田进行田间试验。本试验共选取 6 个试验点,缺锌以下的试验点占 4 个,锌丰富的试验点占 2 个。所选取的试验点地势平坦、整齐、肥力均匀,具有代表性。

2012 年田间试验点土壤基础理化性质如表 9-5 所示。

表 9-5　2012 年田间试验点土壤基础理化性质

试验点	有效锌 /(mg/kg)	全氮 /(g/kg)	碱解氮 /(mg/kg)	全磷 /(g/kg)	速效磷 /(mg/kg)	全钾 /(g/kg)	速效钾 /(mg/kg)	有机质 /(g/kg)
Plot1	1.14	1.01	134	0.56	14.8	12.8	72	32
Plot2	1.33	0.87	102	0.74	16.3	13.7	112	28.4
Plot3	1.38	0.83	122	0.59	5.93	21.8	135	19.8
Plot4	1.45	1.12	183	0.87	18.4	24.2	52.6	17.6
Plot5	1.90	1.06	153	0.62	11.6	20.5	92.6	18.4
Plot6	3.02	0.92	140	0.57	12.4	21.7	49.4	18.8

试验设计 2 个处理,即① N P K Mg B Zn(完全养分),记为"+Zn";② N P K Mg B(缺锌),记为"CK"。

每个试验点田间试验不设重复。本试验共设 2 个小区,每个小区面积为 100 m²。肥料用量按 N:P_2O_5:K_2O=1:1.2:2.5。各处理肥料施用量如表 9-6 所示。

表 9-6　2012 年田间试验设计及肥料用量

处理	kg/亩						g/10 m² 小区					
	N	P₂O₅	K₂O	MgSO₄	B	ZnSO₄	硝磷铵	过磷酸钙	K₂SO₄	MgSO₄	B	ZnSO₄
+Zn	4.8	5.76	12	10	0.5	1	200	620	360	150	7	15
CK	4.8	5.76	12	10	0.5	0	200	620	360	150	7	0

采用肥料为硫酸镁(含镁 9.7%)、硼砂(含硼 11%)、氧化锌(含锌 70%~80%)、硝磷铵(含氮 36%,含磷 6%)。100%的微肥和磷肥与 70%的氮肥、钾肥在移栽前 15 d 基施;剩余 30%的氮肥、钾肥在移栽后 10~15 d 施用。基肥单行条施。追肥环施在离烟株 10 cm 的位置,深度为 10 cm,随之覆上地膜。

3) 2013 年田间试验

为了重点考察 2011 年和 2012 年试验结果的重现性,2013 年继续开展田间试验。2013 年的试验包含锌、镁、硼的试验,重点考察对产量、产值的影响,供试品系仍采用 K326。

大田土壤的基础理化性质如下:pH 为 6.41,有机质含量为 20.31 g/kg,速效磷含量为 22.53 mg/kg,速效钾含量为 188.55 mg/kg,碱解氮含量为 115.78 mg/kg,有效硼含量为 0.35 mg/kg,有效锌含量为 0.65 mg/kg,有效镁含量为 123.34 mg/kg。试验地在恩施州利川市柏杨镇,试验地土壤的最后分析结果为:土壤硼为缺乏,有效锌为中等偏缺乏,而土壤镁为中等偏丰富。具体试验处理和施肥量如表 9-7 所示。

表 9-7　2013 年田间试验设计及肥料用量

处理	kg/亩						g/10 m² 小区					
	N	P₂O₅	K₂O	MgSO₄	B	ZnSO₄	硝磷铵	过磷酸钙	K₂SO₄	MgSO₄	B	ZnSO₄
CK	4.8	5.76	12	10	0.5	1	200	620	360	150	7	15
—Mg	4.8	5.76	12	0	0.5	1	200	620	360	0	7	15
—B	4.8	5.76	12	10	0	1	200	620	360	150	0	15
—Zn	4.8	5.76	12	10	0.5	0	200	620	360	150	7	0

本试验采用随机区组设计,每个处理完全随机排列。每个小区种植烤烟 100 株。根据实地情况采用多行边区或多行区。行距为 110 cm,株距为 60 cm,过道宽为 0.5 m。同一重复处理的各小区做到地力相同,以减少试验误差。

（二）盆栽和田间试验管理

在烟苗移栽的初期,要每天定期查看苗情,如出现缺苗、死苗情况,应及时补苗,视情况适量浇水、松土。然后于追肥期间使用代森锰锌(稀释 1000 倍)进行叶面喷洒、灌根,以预防苗期黑胫病。在烟苗旺长期,每隔一周喷施一次宁南霉素、灭杀毙,以防止烟草花叶病、烟青虫。

大田移栽后随时检查烟田,如发现有缺苗现象,应及时补苗。在烟株生长进入团棵期,气温稳定超过 16 ℃后,揭去地膜;当烟株叶片数达到 13~14 片时,结合揭膜工作抹去 3~4 片脚叶(标记区要收集叶片);抹去脚叶后,应及时松土除草施肥,松沟培土,培大垄体,垄体高度应达到 35 cm 以上,使之呈龟背形。同时,进行除草,将人工除草和化学除草相结合,保证烟田无杂草。在培土时,要结合中耕、铲除杂草,并将杂草带出烟田,并集中销毁。中耕培土以后,每亩用 75% 都尔 100 mL 兑水 80 kg 喷施土壤表土,以控制杂草的繁殖。移栽后 50 ~60 d,待大田烟株 50% 现蕾时一次性打顶(在打顶时,要注意观察烟叶颜色的深浅,适当调整打顶时间),留下长 25 cm 以上的烟叶,注意不打扣心顶,每株留叶 18~20 片。打顶后 24 h 之内,抹除 2 cm 以上的烟芽,同时注意在抹杈后适时涂抹抑芽敏,以抑制烟芽的再次发生。大田生长期主要防止炭疽病、蛙眼病、赤星病、气候斑病、花叶病、黑胫病、青枯病等以及虫害。

(三) 取样

于移栽前取每个处理成化后的土壤样,用以测定土壤基本的理化性质。

对于盆栽植株样,所有处理于烟株移栽后 45 d 左右(团棵期)、打顶前(移栽后 60 d)分两次分别取一株烟株。团棵期和打顶期取第 7 叶位的叶片用于相关酶学指标的测定,剩余样品在 105 ℃条件下杀青 0.5 h,然后于 70 ℃条件下烘干,称重,粉碎机粉碎后,过筛(60目),装入自封袋,待测。

大田植株样的取样方法和盆栽类似,分为团棵期、打顶期以及成熟期三个时期分别取植株中部叶片。样品在 105 ℃下杀青 0.5 h 后于 70 ℃下烘干。然后经粉碎机粉碎后,过筛(60目),装入自封袋,待测。

(四) 测定分析方法

1. 土壤的常规测定

速效氮是指可以直接被植物根系吸收的氮,主要包括游离态、水溶态的一些氨态氮、硝态氮,采用常规测定方法进行测定。速效磷是指能被当季作物吸收利用的磷。它反映了土壤磷素的供应指标,有利于了解土壤磷素的供应状况,对施肥有着直接的指导意义。土壤速效磷采用 0.5 mol/L 的 $NaHCO_3$ 浸提-钼锑抗比色法进行测定。速效钾是指土壤中存在的水溶态钾,能被植物直接吸收和利用,采用 1 mol/L 的 NH_4OAc 浸提-火焰光度法进行测定。有效镁采用 1 mol/L 的 NH_4OAc 浸提-原子吸收分光光度法进行测定。有效锌采用 DTPA 浸提-原子吸收分光光度法进行测定。有效硼采用沸水浸提-姜黄素比色法进行测定。pH 值采用 pH 计法(水土比为 1∶1)进行测定。土壤全氮采用凯氏定氮法进行测定,全磷采用钼锑抗比色法进行测定,全钾采用火焰光度法进行测定,有机质采用重铬酸钾滴定法进行测定。

2. 植物样品全氮、全磷、全钾、全锌的测定

采用硫酸-双氧水进行消化,全氮取消化液采用凯氏定氮法进行测定,全磷采用钼锑抗比色法进行测定,全钾采用火焰光度法进行测定,全锌采用原子吸收分光光度法进行测定。

3. 酶活性的测定

取 0.5 g 鲜样置于预冷的研钵中,用 5 mL 预冷的磷酸缓冲液(鲜样∶提取液＝1∶10)和少许石英砂研磨提取,在 15 000 r/min 转速下离心 15 min,上清液即为粗酶液。取适量粗酶液,采用分光光度计分别测定 SOD、POD、CAT 及蛋白质的含量。

4. 抗性指标的测定

称取叶片鲜样 0.5 g,将样品剪碎并加入 5 mL 5% 的三氯乙酸(TCA)溶液和少许石英砂,研磨后转移至 10 mL 离心管,以 15 000 r/min 的转速离心 15 min,取上清液待测,采用分光光度计分别测定 MDA、AsA、GSH 的含量。

(五) 数据统计分析

对试验测定数据采用 Microsoft Excel 2003 和 SigmaPlot 进行处理、作图,采用 SAS 8.0

统计分析软件进行方差分析、相关分析。对于不同梯度镁土壤上不同处理的烤烟产量,根据相关性($P<0.05$ 和 $P<0.01$)的显著性进行比较。

(六)结果分析

1. 不同梯度锌肥力土壤对烤烟锌含量的影响

1)盆栽试验

盆栽试验结果显示,土壤施用锌肥显著提高烤烟不同时期及不同部位的锌含量。2011年盆栽土壤施用锌肥,团棵期地上部锌含量提高 4.92%,打顶期叶部锌含量平均提高 5.62%,打顶期茎部锌含量平均提高 11.47%。2012 年盆栽土壤施用锌肥,团棵期叶部锌含量平均提高了 31.36%,打顶期上部叶、中部叶、下部叶以及茎部的锌含量分别提高了 11.16%、18.94%、24.24%、18.00%。

由表 9-8 可知,不同烤烟部位锌含量有明显差别,表现为叶部锌含量显著高于茎部,而就烤烟叶部而言,锌含量表现出下部叶>上部叶>中部叶的规律。同时,就不同时期而言,烤烟锌含量表现出打顶期>团棵期的规律。

统计结果即表 9-8 表明,不同土壤有效锌水平和施用锌肥对于团棵期和打顶期烤烟各部位的锌含量有显著影响(2012 年上部叶、2012 年团棵期茎部除外)。此外,不同土壤有效锌水平和施用锌肥的交互作用明显(2012 年团棵期茎部、叶部除外)。

统计分析表明,不同锌含量的土壤对烤烟锌元素的吸收量有显著影响。2011 年,随着土壤有效锌含量的提高,烤烟锌含量逐渐增加。但烤烟对锌的吸收存在一个阈值,土壤有效锌含量在此值之下,烤烟各部位锌含量与土壤有效锌含量正相关,但超过这个值后,烤烟锌含量不再增加,反而表现一定程度的下降趋势。在团棵期,随着土壤有效锌含量的增加,烤烟锌含量也逐渐增加。2011 年,在团棵期,当土壤有效锌含量达到 1.57 mg/kg 时,烤烟地上部的锌含量达到最大;在打顶期,当土壤有效锌含量升高至 1.76 mg/kg 时,烤烟茎部的锌含量达到最大。2012 年,当土壤有效锌含量达到 1.70 mg/kg 时,团棵期烤烟茎部和叶部的锌含量以及打顶期上部叶的锌含量均达到最大;而烤烟中部叶和下部叶的锌含量在土壤有效锌含量达到 1.87 mg/kg 时达到最大。

在 2011、2012 年盆栽试验条件下,不同梯度锌肥力土壤对烤烟锌含量的影响分别如图 9-2、图 9-3 所示。

表 9-8　不同梯度锌肥力土壤对烤烟锌含量影响的二因素方差分析及平均数比较
(2011、2012 年盆栽试验)

变异来源		2011 年				2012 年			
		团棵期	打顶期		团棵期		打顶期		
		地上部	叶部	茎部	叶部	茎部	上部叶	中部叶	下部叶	茎部
F 值	土壤锌水平	23.88**	6.05**	10.60**	8.11**	1.47**	1.98ns	16.72**	8.48**	4.93**
	施锌肥	6.64*	8.50**	21.56**	43.13**	0.00ns	6.03*	25.93**	49.58**	8.77**
	土壤锌水平×施锌肥	16.23**	6.18**	3.47*	1.71ns	1.15ns	3.27*	5.13**	7.81**	4.1**

续表

变异来源		2011 年			2012 年					
		团棵期	打顶期		团棵期	打顶期				
		地上部	叶部	茎部	叶部	茎部	上部叶	中部叶	下部叶	茎部
	2011 年	2012 年	烤烟锌含量(mg/kg)Duncan 平均数比较							
土壤锌水平 /(mg/kg)	1.18	1.16	83.75^{bc}	72.85^c	51.43^c	57.65^c	46.96^{ab}	70.20^b	68.56^b	83.07^b	40.65^c
	1.21	1.32	79.13^c	91.28^{ab}	59.78^b	61.82^c	43.37^{ab}	70.51^b	67.40^b	90.62^b	44.21^{bc}
	1.25	1.37	88.33^b	84.72^{bc}	59.13^b	67.88^{bc}	42.46^b	75.92^{ab}	73.07^b	87.01^b	45.99^{bc}
	1.27	1.70	82.52^{bc}	82.52^{bc}	55.75^{bc}	85.51^a	49.51^a	82.67^a	68.82^b	101.62^a	43.47^{bc}
	1.57	1.87	102.44^a	82.01^{bc}	59.42^b	75.87^{ab}	48.63^{ab}	79.83^a	96.03^a	110.07^a	50.35^b
	1.76	2.22	101.29^a	82.45^b	68.05^a	74.04^b	44.69^{ab}	69.70^b	93.63^b	88.56^b	60.75^a
施锌肥	不施锌肥		87.43^a	78.77^b	55.73^b	60.91^b	45.94^a	70.85^b	71.18^b	83.39^b	43.64^b
	施锌肥		91.73^a	83.20^a	62.12^a	80.01^a	45.93^a	78.76^a	84.66^a	103.60^a	51.50^a

注:各个试验点的每列数值右上角的不同字母表示在 $P<0.05$ 上有显著差异;^{ns}表示在 $P<0.05$ 上没有显著性差异;* 和 ** 分别表示在 $P<0.05$ 和 $P<0.01$ 上有显著性差异,$n=3$,下同。

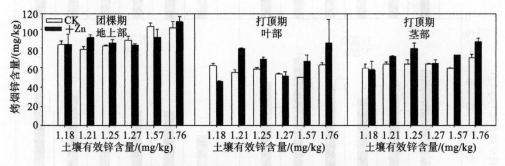

图 9-2　不同梯度锌肥力土壤对烤烟锌含量的影响(2011 年盆栽试验)

2)田间试验

田间试验结果显示,施用锌肥能够显著提高烤烟团棵期和打顶期叶部的锌含量。与不施锌肥处理相比,施锌肥处理后,2011 年、2012 年烤烟团棵期叶部锌含量分别增加了58.93%、21.72%;打顶期叶部锌含量分别提高了 59.10%、13.10%。烤烟各部位锌含量表现为团棵期叶部>打顶期叶部。对打顶期烤烟而言,各部位的锌含量表现出上部叶>中部叶>下部叶>茎部的规律。在团棵期,烤烟叶部的锌含量大于茎部的锌含量。

由表 9-9 和图 9-4、图 9-5 可知,土壤有效锌含量和施用锌肥对团棵期和打顶期各部位锌含量均有显著影响。此外,土壤有效锌含量和锌肥效果的交互作用明显。

土壤锌肥力的高低对烤烟锌元素的吸收量有显著影响。烤烟叶部锌含量随土壤锌肥力的升高呈现一定的增长趋势。例如,2011 年田间试验烤烟团棵期和打顶期叶部锌含量最高点所对应的土壤有效锌含量均为 1.71 mg/kg。此外,统计结果还表明,不同生育期烤烟对锌的吸收量有显著差异,总体呈现出团棵期>打顶期的规律。由此可见,团棵期是烤烟锌营养积累的关键时期。

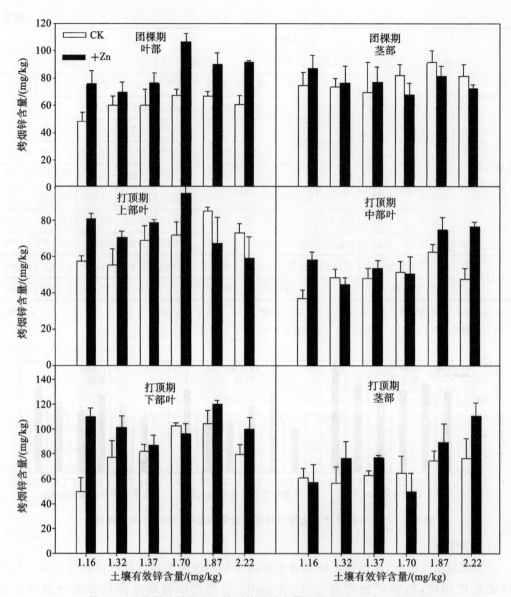

图 9-3　不同梯度锌肥力土壤对烤烟锌含量的影响(2012 年盆栽试验)

表 9-9　土壤锌肥力和施用锌肥对烤烟锌含量影响的二因素方差分析及平均数比较

(2011、2012 年田间试验)

变异来源		2011 年		2012 年	
		团棵期	打顶期	团棵期	打顶期
		叶部	叶部	叶部	叶部
F 值	土壤锌水平	101.42**	45.37**	27.57**	49.56**
	施锌肥	623.46**	311.96**	52.35**	19.54**
	土壤锌水平×施锌肥	25.16**	7.99**	11.29**	86.53**

续表

变异来源			2011 年		2012 年	
			团棵期	打顶期	团棵期	打顶期
			叶部	叶部	叶部	叶部
	2011 年	2012 年	烤烟锌含量(mg/kg)Duncan 平均数比较			
土壤锌水平 /(mg/kg)	0.56	1.14	79.92[c]	45.54[d]	37.51[c]	32.42[d]
	1.39	1.33	64.58[e]	64.71[b]	51.95[b]	42.18[c]
	1.60	1.38	61.25[e]	52.96[c]	53.02[b]	57.62[b]
	1.71	1.45	92.00[b]	64.63[b]	52.19[b]	63.11[a]
	2.23	1.90	73.21[d]	51.54[c]	59.81[b]	60.03[ab]
	2.37	3.02	108.96[a]	81.13[a]	64.94[a]	62.80[ab]
施锌肥	不施锌肥		61.78[b]	46.38[b]	48.02[b]	49.77[b]
	施锌肥		98.19[a]	73.79[a]	58.45[a]	56.29[a]

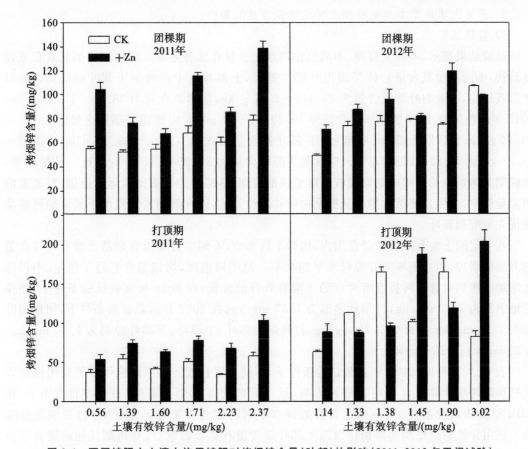

图 9-4　不同锌肥力土壤中施用锌肥对烤烟锌含量(叶部)的影响(2011、2012 年田间试验)

综合表明,盆栽烤烟土壤有效锌临界值团棵期、打顶期均为 1.70～1.87 mg/kg,大田烤烟土壤有效锌临界值为 1.71～1.90 mg/kg。综合盆栽和田间试验的结果可初步确定土壤有效锌的临界范围为 1.70～1.90 mg/kg。当土壤有效锌含量低于此范围时,表明该土壤缺

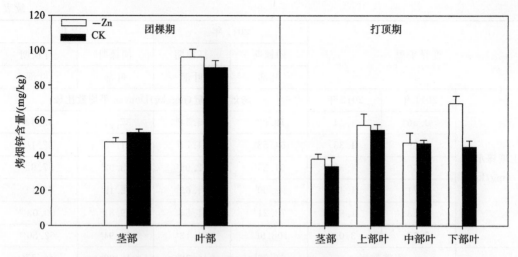

图 9-5 施用锌肥烤烟不同部位锌含量平均数比较（2013 年田间试验）

锌,需适量增施锌肥。

2. 不同土壤锌肥力及施用锌肥对烤烟氮含量的影响

1) 盆栽试验

试验结果显示,不同生育期、不同部位烤烟氮含量有显著差异。团棵期烤烟氮素积累速度较快,不同部位氮含量总体呈现出叶部>茎部,上部叶>中部叶>下部叶的规律。2011年盆栽试验,打顶期叶部氮含量为 35.87~62.11 g/kg,茎部氮含量为 38.55~43.68 g/kg;2012 年盆栽试验,团棵期叶部氮含量为 39.20~47.04 g/kg,团棵期茎部氮含量为 26.85~29.45 g/kg,打顶期上部叶、中部叶、下部叶氮含量依次为 41.28~49.99 g/kg、33.17~43.53 g/kg、21.81~27.79 g/kg,打顶期茎部氮含量为 8.32~9.65 g/kg。这一结果表明,团棵期是烤烟生长过程中氮素吸收速度最快的时期;茎部作为矿质元素运输通道,对氮素的积累量较少,主要是将氮素养分从根系向叶片部位运输,而叶部的氮素则由于氮素的可移动性优先分配到新叶。

在一定的土壤有效锌含量范围内,烤烟不同部位、不同生育期氮含量随土壤有效锌含量的升高而增加,而当土壤的有效锌水平超出某一范围阈值时,烤烟氮含量趋于稳定,不再随之增加。烤烟氮含量转折点所对应的土壤有效锌的含量,在 2011 年盆栽试验条件下,团棵期地上部为 1.76 mg/kg,打顶期茎部为 1.57 mg/kg;在 2012 年盆栽试验条件下,团棵期叶部为 1.32 mg/kg,茎部为 1.70 mg/kg,打顶期上部叶、中部叶、下部叶分别为 1.70 mg/kg、2.22 mg/kg、2.22 mg/kg。

表 9-10 表明,在 2011 年盆栽试验条件下,不同土壤有效锌水平和施用锌肥对团棵期以及打顶期烤烟叶部氮含量均有显著影响,且二者的交互作用显著(打顶期茎部除外);在2012 年盆栽试验条件下,不同土壤有效锌水平对烤烟氮含量有显著影响(打顶期茎部除外),施用锌肥对团棵期茎部和打顶期上部叶氮含量有显著影响,而对烤烟其他时期和部位的氮含量均无显著影响。

图 9-6、图 9-7 表明,土壤施用锌肥一般不会影响打顶期烤烟叶部的氮素含量(2011 年除外),不同土壤锌水平对烤烟各部位的氮含量有显著影响(2011 年打顶期茎部、2012 年团棵期茎部以及打顶期茎部除外)。综合 2011、2012 年的数据分析发现,烤烟施用锌肥,各部位

氮含量的变化规律不一致。2011 年,施用锌肥后,团棵期地上部烤烟氮含量下降 2.56％,打顶期茎部氮含量下降 2.36％;2012 年,施用锌肥后,团棵期茎部、叶部氮含量分别下降 17.58％、3.85％,打顶期各部位氮含量也出现一定程度的下降(打顶期茎部除外)——施用锌肥使烤烟打顶期上部叶、中部叶、下部叶氮含量分别平均降低 5.02％、0.85％、2.58％。

表 9-10 土壤锌肥力和施用锌肥对烤烟氮含量影响的两因素方差分析及平均数比较
(2011、2012 年盆栽试验)

变异来源			2011 年			2012 年				
			团棵期	打顶期		团棵期		打顶期			
			地上部	叶部	茎部	叶部	茎部	上部叶	中部叶	下部叶	茎部
F 值	土壤锌水平		6.27^{**}	83.95^{**}	2.2^{ns}	7.06^{**}	1.15^{ns}	6.58^{**}	11.4^{**}	6.87^{**}	0.83^{ns}
	施锌肥		4.55^{*}	1367.51^{**}	0.98^{ns}	3.55^{ns}	50.5^{**}	6.52^{*}	0.15^{ns}	0.51^{ns}	0.22^{ns}
	土壤锌水平×施锌肥		2.61^{ns}	66.57^{**}	0.78^{ns}	1.8^{ns}	2.97^{*}	2.2^{ns}	3.54^{*}	1.43^{ns}	0.71^{ns}
	2011 年	2012 年	烤烟氮含量(g/kg)Duncan 平均数比较								
土壤锌水平 /(mg/kg)	1.18	1.16	58.37^{a}	35.87^{c}	38.55^{b}	46.03^{ab}	28.70^{a}	47.99^{a}	40.01^{b}	21.81^{b}	9.65^{a}
	1.21	1.32	52.81^{b}	62.11^{a}	41.51^{ab}	47.04^{a}	29.11^{a}	41.28^{c}	40.80^{ab}	27.65^{a}	9.30^{a}
	1.25	1.37	56.45^{a}	59.02^{ab}	43.26^{a}	43.60^{bc}	27.62^{a}	47.04^{ab}	38.63^{bc}	22.87^{b}	8.32^{a}
	1.27	1.70	56.39^{b}	61.74^{a}	41.69^{ab}	42.10^{cd}	29.45^{a}	49.99^{a}	36.70^{c}	22.17^{b}	8.87^{a}
	1.57	1.87	57.91^{ab}	59.05^{ab}	43.68^{a}	41.53^{cd}	26.85^{a}	45.49^{b}	33.17^{d}	22.36^{b}	9.08^{a}
	1.76	2.22	58.43^{a}	59.40^{b}	42.95^{a}	39.20^{d}	29.11^{a}	46.89^{ab}	43.53^{a}	27.79^{a}	9.11^{a}
施锌肥	不施锌肥		57.46^{a}	39.56^{b}	42.44^{a}	44.10^{a}	31.22^{a}	47.64^{a}	38.97^{a}	24.42^{a}	8.96^{a}
	施锌肥		55.99^{b}	72.50^{a}	41.44^{a}	42.40^{a}	25.73^{b}	45.25^{b}	38.64^{a}	23.79^{a}	9.15^{a}

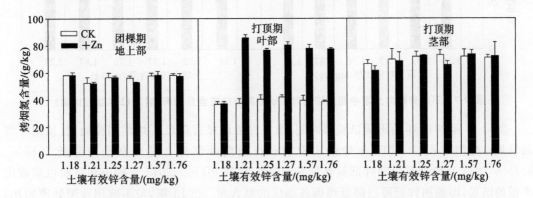

图 9-6 不同锌肥力土壤中施用锌肥对烤烟不同部位氮含量的影响(2011 年盆栽试验)

2)田间试验

试验结果显示,不同土壤锌水平对烤烟植株氮素含量有显著影响,表现为土壤锌水平对烤烟氮含量有极显著影响,如表 9-11 和图 9-8、图 9-9 所示。值得注意的是,增施锌肥对烤烟叶部氮含量有显著影响,且不同土壤锌水平和施加锌肥对烤烟氮含量的交互作用显著(2011 年打顶期除外)。打顶期烤烟氮含量表现为上部叶＞茎部。

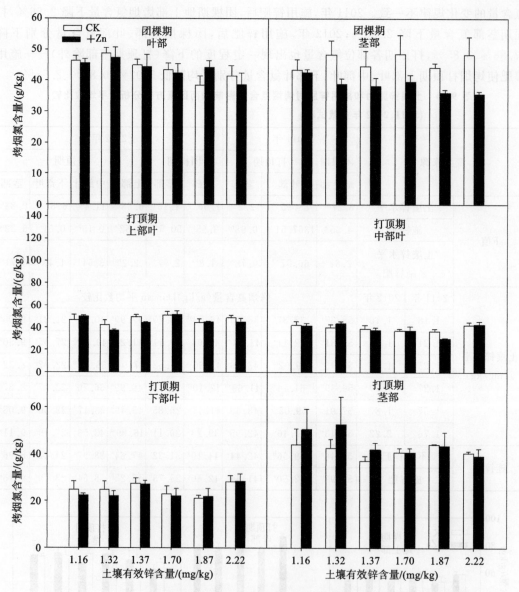

图 9-7 不同锌肥力土壤中施用锌肥对烤烟不同部位氮含量的影响(2012 年盆栽试验)

2011 年和 2012 年的田间试验都表明,增施锌肥均显著降低了烤烟团棵期、打顶期叶部氮含量。施用锌肥后,2011 年烤烟团棵期和打顶期叶部氮含量分别平均降低 7.85%、3.38%,2012 年烤烟打顶期叶部氮含量平均降低了 16.04%。2013 年的田间试验也呈现出类似的结果,即施加锌肥可以降低烤烟各部位的氮含量。2013 年,与不施用锌肥处理相比,施加锌肥处理后,烤烟茎部的氮含量降低 3.1%,上部叶和下部叶的氮含量分别降低 3.2%和 4.3%。这说明施加锌肥在一定程度上可以降低烤烟各部位的氮含量。

由表 9-11 和图 9-8 可知,烤烟不同生育期氮含量存在显著差异。另外,由图 9-8 可知,2011 年和 2012 年田间试验烤烟叶部氮含量表现出团棵期>打顶期的规律。由此可见,团棵期是烤烟氮营养吸收的主要时期,随着生育期的延长,烤烟体内氮素部分回流至根系,为根部烟碱合成做准备,使得烤烟叶部氮含量有一定的下降。综合分析团棵期茎部和叶部的氮含量发现,施加锌肥有利于降低烤烟团棵期各部位的氮含量,从而有利于提高烟叶的品质。

表 9-11　土壤锌肥力和施用锌肥对烤烟氮含量影响的两因素方差分析及平均数比较

(2011、2012 年田间试验)

变异来源			2011 年		2012 年	
			团棵期	打顶期	团棵期	打顶期
			叶部	叶部	叶部	叶部
F 值	土壤锌水平		10.16^{**}	7.63^{**}	6.06^{**}	8.51^{**}
	施锌肥		10.86^{**}	1.55^{ns}	15.27^{**}	142.41^{**}
	土壤锌水平×施锌肥		2.75^{*}	1.10^{ns}	4.11^{**}	22.08^{**}
	2011 年	2012 年	烤烟氮含量(g/kg)Duncan 平均数比较			
土壤锌水平 /(mg/kg)	0.56	1.14	39.07^{c}	24.31^{c}	44.40^{a}	45.28^{a}
	1.39	1.33	39.08^{c}	27.13^{b}	37.21^{c}	39.28^{c}
	1.60	1.38	49.26^{a}	26.99^{b}	37.87^{c}	41.58^{b}
	1.71	1.45	46.35^{ab}	28.70^{ab}	40.52^{bc}	44.39^{a}
	2.23	1.90	44.18^{b}	23.42^{c}	42.45^{ab}	43.93^{a}
	2.37	3.02	47.23^{ab}	29.94^{a}	40.52^{bc}	44.26^{a}
施锌肥	不施锌肥		46.00^{a}	27.21^{a}	38.18^{b}	46.88^{a}
	施锌肥		42.39^{b}	26.29^{a}	41.95^{a}	39.36^{b}

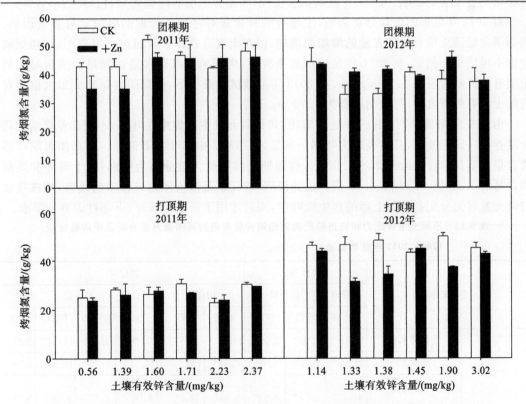

图 9-8　不同锌肥力土壤中施用锌肥对烤烟氮含量(叶部)的影响(2011、2012 年田间试验)

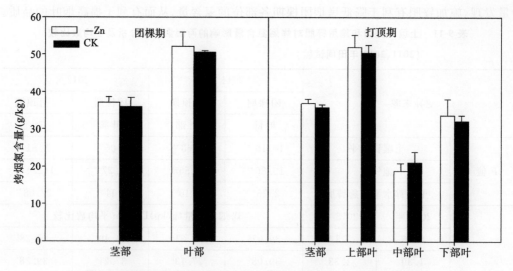

图 9-9　施用锌肥烤烟不同部位氮含量平均数比较（2013 年田间试验）

3. 不同土壤锌肥力及施用锌肥对烤烟磷含量的影响

1）盆栽试验

2011 年盆栽试验结果（见表 9-12）表明，土壤有效锌含量对烤烟团棵期地上部以及打顶期茎部的磷含量有显著影响，而增施锌肥对烤烟磷素含量的影响不显著；但 2012 年盆栽试验结果（见表 9-12）表明，土壤有效锌含量对团棵期叶部和茎部以及打顶期上部叶、下部叶的磷含量均有显著的影响。2012 年盆栽试验发现，增施锌肥能够降低烤烟打顶期的磷含量。

对 2012 年结果的统计分析表明，土壤有效锌含量对烤烟磷元素的吸收量有显著影响。烤烟磷含量随土壤有效锌含量的增加而增加，但在土壤有效锌含量超过一定范围后，烤烟磷含量不再增加。例如，在 2011 年盆栽试验条件下，烤烟地上部磷含量达到最大值所对应的土壤有效锌的含量为 1.76 mg/kg；在 2012 年盆栽试验条件下，烤烟磷含量达到最大值所对应的土壤有效锌含量，打顶期茎部为 1.70 mg/kg。

由表 9-12 和图 9-10、图 9-11 还可看出，烤烟磷元素主要集中在叶部，不同部位烤烟的磷含量存在一定的差异，具体表现为叶部＞茎部，上部叶＞中部叶＞下部叶。烤烟团棵期叶部磷含量为茎部磷含量的 1.25～1.52 倍，打顶期上部叶磷含量分别为中部叶、下部叶和茎部磷含量的 1.85 倍、3.22 倍、1.13 倍。由此说明，磷元素是植物体内可移动的元素，烟株吸收的磷元素首先分配到烤烟上部的新生嫩叶中，而后才用于满足中部叶、下部叶的养分需求。

表 9-12　不同土壤锌肥力和施用锌肥对烤烟磷含量影响的两因素方差分析及平均数比较

（2011、2012 年盆栽试验）

变异来源		2011 年			2012 年					
		团棵期	打顶期		团棵期		打顶期			
		地上部	叶部	茎部	叶部	茎部	上部叶	中部叶	下部叶	茎部
F 值	土壤锌水平	16.46**	1.01ns	2.90*	14.15**	3.57*	1.18ns	3.46*	14.56**	2.35ns
	施锌肥	3.35ns	0.00ns	0.36ns	55.18**	436.88**	14.61**	2.26ns	10.37**	2.96ns
	土壤锌水平×施锌肥	4.61**	0.77ns	1.69ns	6.55**	2.88*	6.00**	2.31ns	4.14**	0.28ns

续表

变异来源			2011年			2012年					
			团棵期	打顶期		团棵期		打顶期			
			地上部	叶部	茎部	叶部	茎部	上部叶	中部叶	下部叶	茎部
	2011年	2012年	烤烟磷含量(g/kg)Duncan 平均数比较								
土壤锌水平/(mg/kg)	1.18	1.16	3.19b	2.30b	1.50bc	1.88a	1.57b	4.35a	2.22b	1.12d	3.70bc
	1.21	1.32	2.46d	2.51ab	1.83a	1.88a	1.83a	4.39a	2.46a	1.63a	4.10ab
	1.25	1.37	3.03bc	2.52ab	1.79ab	1.42c	1.82a	4.64a	2.40ab	1.28c	3.59c
	1.27	1.70	3.04bc	2.71a	1.72ab	1.83a	1.89a	4.52a	2.54a	1.40bc	4.22a
	1.57	1.87	2.84c	2.56ab	1.56abc	1.45c	1.79a	4.38a	2.45a	1.27c	4.16ab
	1.76	2.22	3.47a	2.59ab	1.41c	1.64b	1.95a	4.48a	2.60a	1.47b	4.01abc
施锌肥	不施锌肥		3.07a	2.53a	1.66a	1.52b	1.22b	4.61a	2.49a	1.43a	4.08a
	施锌肥		2.94a	2.53a	1.61a	1.85a	2.40a	4.30b	2.40a	1.30b	3.84a

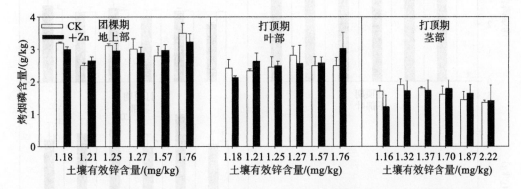

图 9-10 不同锌肥力土壤中施用锌肥对烤烟不同部位磷含量的影响(2011 年盆栽试验)

2)田间试验

表 9-13 显示,土壤有效锌水平以及施用锌肥对不同生育期叶部磷含量均有显著影响,且土壤锌肥力和施用锌肥对烤烟叶部磷含量的交互作用明显,都达到了极显著的水平。由图 9-12 可得不同部位磷含量的规律如下:烤烟团棵期叶部磷含量＞打顶期叶部磷含量;打顶期叶部磷含量＞茎部磷含量;对于叶部而言,磷含量表现出上部叶＞中部叶＞下部叶的规律,且对照与处理之间差异显著。

表 9-12 和图 9-13 表明,土壤锌水平对烤烟团棵期和打顶期磷含量均有极显著的影响。随土壤有效锌水平的逐渐升高,烤烟叶部磷含量呈现出先增加后降低的规律。2011 年田间试验,团棵期、打顶期烤烟叶部磷含量最高时,土壤有效锌含量分别为 1.39 mg/kg、1.71 mg/kg;2012 年田间试验,团棵期、打顶期烤烟叶部磷含量最高时,土壤有效锌含量分别为 1.90 mg/kg、1.45 mg/kg。由图 9-12 还可看出,团棵期不施锌肥处理烤烟茎部的磷含量与对照(全施)之间的差异不显著。

研究结果显示,烤烟团棵期叶部磷含量普遍高于打顶期。2011 年和 2012 年田间试验发

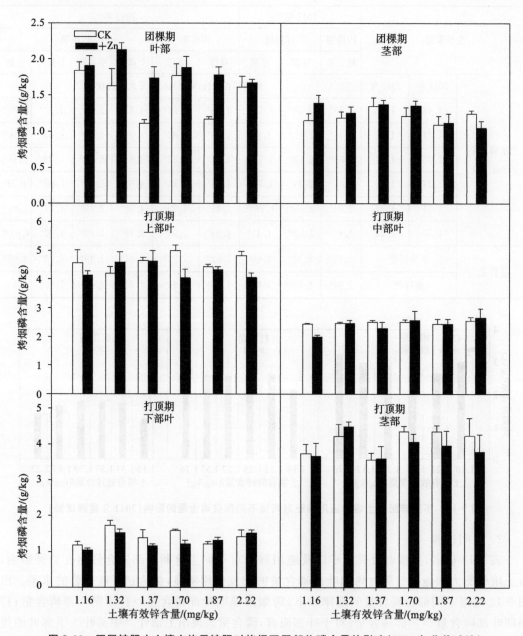

图 9-11 不同锌肥力土壤中施用锌肥对烤烟不同部位磷含量的影响（2012 年盆栽试验）

现，施用锌肥能够降低烤烟对磷的吸收。施加锌肥后，2011 年团棵期和打顶期烤烟叶部磷含量分别平均降低 9.56%、21.49%；2012 年团棵期烤烟叶部磷含量平均降低了 44.53%。2013 年田间试验也发现，施加锌肥处理茎部的磷含量比不施锌肥处理降低 17.52%，上部叶、中部叶和下部叶的磷含量分别比对照降低 42.41%、16.94%、30.73%。在利川进行的试验发现，烤烟的香吃味和烟叶的磷含量存在显著的负相关关系。由此说明，施加锌肥有助于降低烤烟各部位的磷含量，从而有利于提高烤烟的品质。

表 9-13 土壤锌肥力和施用锌肥对烤烟磷含量影响的两因素方差分析及平均数比较
(2011、2012 年田间试验)

变异来源		2011 年		2012 年	
		团棵期	打顶期	团棵期	打顶期
		叶部	叶部	叶部	叶部
F 值	土壤锌水平	29.45**	142.13**	24.28**	13.63**
	施锌肥	6.12*	61.96**	825.81**	233.31**
	土壤锌水平×施锌肥	9.76**	27.12**	9.49**	6.98**
	2011 年	2012 年	烤烟磷含量(g/kg)Duncan 平均数比较		
土壤锌水平 /(mg/kg)	0.56	1.14	2.47c	0.79d	2.87bc	2.53d
	1.39	1.33	3.78a	1.28b	2.41d	2.63d
	1.60	1.38	2.27c	1.53a	2.67c	3.02bc
	1.71	1.45	3.25b	1.59a	3.22a	3.26a
	2.23	1.90	3.18b	0.36e	3.37a	2.90c
	2.37	3.02	1.78d	0.95c	2.96b	3.15ab
施锌肥	不施锌肥		2.93a	1.21a	3.75a	2.43b
	施锌肥		2.65b	0.95b	2.08b	3.40a

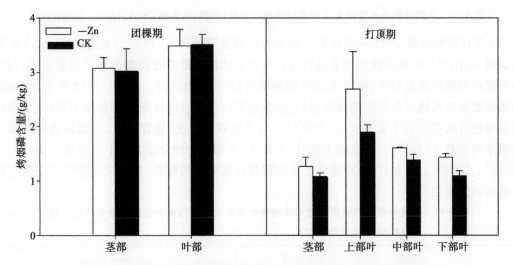

图 9-12 施用锌肥烤烟不同部位磷含量平均数比较(2013 年田间试验)

4. 不同土壤锌肥力及施用锌肥对烤烟钾含量的影响

1) 盆栽试验

表 9-14 表明,不同土壤锌肥力对烤烟的钾含量有显著影响(2012 年团棵期茎部和打顶期下部叶除外),施用锌肥对烤烟的钾含量也有显著影响(2011 年打顶期叶部、2012 年团棵期茎部以及打顶期下部叶和茎部除外),且土壤锌水平和施用锌肥二者的交互作用显著

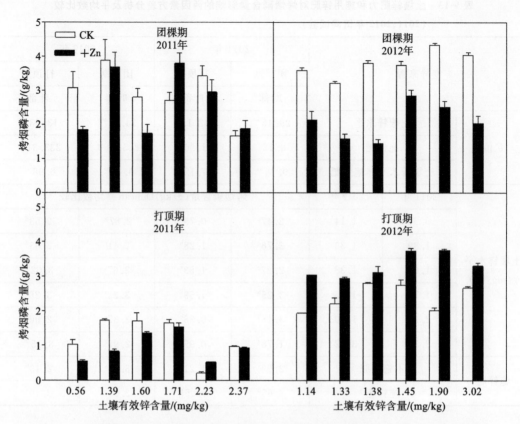

图 9-13 不同锌肥力土壤中施用锌肥对烤烟磷含量(叶部)的影响(2011、2012 年田间试验)

(2011 年打顶期叶部、2012 年团棵期叶部和打顶期茎部除外)。研究结果还发现,2011 年盆栽试验,施用锌肥烤烟团棵期地上部以及打顶期茎部钾含量的升高都达到了显著水平,与不施锌肥的对照处理组相比,钾的含量分别平均增加了 5.38%、10.88%。2012 年盆栽试验,施加锌肥能提高烤烟各部位的钾含量(打顶期茎部除外),且团棵期和打顶期上部叶、中部叶钾含量的升高都达到了显著水平。2012 年,与不施锌肥相比,施锌肥后,烤烟团棵期叶部钾含量平均升高了17.56%,打顶期上部叶、中部叶、下部叶的钾含量分别平均升高了 11.69%、39.68%、3.23%。由此可见,增施锌肥能够提高烤烟对钾的吸收,锌元素与钾元素之间存在一定的协同作用。

表 9-14 土壤锌肥力和施用锌肥对烤烟钾含量影响的两因素方差分析及平均数比较
(2011、2012 年盆栽试验)

变异来源		2011 年			2012 年					
		团棵期	打顶期		团棵期		打顶期			
		地上部	叶部	茎部	叶部	茎部	上部叶	中部叶	下部叶	茎部
F 值	土壤锌水平	4.01**	3.57*	8.28**	3.76*	0.79ns	9.09**	6.33**	0.85ns	3.1*
	施锌肥	15.49**	1.07ns	27.69**	106.97**	3.91ns	23.55**	255.67**	1.86ns	2.52ns
	土壤锌水平×施锌肥	5.67**	0.76ns	11.79**	0.94ns	6.06**	4.9**	2.74*	13.18**	1.8ns

续表

变异来源			2011年			2012年					
			团棵期	打顶期		团棵期		打顶期			
			地上部	叶部	茎部	叶部	茎部	上部叶	中部叶	下部叶	茎部
	2011年	2012年	烤烟钾含量(g/kg)Duncan平均数比较								
土壤锌水平/(mg/kg)	1.18	1.16	67.17bc	57.62c	47.65cd	57.18a	55.63a	41.20d	50.33a	51.85a	40.12b
	1.21	1.32	64.12c	64.05ab	52.72ab	57.55a	56.48a	44.43bcd	51.67a	53.40a	39.92b
	1.25	1.37	70.07ab	66.33a	53.53a	52.54b	52.75a	45.83bc	43.43b	50.11a	38.71b
	1.27	1.70	71.12a	61.51bc	45.85d	58.02a	55.13a	51.90a	51.84a	52.09a	44.12a
	1.57	1.87	67.44abc	60.42bc	49.53bc	57.67a	56.53a	47.08b	51.16a	51.87a	39.65b
	1.76	2.22	65.33c	60.97bc	45.61d	57.86a	54.98a	42.40cd	49.69a	54.04a	39.05b
施锌肥	不施锌肥		65.77b	61.13a	46.61b	52.22b	53.99a	42.96b	41.46b	51.40a	40.98a
	施锌肥		69.31a	62.49a	51.68a	61.39a	56.51a	47.98a	57.91a	53.06a	39.53a

由表9-14和图9-14、图9-15可知,土壤有效锌含量影响烤烟各部位钾的含量,表现为土壤有效锌含量过高抑制钾元素的吸收,即:当土壤有效锌含量低于一定范围时,烤烟钾含量随土壤有效锌的增加而增加,而在土壤有效锌含量达到或超过一定范围后,烤烟钾含量不再随之增加。例如,2012年盆栽试验,土壤有效锌含量达到1.70 mg/kg后,烤烟团棵期叶部的钾含量不再增加,而茎部的钾含量达到最大值所对应的土壤有效锌为1.87 mg/kg;当土壤有效锌含量达到1.70 mg/kg时,烤烟打顶期上部叶、中部叶以及茎部的钾含量均达到最大值。

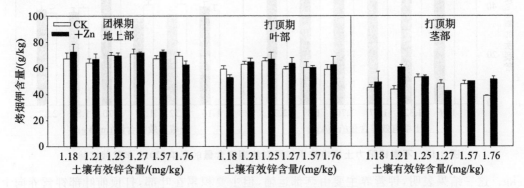

图9-14　不同锌肥力土壤中施用锌肥对烤烟钾含量的影响(2011年盆栽试验)

烤烟不同生育期、不同部位对钾元素的利用结果有明显差异,具体表现为:叶部钾含量>茎部钾含量,叶部钾含量随叶位上升而下降,表现出下部叶>中部叶>上部叶的规律。例如,2011年盆栽试验,烤烟团棵期地上部钾含量为64.12~71.12 g/kg,均值为67.54 g/kg;打顶期叶部、茎部钾含量分别为57.62~66.33 g/kg、45.61~53.53 g/kg,均值分别为61.82 g/kg、49.15 g/kg。再例如,2012年盆栽试验,烤烟团棵期叶部、茎部钾含量分别为52.54~57.86 g/kg、52.75~56.53 g/kg,均值分别为56.80 g/kg、55.25 g/kg;打顶期上部叶、中部叶、下部叶及茎部钾含量依次为41.20~51.90 g/kg、43.43~51.84 g/kg、50.11~54.04 g/kg、38.71~44.12 g/kg,均值依次为45.47 g/kg、49.69 g/kg、52.23 g/kg、40.26

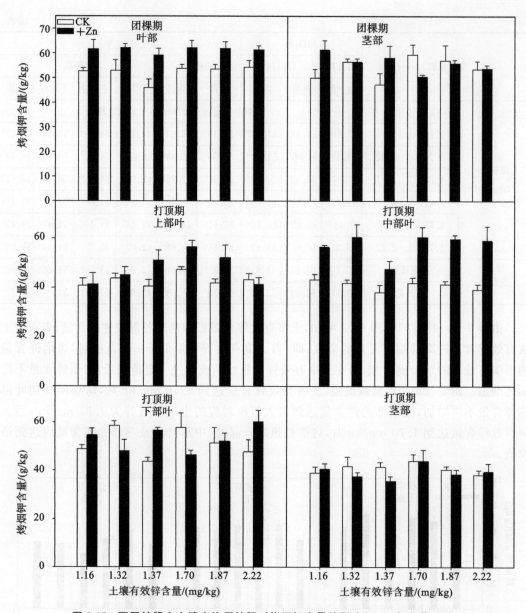

图 9-15　不同锌肥力土壤中施用锌肥对烤烟钾含量的影响(2012 年盆栽试验)

g/kg。这一结果表明,钾营养主要由茎部运输,但主要积累在叶部,打顶前叶部钾营养向上运输较少。

2)田间试验

表 9-15 和图 9-16、图 9-17 显示,土壤锌水平以及施用锌肥对烤烟不同时期的钾含量都有显著的影响;在不同锌肥力土壤上施用锌肥对烤烟不同时期钾含量都有显著影响。随土壤有效锌含量的升高,2011 年田间试验团棵期和打顶期烤烟叶部钾含量均显著增加,而且在土壤有效锌含量超过一定范围后,烤烟叶部钾含量会显著下降。例如,2011 年田间试验,团棵期烤烟叶部钾含量达到极大值所对应的土壤有效锌含量为 1.60 mg/kg,打顶期烤烟叶部钾含量达到极大值所对应的土壤有效锌含量为 1.39 mg/kg,在一定范围内,当土壤中的有效锌含量较低时,能促进烤烟对钾的吸收。

表 9-15　土壤锌肥力和施用锌肥对烤烟钾含量影响的两因素方差分析及平均数比较

（2011、2012 年田间试验）

变异来源		2011 年		2012 年	
		团棵期	打顶期	团棵期	打顶期
		叶部	叶部	叶部	叶部
F 值	土壤锌水平	10.71**	35.24**	5.94**	8.36**
	施锌肥	19.69**	29.75**	16.67**	347.91**
	土壤锌水平×施锌肥	2.99*	9.93**	11.22**	8.35**
	2011 年	2012 年	烤烟钾含量(g/kg)Duncan 平均数比较		
土壤锌水平 /(mg/kg)	0.56	1.14	56.79^b	26.78^e	43.82^a	43.67^a
	1.39	1.33	58.10^b	44.84^a	38.79^c	35.1^d
	1.60	1.38	64.08^a	29.92^{de}	37.19^c	42.2^{ab}
	1.71	1.45	53.45^c	37.90^b	39.91^c	39.64^{bc}
	2.23	1.90	56.45^{bc}	33.58^c	38.96^{bc}	37.15^{cd}
	2.37	3.02	55.78^{bc}	31.91^{cd}	41.98^{ab}	43.16^a
施锌肥	不施锌肥		55.45^b	31.75^b	38.02^b	30.99^b
	施锌肥		59.43^a	36.56^a	41.53^a	49.31^a

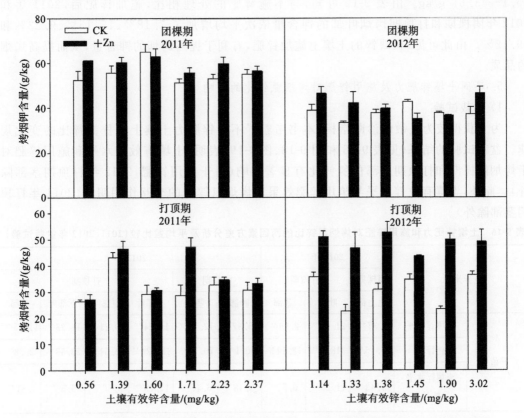

图 9-16　不同锌肥力土壤中施用锌肥对烤烟钾含量（叶部）的影响（2011、2012 年田间试验）

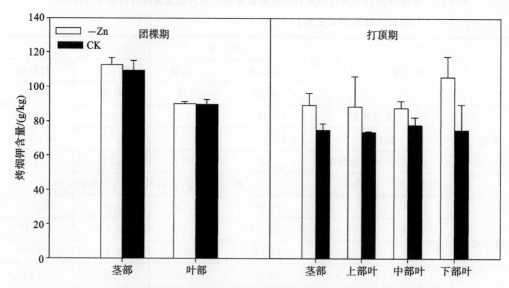

图 9-17 施用锌肥对烤烟不同部位钾含量的平均数比较(2013 年田间试验)

研究结果显示,烤烟团棵期钾含量显著高于打顶期。2011 年田间试验,团棵期烤烟叶部钾含量为 53.45～64.08 g/kg,打顶期烤烟叶部钾含量为 26.78～44.84 g/kg;2012年田间试验,团棵期烤烟叶部钾含量为 37.19～43.82 g/kg,打顶期烤烟叶部钾含量为 35.1～43.67 g/kg。由表 9-15 可知,与不施锌肥的处理相比,施加锌肥后,2011 年和 2012 年团棵期和打顶期烤烟叶部的钾含量依次平均增加了 7.18%、15.15%、9.23%和 59.12%。由此可见,在缺锌的土壤上施加锌肥,有利于提高烤烟的钾含量,从而提高烤烟的品质。

5. 不同土壤锌肥力及施用锌肥对烤烟氮锌比的影响

1) 盆栽试验

为了获得较为灵敏的诊断指标,本书考察了不同锌肥力土壤上植株氮锌比的变化规律。盆栽试验的结果(见表 9-16 和图 9-18、图 9-19)表明,土壤有效锌水平和施用锌肥对于烤烟团棵期和打顶期各部位氮锌比有显著影响(对于施用锌肥,2012 年打顶期茎部除外)。此外,土壤有效锌水平与施用锌肥效果对烤烟氮锌比的交互作用明显(2011 年打顶期茎部除外)。

表 9-16 土壤锌肥力和施用锌肥对烤烟氮锌比的两因素方差分析及平均数比较(2011、2012 年盆栽试验)

变异来源		2011 年			2012 年					
		团棵期	打顶期		团棵期		打顶期			
		地上部	叶部	茎部	叶部	茎部	上部叶	中部叶	下部叶	茎部
F 值	土壤锌水平	9.37**	21.67**	2.96**	25.32**	12.16**	19.24**	19.21**	11.28**	11.75**
	施锌肥	15.16**	318.9**	18.14**	80.1**	70.78**	310.26**	32.64**	38.38**	2.88ns
	土壤锌水平 ×施锌肥	11.43**	11.56**	0.55ns	3.48*	6.47**	17.76**	8.52**	9.5**	4.81**

续表

变异来源		2011 年			2012 年					
		团棵期	打顶期		团棵期		打顶期			
		地上部	叶部	茎部	叶部	茎部	上部叶	中部叶	下部叶	茎部
	2011 年	2012 年	烤烟氮锌比 Duncan 平均数比较							
土壤锌水平 /(mg/kg)	1.18	1.16	700.93ᵃ	502.37ᶜ	751.72ᵃ	809.84ᵃ	604.99ᵇᶜᵈ	561.24ᵇ	615.76ᵃ	325.96ᵃ	247.57ᵃ
	1.21	1.32	684.83ᵃᵇ	653.87ᵇ	698.12ᵃᵇ	775.28ᵃ	645.57ᵇ	572.59ᵇ	595.42ᵃ	316.96ᵃ	213.92ᵇᶜ
	1.25	1.37	642.39ᵇ	688.01ᵇ	738.93ᵃᵇ	615.63ᵇ	730.98ᵃ	489.76ᵇᶜ	570.28ᵃ	265.06ᵇ	181.63ᶜᵈ
	1.27	1.70	684.11ᵃᵇ	865.36ᵃ	748.06ᵃ	510.21ᶜ	578.56ᶜᵈ	700.82ᵃ	501.53ᵇ	216.95ᶜ	235.38ᵃᵇ
	1.57	1.87	574.73ᶜ	710.34ᵇ	743.33ᵃᵇ	536.21ᶜ	554.57ᵈ	423.02ᵈ	344.81ᶜ	198.45ᶜ	167.79ᵈ
	1.76	2.22	580.95ᶜ	716.77ᵇ	639.02ᵇ	529.96ᶜ	607.46ᵇᶜ	476.08ᶜᵈ	500.45ᵇ	306.93ᵃᵇ	152.96ᵈ
施锌肥	不施锌肥		673.38ᵃ	506.28ᵃ	764.44ᵃ	725.21ᵃ	681.64ᵃ	697.25ᵃ	573.49ᵃ	312.46ᵃ	207.59ᵃ
	施锌肥		615.94ᵇ	872.62ᵃ	675.28ᵇ	533.85ᵇ	559.08ᵇ	377.25ᵇ	468.82ᵇ	230.98ᵇ	192.16ᵃ

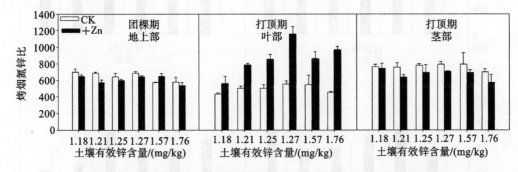

图 9-18　不同锌肥力土壤中施用锌肥对氮锌比的影响(2011 年盆栽试验)

　　烤烟各部位氮锌比随土壤有效锌含量的增加呈现一定的下降趋势,即土壤有效锌含量越高,烤烟各部位氮锌比越低。但在烤烟的不同生育时期,土壤的有效锌含量对烤烟氮锌比的影响也不一样。2011 年团棵期地上部以及打顶期茎部的氮锌比均在土壤有效锌水平最低时达到最大值,2012 年团棵期叶部以及打顶期中部叶、下部叶、茎部的氮锌比也均在土壤有效锌含量最低时最大,且随土壤有效锌的增加而逐渐降低。烤烟氮锌比临界值所对应的土壤有效锌含量,2011 年团棵期地上部以及打顶期茎部均为 1.18 mg/kg;2012 年团棵期叶部为 1.16 mg/kg,打顶期中部叶、下部叶以及茎部均为 1.16 mg/kg,且相对应的氮锌比分别为 809.84、615.76、325.96、247.57。

　　烤烟各生育期、不同部位的氮锌比存在显著差异,总体上表现为:团棵期>打顶期,叶部>茎部。叶部对锌的吸收量较大,茎部主要起运输作用,随着土壤有效锌含量的升高,锌的吸收量有增大的趋势,而此时烤烟对氮的吸收则逐渐降低,整体而言,造成了烤烟氮锌比的下降。

　　施用锌肥是降低烤烟各部位氮锌比的重要措施。在本试验条件下,增施锌肥显著降低了烤烟团棵期、打顶期叶部氮锌比。2011 年盆栽试验,施用锌肥使烤烟团棵期地上部氮锌比平均降低了 8.53%,打顶期茎部氮锌比平均下降了 11.66%;2012 年盆栽试验,施用锌肥

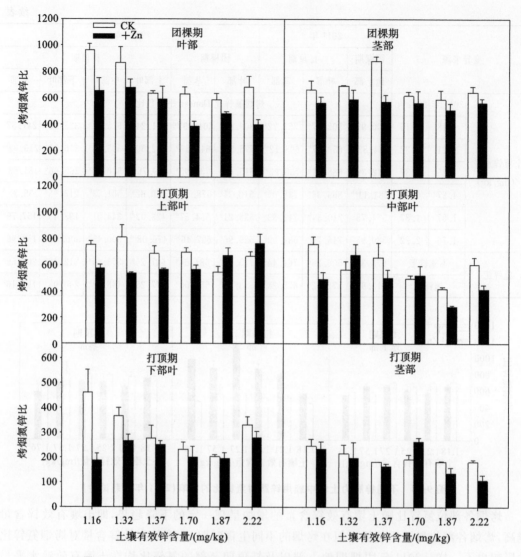

图 9-19 不同锌肥力土壤中施用锌肥对氮锌比的影响(2012 年盆栽试验)

后,烤烟团棵期叶部、茎部氮锌比分别平均下降了 26.39%、17.98%,打顶期上部叶、中部叶、下部叶以及茎部的氮锌比分别平均下降了 45.89%、18.25%、26.08%、7.43%。

2) 田间试验

田间试验的研究结果(见表 9-17 和图 9-20)与盆栽试验基本一致。在 2011 年田间试验条件下,团棵期烤烟叶部氮锌比在土壤有效锌含量在 0.56~2.37 mg/kg 区间时先逐渐升高,当土壤有效锌含量达到 1.60 mg/kg 时,氮锌比达到最大。随着土壤有效锌含量的继续升高,氮锌比又呈下降的趋势。在 2012 年田间试验条件下,团棵期和打顶期烤烟叶部氮锌比的最大值所对应的土壤有效锌含量均为 1.14 mg/kg。

田间试验结果显示,土壤锌水平和施用锌肥对烤烟叶部氮锌比的影响均达到了极显著的水平,且二者的交互作用明显(2011 年打顶期除外)。2011 年田间试验,烤烟叶部团棵期、打顶期氮锌比均普遍集中在 500~700 区间;2012 年田间试验研究结果显示,烤烟团棵期、打顶期氮锌比普遍集中在 500~900 区间。

表 9-17　土壤锌肥力和施用锌肥对烤烟氮锌比的两因素方差分析及平均数比较（2011、2012 年田间试验）

变异来源		2011 年		2012 年	
		团棵期	打顶期	团棵期	打顶期
		叶部	叶部	叶部	叶部
F 值	土壤锌水平	34.12**	8.71**	57.18**	71.34**
	施锌肥	426.35**	212.76**	23.51**	114.39**
	土壤锌水平×施锌肥	4.91**	1.36^{ns}	12.69**	31.79**
	2011 年	2012 年	烤烟氮锌比 Duncan 平均数比较		
土壤锌水平 /(mg/kg)	0.56	1.14	555.57^c	553.76^a	1228.93^a	1447.18^a
	1.39	1.33	640.21^b	435.7^{cd}	714.96^b	924.29^b
	1.60	1.38	822.68^a	530.66^a	718.45^b	746.66^d
	1.71	1.45	542.64^c	473.01^{bc}	783.09^b	778.72^{cd}
	2.23	1.90	618.04^b	502.76^{ab}	740.57^b	738.22^d
	2.37	3.02	471.85^d	403.89^d	585.44^c	862.9^{bc}
施锌肥	不施锌肥		760.83^a	598.35^a	853.52^a	1055.84^a
	施锌肥		456.17^b	368.24^b	736.98^b	776.82^b

　　与盆栽试验研究结果一致，田间试验研究结果（见表 9-17 和图 9-20、图 9-21）也表明，施用锌肥显著降低烤烟各部位的氮锌比。结合 2011—2013 年田间试验结果可发现，施用锌肥是降低烤烟各部位氮锌比的重要措施。在本试验条件下，增施锌肥显著降低烤烟团棵期茎部氮锌比，而对叶部氮锌比影响不大。团棵期全施处理的氮锌比相比不施锌肥处理的氮锌比分别下降15.8%、1.51%。由表 9-17 可知，与不施锌肥相比，施用锌肥后，2011 年田间团棵期、打顶期叶部的氮锌比分别平均降低了 40.04%、38.46%；2012 年田间团棵期、打顶期叶部的氮锌比分别平均降低了 13.65%、26.43%。2013 年田间试验也表现出类似的规律。2013 年田间试验结果表明，增施锌肥有利于降低烤烟各部位的氮锌比（打顶期茎部和下部叶除外）。2013 年，与不施锌肥处理相比，增施锌肥后，打顶期烤烟上部叶和下部叶的氮锌比分别降低了19.1%和 14.3%。综上所述，对于烤烟生产而言，增施锌肥有利于降低烤烟叶部的氮锌比，从而有助于烤烟品质的提高。

　　6. 不同土壤锌肥力及施用锌肥对烤烟磷锌比的影响

　　P 和 Zn 之间存在着复杂的相互作用。本试验采用盆栽和田间相结合的试验方法研究土壤锌肥力和施用锌肥对烤烟磷锌比的影响，并试图通过该试验寻找对于烤烟生产来说合适的磷锌比，以有利于对烤烟生产磷锌比的研究。

　　1）盆栽试验

　　盆栽试验结果（见表 9-18）表明，烤烟的磷锌比受土壤锌肥力和施用锌肥的影响（2011年打顶期叶部除外），且施用锌肥对烤烟各部位的磷锌比有显著的影响（2011 年打顶期叶部、2012 年团棵期茎部除外），土壤锌水平和施用锌肥二者的交互作用明显（2011 年打顶期叶部、茎部，2012 年团棵期茎部除外）。

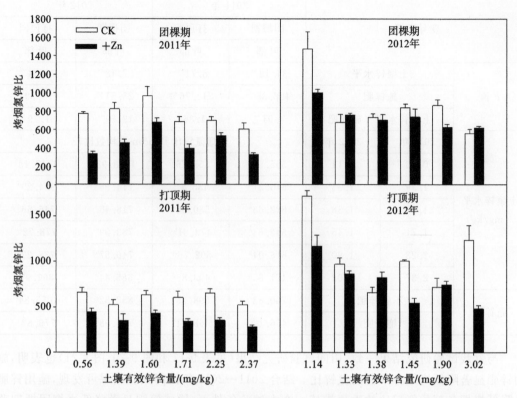

图 9-20 不同锌肥力土壤中施用锌肥对烤烟氮锌比（叶部）的影响（2011、2012 年田间试验）

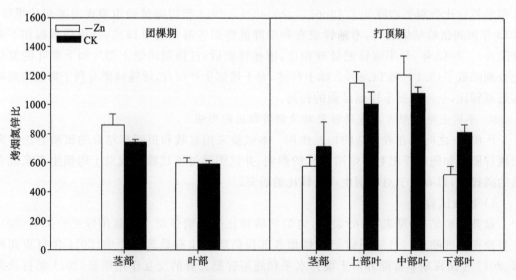

图 9-21 施用锌肥对烤烟不同部位氮锌比平均数比较（2013 年田间试验）

表 9-18　土壤锌肥力和施用锌肥对烤烟磷锌比的两因素方差分析及平均数比较(2011、2012 年盆栽试验)

变异来源		2011 年			2012 年					
		团棵期	打顶期		团棵期		打顶期			
		地上部	叶部	茎部	叶部	茎部	上部叶	中部叶	下部叶	茎部
F 值	土壤锌水平	12.71**	2.1ns	4.7**	39.41**	3.76*	831**	11.34**	19.43**	67.81**
	施锌肥	16.11**	0.39ns	5.72*	13.81**	0.07ns	60.27**	47.23**	128.23**	31.97**
	土壤锌水平×施锌肥	9.69**	1.46ns	1.35ns	19.9**	0.86ns	17.7**	12.4**	17.2**	26.35**
	2011 年 / 2012 年	烤烟磷锌比 Duncan 平均数比较								
土壤锌水平 /(mg/kg)	1.18 / 1.16	38.34a	31.98ab	29.31a	31.73a	27.01bc	64.78a	36.64a	16.77b	92.28c
	1.21 / 1.32	31.43c	28.21b	31.12a	31.36a	28.53ab	68.22a	36.75a	18.83a	100.01b
	1.25 / 1.37	34.59b	29.58b	30.38a	20.06bc	33.45a	63.23a	34.68a	15.14bc	77.16d
	1.27 / 1.70	36.9ab	37.51a	30.82a	21.78b	26.40bc	56.06b	33.13a	13.79c	117.54a
	1.57 / 1.87	28.25d	31.94ab	26.29a	18.62c	23.28c	56.66b	25.21b	11.3d	76.92d
	1.76 / 2.22	34.51b	31.62ab	20.95b	22.36b	25.71bc	67.27a	28.65b	16.19b	64.36c
施锌肥	不施锌肥	35.70a	32.37a	29.91a	25.71a	27.20a	68.45a	36.39a	18.06a	93.41a
	施锌肥	32.31b	31.25a	26.37b	22.93b	27.59a	56.96b	28.63b	12.61b	82.68b

2011 年盆栽试验研究结果(见表 9-18 和图 9-22)表明,土壤有效锌含量对烤烟磷锌比有显著影响,随着土壤有效锌水平的升高,打顶期叶部和茎部的磷锌比呈现先升高再下降的趋势,打顶期叶部和茎部的磷锌比均在土壤有效锌含量为 1.27 mg/kg 时最大。2012 年的盆栽数据(见表 9-18 和图 9-23)也表现出类似的趋势。随土壤有效锌含量不断增加,烤烟打顶期上部叶、中部叶、下部叶的磷锌比先显著增加,而后显著下降,而当土壤有效锌的含量继续升高时,磷锌比又有一定的升高趋势。在本试验条件下,2011 年打顶期烤烟叶部、茎部磷锌比达到最大所对应的土壤有效锌含量均为 1.27 mg/kg;2012 年打顶期上部叶、中部叶、下部叶磷锌比达到最大所对应的土壤有效锌含量均为 1.32 mg/kg。2011、2012 年盆栽试验表明,当土壤的有效锌含量介于 1.25～1.32 mg/kg 区间时,烤烟的磷锌比达到最大,以后逐渐下降,但当土壤的有效锌含量超过 1.87 mg/kg 时,烤烟的磷锌比又会升高,这可能是因为当土壤的有效锌含量太高时,磷的吸收抑制了锌的吸收,造成了磷锌比的下降。

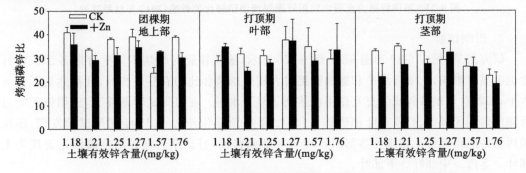

图 9-22　不同锌肥力土壤中施用锌肥对烤烟磷锌比的影响(2011 年盆栽试验)

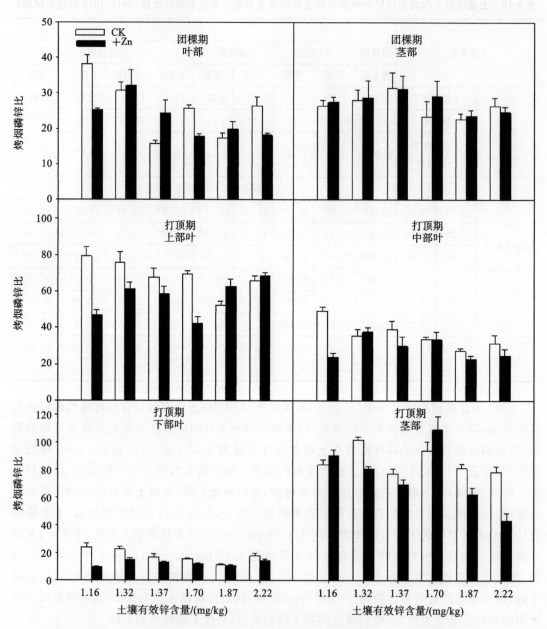

图 9-23 不同锌肥力土壤中施用锌肥对烤烟磷锌比的影响（2012 年盆栽试验）

2）田间试验

研究结果（见表 9-19 和图 9-24、图 9-25）显示，施用锌肥对烤烟不同生育期各部位磷锌比也有显著影响，土壤锌水平和施加锌肥对大田烤烟磷锌比均有显著影响，且都达到了显著水平，二者对烤烟磷锌比的交互作用也达到了显著水平。在田间试验条件下，施用锌肥能显著降低烤烟团棵期、打顶期叶部磷锌比（2012 年打顶期除外）。2013 年田间试验发现，团棵期烤烟各部位磷锌比表现为茎部磷锌比＞叶部磷锌比，打顶期烤烟各部位磷锌比表现为上部叶＞茎部＞中部叶＞下部叶。

表 9-19　土壤锌肥力和施用锌肥对烤烟磷锌比的两因素方差分析及平均数比较（2011、2012 年田间试验）

变异来源			2011 年		2012 年	
			团棵期	打顶期	团棵期	打顶期
			叶部	叶部	叶部	叶部
F 值	土壤锌水平		31.71**	90.13**	28.96**	19.36**
	施锌肥		104.79**	272.85**	484.64**	52.13**
	土壤锌水平×施锌肥		5.58**	21.65**	14.63**	67.33**
	2011 年	2012 年	烤烟磷锌比 Duncan 平均数比较			
土壤锌水平 /(mg/kg)	0.56	1.14	36.62c	18.81c	82.85a	78.04a
	1.39	1.33	61.14a	21.50c	47.68ed	64.87b
	1.60	1.38	38.70bc	30.89a	54.57c	58.73bc
	1.71	1.45	36.29c	26.05b	62.76b	54.69cd
	2.23	1.90	45.49b	6.58e	64.07b	52.27d
	2.37	3.02	17.34d	12.78d	45.15d	57.57cd
施锌肥	不施锌肥		49.83a	27.70a	82.49a	54.76b
	施锌肥		28.69b	13.17b	36.54b	67.3a

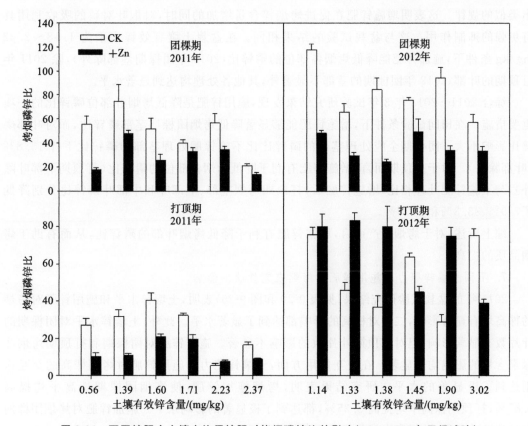

图 9-24　不同锌肥力土壤中施用锌肥对烤烟磷锌比的影响（2011、2012 年田间试验）

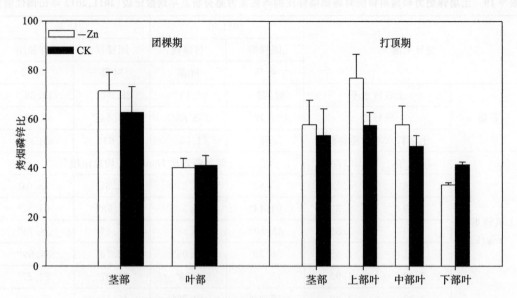

图 9-25　施用锌肥烤烟不同部位磷锌比平均数比较(2013 年田间试验)

　　土壤施用锌肥,2011 年烤烟生长团棵期、打顶期叶部磷锌比分别平均下降了 42.42%、52.45%,2012 年烤烟生长打顶期叶部磷锌比平均下降了 55.70%。2013 年田间试验也表现出类似的规律。这表明增施锌肥在促进烤烟锌含量增加的同时,对烟叶对磷的吸收利用具有更强的抑制作用。这与盆栽试验的结果相同。在盆栽土壤有效锌水平为 1.18～2.22 mg/kg 条件下,施加锌肥能降低烤烟各部位的磷锌比(2012 年团棵期茎部除外),除 2011 年打顶期的叶部、2012 年团棵期的茎部不显著外,其他各处理均达到显著水平。

　　综合 2011—2013 年 3 年试验研究结果发现,施用锌肥是降低烤烟各部位磷锌比的一项重要措施。在田间试验条件下,增施锌肥能够显著降低烤烟团棵期茎部磷锌比,而对叶部磷锌比影响不大。团棵期全施处理茎部的磷锌比比不施锌肥处理茎部的磷锌比下降 13.8%(叶部除外)。对于打顶期而言,增施锌肥有利于降低烤烟各部位的磷锌比(打顶期下部叶除外),与不施锌肥处理相比,增施锌肥后,打顶期烤烟茎部、上部叶和中部叶磷锌比分别降低了 7.9%、33.3% 和 17.7%。

　　综上所述,对于烤烟生产而言,增施锌肥有利于降低烤烟叶部的磷锌比,从而有助于烤烟品质的提高。

　　7. 不同土壤锌肥力及施用锌肥对烤烟农艺性状的影响

　　2011 年的盆栽试验研究结果(见表 9-20 和图 9-26)表明,土壤锌水平和施用锌肥对烤烟的株高均有显著影响,二者对株高的影响都达到了显著水平。此外,土壤锌水平对团棵期的叶片数有显著影响,但对打顶期叶片数的影响不显著。施用锌肥对团棵期和打顶期烤烟叶绿素含量的影响均不显著。在交互作用方面,土壤锌肥力和施用锌肥对烤烟株高的交互作用达到了极显著的水平。研究结果表明,烤烟施加锌肥,使烤烟团棵期株高平均提高 8.87%,打顶期株高平均提高 8.35%,都达到了极显著的影响水平。施加锌肥对烤烟团棵期和打顶期叶片数、叶绿素含量指标无显著性影响。

表 9-20　不同土壤锌肥力和施用锌肥对烤烟农艺性状影响的两因素方差分析及平均数比较（2011 年盆栽试验）

变异来源		团棵期			打顶期		
		株高/cm	叶片数/片	叶绿素含量/(mg/dm²)	株高/cm	叶片数/片	叶绿素含量/(mg/dm²)
F 值	土壤锌水平	9.48**	3.75*	1.36ns	7.03**	1.59ns	0.4ns
	施锌肥	17.8**	0.05ns	0.14ns	32.48**	5.67*	2.69ns
	土壤锌水平×施锌肥	6.74**	1.57ns	0.2ns	11.85**	1.62ns	1.96ns
	2011 年	农艺性状指标 Duncan 平均数比较					
土壤锌水平/(mg/kg)	1.18	41.61c	7.71ab	31.92ab	59.31cd	13.31b	36.71a
	1.21	38.32d	6.72c	30.73b	64.72a	14.03ab	37.81a
	1.25	45.02ab	6.81bc	31.72ab	60.23cd	14.33ab	39.23a
	1.27	43.81bc	8.01a	32.52ab	64.22ab	15.01ab	38.81a
	1.57	48.21a	8.01a	32.72a	57.71d	14.30ab	38.42a
	1.76	44.81b	8.02a	32.61a	61.51bc	13.51b	38.81a
施锌肥	不施锌肥	41.81b	7.51a	31.90a	58.82b	14.61a	39.21a
	施锌肥	45.52a	7.62a	32.13a	63.73a	13.62b	37.21a

2012 年盆栽试验研究结果（见表 9-21 和图 9-27）显示，施用锌肥使得烤烟团棵期株高、叶片数有一定的增加，都达到了显著的差异水平；对打顶期的株高、叶片数、最大茎围、叶绿素含量的影响都达到了显著差异的水平。统计分析结果表明，不同锌含量的土壤对烤烟部分农艺性状有显著影响。当土壤有效锌含量在一定范围内时，烤烟农艺性状指标随土壤有效锌含量的增加而增加；但当土壤有效锌含量增加到一定值时，各项农艺性状指标不再随之增加，存在一个稳定点。例如，烤烟各项农艺性状最优时所对应的土壤有效锌含量，2011 年盆栽团棵期为 1.57 mg/kg，打顶期为 1.27 mg/kg；2012 年盆栽团棵期为 1.16 mg/kg，打顶期为 1.37～1.70 mg/kg。2012 年，施加锌肥使团棵期的株高平均增加了 15.16%、叶片数平均增加了 8.33%。使打顶期的株高平均增加了 10.27%、叶片数平均增加了 10.12%。

上述统计结果还表明，从团棵期到打顶期，烤烟的各项农艺性状指标的增幅显著。综合上述 2011 年和 2012 年两年的盆栽试验结果可知，土壤有效锌含量的增加能在一定范围内促进烤烟的生长。当土壤有效锌含量低于一定范围时，增施锌肥能促进烤烟的生长发育，尤其有利于烟株的纵向生长，其中对株高的影响最显著。但土壤有效锌含量高于这一范围时，对促进烤烟的生长，乃至对整个农艺性状的影响都不显著，甚至会对烤烟产生负面的影响。

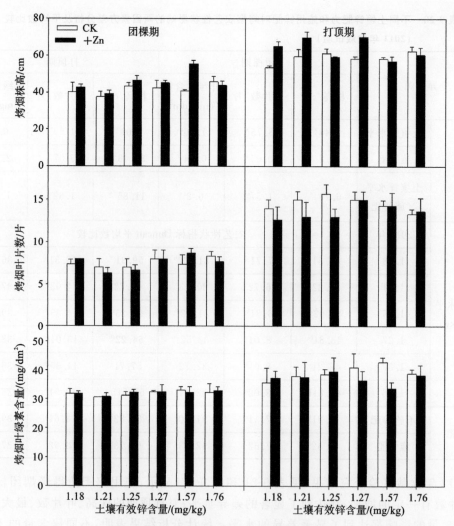

图 9-26 不同锌肥力土壤及施用锌肥对烤烟农艺性状的影响（2011 年盆栽试验）

表 9-21 不同土壤锌肥力和施用锌肥对烤烟农艺性状影响的两因素方差分析及平均数比较

（2012 年盆栽试验）

变异来源		团棵期					打顶期				
		株高/cm	叶片数/片	最大茎围/cm	最大叶宽/cm	叶绿素含量/(mg/dm²)	株高/cm	叶片数/片	最大茎围/cm	最大叶宽/cm	叶绿素含量/(mg/dm²)
F 值	土壤锌水平	3.1*	0.81*	13.41**	0.78ns	0.89ns	0.66ns	2.63*	2.81*	5.27**	0.94ns
	施锌肥	22.47**	8.64**	0.94ns	0.2ns	0.44ns	18.13**	24.14**	31.47**	0.37ns	4.43*
	土壤锌水平×施锌肥	2.33ns	1.27ns	0.49ns	0.33ns	1.01ns	1.79ns	3.14*	2.58ns	0.89ns	1.55ns
土壤锌水平/(mg/kg)	2012 年	农艺性状指标 Duncan 平均数比较									
	1.16	46.15ᵃ	8.17ᵃ	2.00ᵇ	12.48ᵃ	37.53ᵃ	67.17ᵃ	14.67ᵇᶜ	4.18ᵇ	14.63ᶜ	46.93ᵃ
	1.32	46.40ᵃ	7.67ᵃ	1.95ᵇ	11.71ᵃ	37.35ᵃ	68.67ᵃ	15.67ᵃᵇ	4.50ᵃ	16.37ᵃᵇ	47.63ᵃ
	1.37	45.21ᵃᵇ	7.83ᵃ	2.15ᵇ	11.70ᵃ	39.87ᵃ	70.17ᵃ	15.83ᵃ	4.50ᵃ	15.45ᵇᶜ	49.20ᵃ
	1.70	41.43ᵇᶜ	7.67ᵃ	2.82ᵃ	11.63ᵃ	36.75ᵃ	66.67ᵃ	15.00ᵃᵇᶜ	4.60ᵃ	16.98ᵃ	44.93ᵃ

续表

变异来源		团棵期					打顶期				
		株高/cm	叶片数/片	最大茎围/cm	最大叶宽/cm	叶绿素含量/(mg/dm²)	株高/cm	叶片数/片	最大茎围/cm	最大叶宽/cm	叶绿素含量/(mg/dm²)
土壤锌水平/(mg/kg)	1.87	40.45c	7.67a	2.77a	11.38a	37.72a	65.83a	14.33c	4.70a	16.90a	47.87a
	2.22	40.88bc	7.50a	2.53a	11.03a	39.38a	67.67a	14.83abc	4.55a	15.35bc	49.38a
施锌肥	不施锌肥	40.36b	7.44b	2.33a	11.56a	37.74a	64.39b	14.33b	4.74a	16.05a	49.11a
	施锌肥	46.48a	8.06a	2.41a	11.76a	38.46a	71.00a	15.78a	4.27b	15.84a	46.21b

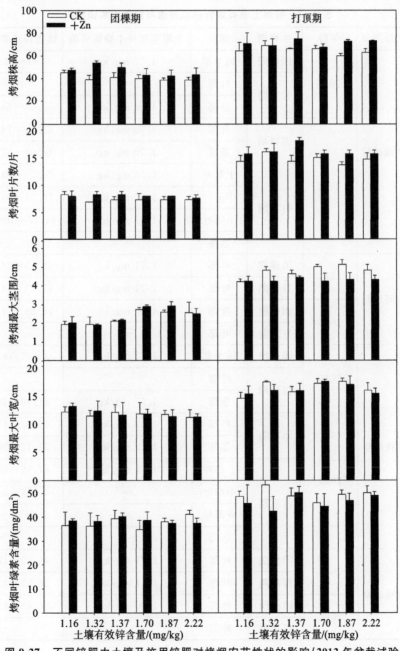

图 9-27　不同锌肥力土壤及施用锌肥对烤烟农艺性状的影响(2012年盆栽试验)

二、植烟土壤锌的丰缺指标和烤烟锌营养诊断指标

本书通过盆栽和田间试验研究,明确了不同梯度土壤锌肥力对烟叶氮、磷、钾及烟叶农艺性状指标的影响,为进一步确定土壤锌的丰缺指标和烟叶锌营养的诊断指标了奠定坚实的基础。

(一)植烟土壤锌的丰缺指标和烤烟锌营养诊断指标论述

植烟土壤有效锌的临界值与营养诊断指标如表 9-22 所示。

表 9-22 植烟土壤有效锌的临界值与营养诊断指标

考察指标	试验类型	年份	生育期	部位	土壤有效锌丰缺临界值	植物锌营养丰缺诊断值
锌含量	盆栽试验	2011	团棵期	地上部	1.57 mg/kg	76.11~116.71 mg/kg
			打顶期	叶部	—	—
				茎部	1.76 mg/kg	57.66~64.09 mg/kg
		2012	团棵期	叶部	1.70 mg/kg	63.54~71.57 mg/kg
				茎部	1.70 mg/kg	48.03~57.07 mg/kg
			打顶期	上部叶	1.70 mg/kg	70.76~84.39 mg/kg
				中部叶	1.87 mg/kg	79.57~90.64 mg/kg
				下部叶	1.87 mg/kg	86.77~106.81 mg/kg
				茎部	—	—
	田间试验	2011	团棵期	叶部	1.71 mg/kg	61.75~74.02 mg/kg
			打顶期	叶部	1.71 mg/kg	47.53~54.75 mg/kg
		2012	团棵期	叶部	1.90 mg/kg	51.89~57.45 mg/kg
			打顶期	叶部	—	—
氮含量	盆栽试验	2011	团棵期	地上部	1.76 mg/kg	39.62~60.31 g/kg
			打顶期	叶部	—	—
				茎部	1.57 mg/kg	41.10~43.72 g/kg
		2012	团棵期	叶部	1.32 mg/kg	44.69~47.49 g/kg
				茎部	1.70 mg/kg	28.15~36.27 g/kg
			打顶期	上部叶	1.70 mg/kg	47.52~53.68 g/kg
				中部叶	—	—
				下部叶	—	—
				茎部	—	—
	田间试验	2011	团棵期	叶部	1.71 mg/kg	45.53~47.60 g/kg
			打顶期	叶部	1.71 mg/kg	28.53~32.15 g/kg
		2012	团棵期	叶部	1.90 mg/kg	36.46~42.15 g/kg
			打顶期	叶部	—	—

考察指标	试验类型	年份	生育期	部位	土壤有效锌丰缺临界值	植物锌营养丰缺诊断值
磷含量	盆栽试验	2011	团棵期	地上部	1.76 mg/kg	1.78～3.99 g/kg
			打顶期	叶部	1.76 mg/kg	2.97～3.08 g/kg
				茎部	—	—
		2012	团棵期	叶部	1.70 mg/kg	1.58～1.90 g/kg
				茎部	1.70 mg/kg	0.96～1.16 g/kg
			打顶期	上部叶	—	—
				中部叶	1.70 mg/kg	2.43～2.56 g/kg
				下部叶	—	—
				茎部	1.70 mg/kg	4.22～4.51 g/kg
	田间试验	2011	团棵期	叶部	1.39 mg/kg	2.48～2.95 g/kg
			打顶期	叶部	1.71 mg/kg	1.58～1.76 g/kg
		2012	团棵期	叶部	1.90 mg/kg	4.03～4.45 g/kg
			打顶期	叶部	1.45 mg/kg	2.61～2.91 g/kg
钾含量	盆栽试验	2011	团棵期	地上部	1.76 mg/kg	55.64～71.19 g/kg
			打顶期	叶部	—	—
				茎部	1.76 mg/kg	39.20～49.44 g/kg
		2012	团棵期	叶部	1.70 mg/kg	52.28～53.96 g/kg
				茎部	1.87 mg/kg	51.13～63.38 g/kg
			打顶期	上部叶	1.70 mg/kg	40.47～43.46 g/kg
				中部叶	1.70 mg/kg	40.52～44.64 g/kg
				下部叶	—	—
				茎部	1.70 mg/kg	41.85～47.45 g/kg
	田间试验	2011	团棵期	叶部	1.60 mg/kg	61.09～67.06 g/kg
			打顶期	叶部	1.71 mg/kg	27.27～33.23 g/kg
		2012	团棵期	叶部	—	—
			打顶期	叶部	—	—
氮锌比	盆栽试验	2011	团棵期	地上部	1.76 mg/kg	577.16～682.86
			打顶期	叶部	—	—
				茎部	1.76 mg/kg	681.39～743.10
		2012	团棵期	叶部	1.70 mg/kg	578.79～680.84
				茎部	1.87 mg/kg	532.30～668.68
			打顶期	上部叶	1.87 mg/kg	516.37～593.11
				中部叶	1.87 mg/kg	389.70～421.56
				下部叶	1.87 mg/kg	192.50～207.69
				茎部	—	—

考察指标	试验类型	年份	生育期	部位	土壤有效锌丰缺临界值	植物锌营养丰缺诊断值
氮锌比	田间试验	2011	团棵期	叶部	1.71 mg/kg	641.30～737.40
			打顶期	叶部	—	—
		2012	团棵期	叶部	—	—
			打顶期	叶部	1.90 mg/kg	632.74～824.15
磷锌比	盆栽试验	2011	团棵期	地上部	1.57 mg/kg	20.77～25.51
			打顶期	叶部	—	—
				茎部	1.76 mg/kg	20.61～25.36
		2012	团棵期	叶部	1.87 mg/kg	16.05～18.45
				茎部	1.87 mg/kg	21.57～24.59
			打顶期	上部叶	1.70 mg/kg	49.99～54.10
				中部叶	1.87 mg/kg	25.72～28.99
				下部叶	1.87 mg/kg	10.98～12.08
				茎部	—	—
	田间试验	2011	团棵期	叶部	—	—
			打顶期	叶部	1.60 mg/kg	37.83～45.15
		2012	团棵期	叶部	1.90 mg/kg	85.24～103.36
			打顶期	叶部	—	—

1. 烤烟土壤有效锌的丰缺指标

由表9-22可知,通过本试验研究,确定的土壤有效锌临界值区间范围为1.70～1.90 mg/kg。氮锌比、磷锌比所对应的土壤有效锌临界区域分别为1.70～1.90 mg/kg和1.57～ 1.90 mg/kg。此外,从表9-22中我们还可以通过探究不同锌水平和施加锌肥对烤烟氮、磷、钾吸收的影响确定土壤锌的丰缺指标,其临界区域基本上集中在1.70～1.90 mg/kg区间。经综合分析可以确定烤烟土壤锌丰缺指标的临界值为1.70～1.90 mg/kg。在土壤的基础理化性质相近的条件下,若土壤有效锌含量低于1.70 mg/kg,则说明该植烟土壤锌肥力不够充足,需适时适量地增施锌肥;若土壤有效锌含量高于1.90 mg/kg,则表明该植烟土壤有效锌较为充裕,能够满足烤烟生育期对锌的需求,无须施加锌肥。

由本试验研究结果发现,随着土壤有效锌含量的增加,烤烟团棵期、打顶期不同部位的锌含量呈现出先增加后降低的变化,土壤有效锌的临界值为1.70～1.90 mg/kg。当植烟土壤中的有效锌含量低于1.70 mg/kg时,烤烟不同时期各部位锌含量随土壤有效锌含量的增加而增加,而在土壤有效锌含量超过这一阈值后,各部位锌含量则表现出一定程度的下降。因此,可以判定该区间即为烤烟土壤有效锌的临界区间。

许多专家学者就土壤的供锌水平、施锌量与烟叶各部位的锌含量之间的关系进行了研究。赵传良的研究发现,烤烟施加锌肥能够显著提高中上等级烟叶的比重,产值也会相应地增加,但锌肥使用过量时,会造成中上等级烟叶比重的下降。杨波等人的研究发现,土壤的有效锌含量在低浓度下促进烤烟的生长,而在高浓度下则会抑制烤烟的生长;当土壤有效锌含量为 1.96 mg/kg 时,有利于烤烟的生长。这与本书的研究结果一致,即当土壤有效锌含量的阈值为 1.70～1.90 mg/kg 时,有利于烟草的生长。由此可见,只有保证土壤中的有效锌含量在烤烟所需的范围内,才能最大限度地提高烟叶的产量和产值。当土壤的有效锌含量小于 0.5 mg/kg 时,大多数作物表现出缺锌症状,0.5～1 mg/kg 为临界区域;而当土壤的有效锌含量大于 1 mg/kg 时,能满足大多数作物的需要。但不同作物的丰缺指标却不尽一致。在小麦上的研究发现,当土壤中有效锌的施用量超过 1.05 mg/kg 时,对小麦茎、叶以及颖壳生物量的改善作用不明显,但千粒重和籽粒的生物量下降。当土壤中的有效锌含量在 0.5 mg/kg 以上时,小麦施用锌肥的增产效果随土壤的有效锌含量的增加而下降。董心久等人的研究发现,在一定范围内,随着锌离子浓度的增大,小麦的千粒重逐渐升高,但当锌离子的浓度超过 6 mmol/L 时,千粒重又有所下降。在玉米上的研究发现,当土壤的有效锌含量在 1×10^{-6} 以上时,玉米正常生长;当土壤的有效锌含量在 $(0.6 \sim 1) \times 10^{-6}$ 区间时,玉米可能部分失绿。褚天锋等人在北方玉米上的研究也发现,当土壤的有效锌含量低于 0.6 mg/kg 时,玉米就会出现缺锌症状。在水稻上的研究发现,当锌离子的活度达到 10.3 时,水稻籽粒的锌含量最高。在菲律宾得出的水稻锌的临界值为 1 mg/kg,当土壤的有效锌含量小于 0.1 mg/kg 时,水稻就容易出现缺锌症状。李志刚等人的研究发现,随着土壤供锌水平的提高(0～8 μmol/L),精米中的锌含量呈上升趋势;在供锌水平为 32 μmol/L 时,精米中的锌含量比 8 μmol/L 的处理有所提高,但增幅不明显。

2. 烤烟锌营养诊断指标

由表 9-22 可知,烤烟土壤有效锌临界值对应的烟株营养诊断指标以打顶期中部叶变异程度最小,更具有实践性。例如,在确定土壤有效锌的临界范围时,对应的诊断指标(烤烟中部叶)为:锌含量为 79.57～90.64 mg/kg,磷含量为 2.43～2.56 g/kg,钾含量为 40.52～44.64 g/kg,氮锌比为 389.70～421.56,磷锌比为 25.72～28.99。一般烤烟的中部叶无论是香吃味、适口性,还是香气量等,都是最好的,因此,选取打顶期的中部叶进行营养诊断更具有代表意义。在与本试验相似的条件下种植烤烟时,可取烤烟打顶期中部叶,根据烤烟中部叶的锌含量、钾含量、磷含量、氮锌比以及磷锌比等作为主要指标进行营养诊断,并结合土壤测试及植株形态等条件综合得出该植烟土壤的锌元素缺乏状况,从而为准确判断烤烟是否缺锌提供依据,为提高锌肥的利用率、提高烤烟的质量提供有力的保障。

土壤有效锌临界值所对应的烟叶锌元素的含量也是进行田间烤烟营养诊断的一个重要指标,然而对烟叶临界值的研究缺乏定论。随着烟叶部位的升高,锌含量的平均值表现出上部叶＞中部叶＞下部叶的规律,即随着烟叶部位的上升,烟叶中的锌含量逐渐增加,下部叶锌含量最低。在本试验条件下,土壤有效锌含量达到临界水平,即土壤的有效锌含量达到 1.70～1.90 mg/kg 时,对应的烤烟锌含量如下:团棵期叶部为 51.89～74.02 mg/kg、茎部为 48.03～57.07 mg/kg,打顶期上部叶、中部叶、下部叶及茎部依次为 69.70～82.67 mg/kg、68.56～96.03 mg/kg、83.07～110.07 mg/kg、43.47～60.75 mg/kg。但由于各个研究结果所对应的试验条件不尽一致,尤其是土壤质地、气候条件、病虫草害、降雨量、土壤酸碱性等都会对当地土壤有效锌的含量产生极大的影响,因此不同学者的研究结果存在一定的差异。总的来说,当土壤中的有效锌含量小于 1 mg/kg 时,说明该土壤中的锌处于低水平,需适当补充锌肥。

综上所述,在本试验条件下,经盆栽及田间试验研究得出烤烟土壤有效锌临界区间为

1.70~1.90 mg/kg。土壤有效锌含量较低时,说明该土壤中的有效锌处于较缺乏的水平,此时增施锌肥能及时解决土壤的锌元素缺乏问题。根据植物营养学最小养分律原理,此时土壤有效锌含量即为烤烟生长的限制因子,因此,在土壤有效锌含量低于临界阈值时,施加锌肥有助于提高烤烟各项农艺性状指标、植株锌含量及促进植物对其他矿质元素的吸收和累积;而在土壤有效锌含量达到或超过临界阈值后,土壤的锌含量相对充足,能够满足烟株的正常生长。如果在此基础上再次施加锌肥,则会带来以下两个方面的负面影响。一方面,造成锌肥的浪费,严重时甚至对烤烟造成毒害。当土壤中的有效锌含量过高时,不仅会导致烟草生长缓慢、茎秆发硬、叶片发黄,而且还可能会导致其他矿质元素,尤其是微量元素成为影响烤烟生长的限制因子。这不但会影响烤烟的正常生长,而且还会间接导致各类养分及生理指标的下降。另一方面,由于养分离子在土壤溶液中的相互作用,土壤有效锌含量的增加会在一定程度上降低阳离子的吸附量,影响烤烟对其他与锌离子半径差不多的离子的吸收。综上可知,只有当土壤有效锌含量水平在临界范围内时,土壤的养分才能得到最大程度的发挥。

(二)烤烟对土壤锌肥力和施用锌肥的反应机制

锌是烤烟光合作用中不可或缺的矿质元素,直接影响到烤烟的碳氮代谢及烟株体内干物质的积累,对烤烟生长过程中的相关农艺性状,尤其是株高会产生一定的影响。在本试验条件下,随着土壤有效锌含量的升高,烤烟株高、干重、叶片数、最大叶宽均呈现出抛物形的变化。当土壤有效锌含量在 1.70 mg/kg 左右时,烟株生长发育各项综合指标较优;而在土壤有效锌含量超过临界阈值后,随着土壤中施锌量的增加,植株的生长将受到抑制,生物量也会降低。由此说明,土壤中的有效锌含量在较适合的范围内,对烤烟的生长发育较为有益。

(三)土壤锌肥力和施用锌肥对烤烟养分吸收的影响机制

氮是影响烤烟生长最不可或缺的大量元素之一,钾是影响烤烟品质最重要的营养元素之一。众多研究揭示了土壤锌的供应与烤烟氮、磷、钾之间的关系。在本试验条件下,随着土壤有效锌含量的逐渐增加,烤烟各部位氮含量整体呈现出先升高后下降的趋势,各部位的磷含量变化规律与氮类似。

在本试验条件下,土壤有效锌含量的高低及施用锌肥对烤烟磷含量有一定的影响。烤烟磷含量随土壤有效锌含量的升高呈现出先增加后下降的变化趋势,增施锌肥能显著降低烤烟磷含量,这主要是因为磷和锌之间存在着复杂的交互作用。磷是烤烟生长过程中重要的矿质营养元素,目前许多研究已经发现,磷和锌之间的交互作用明显,锌的吸收会对磷的吸收产生影响,多表现为低浓度时起促进作用,而高浓度下则会产生抑制作用,即:当土壤中的有效锌含量低于某一阈值时,烤烟对磷的吸收随土壤锌水平的升高而增加,而在土壤的锌水平超过某一阈值后,烟株吸收的磷含量则随土壤锌水平的升高而下降。但也有研究发现,增施磷肥对烤烟的锌含量没有影响,即使磷锌比升高,烤烟也未出现缺锌症状。在秋葵上的研究也发现,锌的吸收不受外界磷浓度的影响。在江西红壤上所进行的试验也发现,烤烟对锌的吸收与磷肥的用量关系不大。在本试验条件下,烤烟不同时期、不同部位对锌的吸收量随土壤有效锌水平的变化而变化,由此引起了烤烟对磷元素吸收产生影响,使得烤烟对磷的吸收呈现上述变化规律。

土壤有效锌含量对烤烟各部位钾含量也有显著影响。在本试验研究条件下,结果显示,当土壤有效锌含量低于一定范围时,烤烟钾含量随土壤有效锌的增加而增加,而土壤有效锌含量达到或超过一定范围后,钾含量则不再随之增加。这说明当土壤锌含量在适当范围内时,能促进烟株对钾的吸收利用。在甜菜上的研究发现,锌和钾都会影响甜菜干物质的积累,但单独使用锌肥或钾肥却不如二者混合施用好。这说明,增施锌肥能够提高烤烟钾的吸收,锌元素与钾元素之间存在一定的协同作用。

三、植烟土壤锌丰缺指标及烟叶锌营养诊断指标的确定

本书通过试验研究,确定了植烟土壤锌丰缺指标及烟叶锌营养诊断指标,具体如下。

(1)在一定的土壤锌肥力范围内,烤烟部分部位的锌含量随土壤有效锌含量的升高而升高。本试验初步确定了湖北省烟区土壤有效锌的临界范围为 1.70~1.90 mg/kg,在该临界值以下,施用锌肥能显著提高烤烟锌含量。

(2)烤烟各部位氮锌比、磷锌比随土壤有效锌含量的增加显著降低,二者的临界值所对应的土壤有效锌含量为 1.60~1.90 mg/kg。施用锌肥能使烤烟不同时期、不同部位的氮锌比、磷锌比显著下降。团棵期烤烟各部位的氮锌比为 536~581 较为合适;而对于打顶期上部叶、中部叶、下部叶以及茎部的氮锌比,合适范围分别为 516~593、390~422、193~208 和 189~191。团棵期各部位的磷锌比为 19~35 较为合适;而对于打顶期上部叶、中部叶以及下部叶的磷锌比,合适范围分别为 50~54、26~29、11~12。

(3)随着土壤有效锌含量的升高,烤烟各部位的氮含量、磷含量、钾含量均呈现出先升高后下降的二次曲线关系,对应的烤烟土壤有效锌临界阈值均为 1.70~1.90 mg/kg。

(4)不同锌肥力的土壤对烤烟生长有显著影响。随土壤有效锌含量的增加,烤烟农艺性状的变化不尽一致,规律不明显,但烤烟的株高却有显著的提高。

(5)在对烤烟的烟株进行营养诊断时,应取打顶期中部叶,烟株营养诊断指标主要有烤烟锌含量、磷含量、钾含量、氮锌比、磷锌比等。

第四节　锌肥施用

不同的土壤由于类型、质地不同,因而所含的有效锌的量也不相同,导致锌肥的施用效果也有所不同。在一般条件下,土壤的缺锌现象主要发生在 pH 较高的石灰性土壤。这些土壤由于 pH 较高,锌的有效性明显降低,容易出现缺锌症状。此外,一些 pH 较低的酸性红壤也容易出现缺锌现象。在这些土壤中施加锌肥效果较好。

施用锌肥的方法有很多,一般主要包括土壤施用和叶面喷施,厩肥可以解决土壤缺锌的问题,但把硫酸锌、氧化锌或螯合锌施入土壤是最常用的方法。由于锌在土壤中的移动性差,因此在具体施用时,应充分考虑作物种类、土壤性质、肥料种类等。做基肥时,每亩可以施 0.75~1.5 kg 硫酸锌,且最好不要与磷肥混合使用。由于锌在土壤中的移动性差,因此施肥时切勿将锌肥撒施在表面。根外追肥时,一般需要喷施浓度为 0.2%~0.3% 的硫酸锌溶液。研究发现,在实际的生产应用中,锌肥与氮磷钾肥配合施用,效果更好,能取得更好的收益。此外,还有研究表明,锌肥条施的效果比撒施要好。但在已经发现缺锌的烤烟土壤

上,追施的锌肥会来不及被烟草吸收,这时可以用 0.01%～0.05% 的硫酸锌溶液进行叶面喷施。在 pH 较高的石灰性土壤中,土壤施用硫酸锌效果不好,而采用叶面施肥效果较好。施用锌肥时需严格控制锌肥的用量。一般对于缺锌的田块,每年或隔年施加一次锌肥,每次用量不超过 2 kg/亩,以免造成锌肥的浪费,甚至造成锌的毒害;而对于缺锌不严重的田块,一般在烟草的生长期内叶面喷施 1～2 次锌肥,就可以满足烤烟对锌的需求,并可以在一定程度上起到预防烤烟病毒病的作用。

我国土壤锌的平均含量相对较低,由于土壤类型、质地、耕作制度以及施肥习惯有差异,不同地区锌元素分布状况的差异很大。锌肥在作物的生产过程中起着重要的作用,而锌肥的丰缺指标是科学施肥的中心,是作物能优质、高产的保障。

当前较常用的锌肥是硫酸锌。除此之外,还包括表 9-23 中的锌肥类型。

表 9-23　不同锌肥类型

锌肥种类	主要有效成分	含锌量/(%)
一水硫酸锌	$ZnSO_4 \cdot H_2O$	35
七水硫酸锌	$ZnSO_4 \cdot 7H_2O$	23
碱性硫酸锌	$ZnSO_4 \cdot 4Zn(OH)_2$	55
氧化锌	ZnO	50～78
含锌玻璃肥料	硅酸锌	10～30
锌螯合物	EDTA-Zn 等	6～14

一、锌肥施用时期

在烤烟上,锌肥主要采用基施和追施两种方法,而且多与有机肥料混合施用。在烤烟应用上,锌肥主要在烟草移栽前进行基施;移栽后,在生长期中,如果发现烤烟有缺锌症状,应该适时进行叶面喷施。叶面喷施可以在旺长期和成熟期分多次进行。研究发现,在烤烟的旺长期以及成熟期喷施一定浓度的锌营养液,不但能够提高烤烟叶部叶绿素的含量,优化烤烟的生育环境,而且还可以在很大程度上提高烟叶的品质,从而为改善烟草的产量构成打下基础。需要注意的是,在进行叶面喷施时,应注意控制锌的浓度,防止锌浓度过高对叶片产生毒害。

二、锌肥施用技术

浸种时,一般采用浓度为 0.02%～0.05% 的硫酸锌溶液,将种子在硫酸锌溶液中浸泡 12 h,然后晾干即可。拌种时,一般采用浓度为 0.04% 的硫酸锌溶液,直接将硫酸锌溶液喷施在种子表面即可。

锌肥作基肥时,一般可与有机肥料(如厩肥)或生理酸性肥料混合,但最好不要与磷肥混合,而且锌肥的表施效果不好,所以应在耕地过程中将锌肥翻入土中,以免影响锌肥的使用效果。此外,研究表明,烤烟中锌肥采用基施效果最好。另外,锌是烤烟体内一种重要的微量元素,对烤烟烟叶的生长发育、产量构成以及品质都有很大的影响,在烤烟上施加锌肥能够显著地提高烤烟的产量和品质。同时研究也发现,如果锌肥的施用不合理,会对烤烟的化学成分品质产生负面影响。因此,烤烟施加锌肥时必须采取促控相结合的调施技术。同时,在具体操作时还要注意,锌肥的用量要合理,并减施氮肥、控施磷肥、增施钾肥,注意补施微肥。赵传良的研究发现,在烤烟生产中,锰肥与锌肥配合施用,不但可以消除锌对烟草的不利影响,而且还可以优化烟株的农艺性状,使烟草的化学成分更加协调,从而形成良好的内在品质。此外,在烤烟施加锌肥的过程中,还要充分考虑土壤的类型、质地、有效锌的含量、肥力状况、酸碱性等诸多因素。一般条件下,pH 不同的土壤,锌的有效性差别很大。一般而言,pH 较低的土壤中锌的有效性比 pH 较高土壤中锌的有效性高,有机质缺乏的土壤容易出现缺锌状况。锌肥在施用上一般可用作种肥、基肥和追肥,而且宜早不宜迟。

　　锌肥用作种肥时,一般用于浸种和拌种,且用量较少。因此,在施肥过程中,还要尽量将锌肥与土壤混合均匀,以免因为混合不够均匀而对烟株幼苗造成"烧苗"的现象,然后再进行定植和移栽。

　　锌肥用作追肥时,主要用于条施。研究表明,锌肥的条施效果比撒施要好。锌肥用作根外追肥时,一般硫酸锌的浓度可配至 0.05%~0.2%,而且在喷施时,最好喷于叶片的背面,因为叶片的背面气孔和细胞间隙都较大,养分更容易通过气孔进入叶片,进而被叶片吸收。此外,施用锌肥还应注意以下几点:在进行叶面施肥时,需要注意喷施的时间和部位,最好在傍晚和夜间进行,喷施于叶片的幼嫩部位,以利用其夜间吸收率高的特性来提高施肥效果;由于叶面养分含量往往较低,因此进行叶面施肥时,需要连续多次喷施才会有很好的效果;在进行叶面追肥时,最好在作物生长前期施用,这样效果更好;在追施锌肥时,应根据烤烟的长势及需肥情况,适当与氮、磷、钾肥配合施用,但应注意磷肥的用量。

参考文献

[1]　VIETS F G. Micronutrient availability,chemistry and availability of micronutrients in soils[J]. Journal of Agricultural and Food Chemistry,1962,10(3):174-178.

[2]　孙德祥.锌在土壤中的含量及其应用[J].河南科学,1985,(2):96-105.

[3]　陈玉真,王峰,王果,等.土壤锌污染及其修复技术研究进展[J].福建农业学报,2012,27(8):901-908.

[4]　刘铮.我国土壤中锌含量的分布规律[J].中国农业科学,1994,27(1):30-37.

[5]　韩冰,郑克宽.镁、锌、硼、锰元素对烤烟产量及质量影响的研究[J].内蒙古农牧学院学报,1999,20(1):72-77.

[6]　褚天锋,刘新保,王淑惠.玉米缺锌的形态解剖表现[J].北京农业科学,1986,(4):10-11,42.

[7]　王衍安,范伟国,张方爱,等.缺锌对苹果树生长和生理指标的影响[J].落叶果树,1999,(2):7-8.

[8]　张建军,樊廷录.小麦锌营养研究进展[J].作物杂志,2008,(4):19-23.

[9]　门中华,王颖.锌在植物营养中的作用[J].阴山学刊(自然科学版),2005,19(2):8-12.

[10]　徐卫红,王宏信,王正银,等.重金属富集植物黑麦草对锌、镉复合污染的响应[J].中国农学通报,2006,22(6):365-368.

[11]　丁海东,齐乃敏,朱为民,等.镉、锌胁迫对番茄幼苗生长及其脯氨酸与谷胱甘肽含量的影响[J].中国生态农业学报,2006,14(2):53-55.

[12] 李振华.不同硼、锌供给水平对烤烟生理特性以及硼、锌吸收和分配的影响[D].郑州：河南农业大学,2008.

[13] 张乐奇,张学伟,李爱芳,等.锌素营养及其在烟草中的应用研究[J].湖南农业科学,2010,(19):58-60.

[14] 李延,秦遂初.Zn 对水稻生理代谢的影响及潜在性缺 Zn 诊断[J].福建农业大学学报,1999,28(1):66-70.

[15] 徐晓燕,杨肖娥,杨玉爱.锌在植物中的形态及生理作用机理研究进展[J].广东微量元素科学,1999,6(11):1-6.

[16] 段昌群,王焕校,曲仲湘.重金属对蚕豆(*Vicia faba*)根尖的核酸含量及核酸酶活性影响的研究[J].环境科学,1992,13(5):31-35.

[17] 王晓云,程炳嵩,张国珍.不同锌水平对姜苗氮代谢的影响[J].山东农业大学学报,1993,24(2):207-210.

[18] 黄骥,王建飞,张红生.植物 C2H2 型锌指蛋白的结构与功能[J].遗传,2004,26(3):414-418.

[19] 田路明,黄丛林,张秀海,等.逆境相关植物锌指蛋白的研究进展[J].生物技术通报,2005,(6):12-16.

[20] OBATA H,UMEBAYASHI M. Effect of zinc deficiency on protein synthesis in cultured tobacco plant cells[J]. Soil Science & Plant Nutrition,1988,34(3):351-357.

[21] 施木田,陈如凯.锌硼营养对苦瓜产量品质与叶片多胺、激素及衰老的影响[J].应用生态学报,2004,15(1):77-80.

[22] 徐建明,李才生,毛善国,等.锌对水稻幼苗生长及体内 SOD、POD 活性的影响[J].安徽农业科学,2008,36(3):877-878.

[23] 汪邓民,周冀衡,朱显灵,等.磷钙锌对烟草生长、抗逆性保护酶及渗调物的影响[J].土壤,2000,32(1):34-37,46.

[24] 马传义,王恒东.烤烟种植中肥料的作用探究[J].农业与技术,2013,33(8):138-177.

[25] 徐勤松,施国新,杜开和,等.Zn 诱导的菹草叶抗氧化酶活性的变化和超微结构损伤[J].植物研究,2001,21(4):569-573.

[26] 张福锁.植物营养生态生理学和遗传学[M].北京:中国科学技术出版社,1993.

[27] 高圣义,王焕校,吴玉树.锌污染对蚕豆(*Vicia faba* L.)部分生理生化指标的影响[J].中国环境科学,1992,12(4):281-284.

[28] 张春荣,李红,夏立江,等.镉、锌对紫花苜蓿种子萌发及幼苗的影响[J].华北农学报,2005,20(1):96-99.

[29] CAKMAK I,MARSCHNER H,BANGERTH F. Effect of zinc nutritional status on growth,protein metabolism and levels of indole-3-acetic acid and other phytohormones in bean(*Phaseolus vulgaris* L.)[J]. Journal of Experimental Botany,1989,40(3):405-412.

[30] 唐年鑫.应用同位素示踪研究烟草对锌、锰、铁和钙元素的吸收利用与分布[J].中国烟草科学,1997,(1):23-27.

[31] 赵光伟,阎秀峰,孙广玉,等.黑龙江烤烟不同部位叶片锰锌铜含量的变化[J].中国烟

草科学,2007,28(4):11-13.

[32] TSO T C. Physiology and biochemistry of tobacco plants[J]. Physiology & Biochemistry of Tobacco Plants,1972.

[33] 杨波,祖朝龙,李斌,等.锌、硼对烟草生长发育及其他矿质元素积累的影响[J].中国农学通报,2014,30(10):218-222.

[34] 韩锦峰,王瑞新,刘国顺.烟草栽培生理[M].北京:农业出版社,1986.

[35] 李晔,吴元华,赵秀香,等.锌营养对烟草生长及抗性生理生化指标的影响[J].安徽农业科学,2006,34(18):4701-4702.

[36] 韦凤杰,张国显,常思敏,等.锌对豫西烤烟香气物质含量和评吸质量的影响[J].河南农业大学学报,2008,42(3):263-267.

[37] 李芳贤,王金林,李玉兰,等.锌对夏玉米生长发育及产量影响的研究[J].玉米科学,1999,7(1):72-76.

[38] 张玉琼,张鹤英.锌营养对淹水玉米抗性的影响[J].安徽农学通报,1999,5(3):19-21.

[39] 吴志辉,汤海涛.微肥对作物产量和品质的影响[J].湖南农业科学,1999,(2):43.

[40] 刘国顺,习向银,时向东,等.锌对烤烟漂浮育苗中烟苗生长及生理特性的影响[J].河南农业大学学报,2002,36(1):18-22.

[41] 欧清华,刘永贤,农梦玲,等.烟草微量元素缺乏症状研究进展[J].广西烟草,2007,(4):31-34.

[42] 孙桂芳,杜明,慕永红,等.水稻锌素营养研究进展[J].现代化农业,2013,(3):20-22.

[43] CAKMAK I,DERICI R,TORUN B,et al. Role of rye chromosomes in improvement of zinc efficiency in wheat and triticale[J]. Plant and Soil,1997,196(2):249-253.

[44] 李楠,龚长虹,宋健国,等.玉米与莴苣有效施用锌肥的研究[J].玉米科学,2001,9(4):77-79.

[45] 查录云,谢德平,王庭选,等.微量元素锰铜锌对烤烟质量影响的研究[J].烟草科技,1996,(1):30-32.

[46] 赵同科.植物锌营养研究综述与展望[J].河北农业大学学报,1996,19(1):102-107.

[47] 胡国松,袁志永,傅瑜,等.石灰性褐土施用硼锌锰肥对烤烟生长发育及品质的影响[J].河南农业大学学报,1998,(S1),70-75.

[48] 宋斌.微量元素铜、锌对烤烟产量、品质的影响[J].三明农业科技,1995,(1):20-22.

[49] 伏秋庭.锌肥施用方式对烤烟生长发育及产量品质的影响[D].成都:四川农业大学,2013.

[50] 何明辉,魏成熙.微量元素对烤烟品质效应的影响[J].贵州农业科学,2006,34(3):19-21.

[51] 赵传良.烤烟锌肥与关联养分调施技术的探讨[J].土壤肥料,2001,(3):32-35.

[52] 董心久,周洪华,王金玲,等.离体培养下锌对春小麦子粒形成及干物质积累的影响[J].植物营养与肥料学报,2006,12(6):822-825.

[53] 李志刚,叶正钱,方云英,等.供锌水平对水稻生长和锌积累和分配的影响[J].中国水稻科学,2003,17(1):61-66.

［54］ 胡国松,王志彬,傅建政.烟草施肥新技术［M］.北京:中国农业出版社,2000.

［55］ 杨卓亚,毛达如.土壤-植物体系中锌的缺乏和锌肥的施用［J］.中国农学通报,1993,9
（2）:11-15.

［56］ 叶伟建.中微肥在水稻、柑桔、烤烟上的施用技术与效果［J］.土壤肥料,2000,（2）:
38-40.

［57］ 王丽,龙祥松.优质水稻锌肥施用技术［J］.安徽农学通报,2006,12(5):92.

［58］ 谢忠雷,杨佰玲,包国章,等.茶园土壤不同形态镍的含量及其影响因素［J］.吉林大学
学报（地球科学版）,2006,36(4):599-604.

［59］ 王东胜,刘贯山,李章海.烟草栽培学［M］.合肥:中国科学技术大学出版社,2002.

第十章　植烟土壤硼营养与施肥

第一节　土壤中的硼

硼为黑色或银灰色固体。硼元素普遍存在于自然界中。土壤中的硼大部分被固定在土壤矿物的内在晶体结构中,因而难以移动。土壤中的硼含量与成土母质有关,母质不同,土壤硼含量差别也很大。在一般情况下,海洋沉积物硼含量较丰富,最高在 200 mg/kg 以上;而陆地岩浆岩含硼水平较低,平均硼含量不足 3 mg/kg。

硼是植物生长发育必需的 7 种微量元素之一,早在 18 世纪五六十年代年人们就在土壤中分离出了硼元素。土壤中的硼主要有四种存在形式:可溶态硼、吸附态硼、有机结合硼及固定在黏粒和矿物晶格中的硼。其中,可溶态硼又可以分为水溶态硼和酸溶态硼。水溶态硼包括土壤溶液中的硼以及各种可溶性的硼酸盐。土壤中的热水溶态硼或其他化学试剂提取硼被认为是植物从土壤中吸收硼的相对证据或者土壤有效硼的诊断指标。酸溶态硼与植物生长无直接的内在联系,因此不能被视为能被作物吸收的有效硼。水溶态硼是作物能够吸收利用最重要的一部分硼。

含硼矿物风化之后,硼以硼酸根阴离子 BO_3^{3-} 或未游离的硼酸分子 HBO_3 的形态进入土壤溶液中。在一般情况下,土壤溶液中可溶态硼的浓度很低。当土壤溶液 pH 为 6~8 时,BO_3^{3-} 为硼在土壤中的主要形态;当土壤溶液 pH 在 9 左右时,土壤对于硼有最大的吸附量,不同形态的无机化合物对硼的吸附效果很强,具有很强的固定硼的能力。

第二节　硼在植物体中的生理功能

一、概述

1. 硼在植物中的生理作用

硼对植物碳水化合物的运输和代谢起着重要的作用。细胞壁是植物细胞的基本结构之一,高等植物细胞内有 60%~98% 的硼以稳定形式络合在细胞壁中,起到维持细胞通道大小、调节大分子物质(如蛋白质)运转的作用。缺硼不利于纤维素的合成,同时会造成细胞分裂素的合成减少,使植物组织中生长素含量增多。硼在糖的吸收和运输过程中起着重要作用。由于尿嘧啶二磷酸葡萄糖是蔗糖合成的前体物质,起到合成含氮碱基的作用,而硼是尿嘧啶的重要组成物质,因此,适宜的硼水平有利于蔗糖的合成和糖的转运。硼同样在葡萄糖代谢中起着重要的调控作用。供硼不足时,葡萄糖可能不进入糖酵解途径,而进入戊糖磷酸途径,从而合成对植物生长素类起抑制作用的酚类物质。

酚类化合物积累能够抑制吲哚乙酸氧化酶的活性;而硼能与酚类化合物络合,克服酚类化合物对吲哚乙酸氧化酶的抑制作用。缺硼会造成酚类化合物在植物体内的积累,提高多酚氧化酶的活性。赵竹青等人发现缺硼会导致黄瓜叶片中酚类物质和游离的酚类化合物的积累,影响到离子的吸收,从而影响到细胞膜的通透性;硼对木质部的分化和木质素的合成也有影响,这是由于在木质部导管分化和木质素形成的过程中,硼对酚类化合物酶和羟基化酶的活性起到了控制作用。

大量的研究结果表明,适量的硼能直接促进植物花粉的萌发和花粉管的伸长,间接使花粉中糖量增多,并改变糖的组分,以增大虫媒植物对昆虫的吸引力。研究表明,10 mg/L 的硼能明显提高李花粉的发芽率。据研究,花粉在低硼下的生长速度远远要比在正常硼浓度下的低。

2. 硼在植物中的运输和分布

硼在植物中多以不溶态的形式存在,较少向新生部位转移再利用,所以植物的根系吸收的大部分硼元素通过木质部随水分蒸腾运输到植物地上部分的某个部位后便不再移动。当外界硼浓度较高时,植物主要依靠蒸腾作用以被动吸收的形式吸收硼;在受到外界低硼胁迫时,植物可以依赖消耗能量来主动吸收少量的硼。所以,植物运输硼可以通过韧皮部和木质部两种运输机制。同时,有研究发现,硼的移动性在不同的植物和品种之间存在着较大的差异,这可能是由植物的基因型决定的。植物体中至少有一半以上的硼集中在细胞壁和细胞间隙里,尤其是在缺硼条件下,细胞壁中的硼含量可能达到 98%。此外,由于硼对繁殖器官的形成有重要作用,植物子房、柱头等花器官中硼含量也相对较高。硼在植物体内的一般分布规律是:繁殖器官>营养器官,叶片>枝条>根系,老叶>新叶。同时,植物体内硼的含量变幅比较大,含量低的只有 2 mg/kg,含量高的可以达到 100 mg/kg。一般来说,双子叶植物硼含量要高于单子叶植物;具有乳液系统的双子叶植物,如蒲公英的硼含量更高,可以达到80.0 mg/kg。

3. 植物硼的缺乏

经过长期的植物生产及收获,植物缺硼现象已经较为普遍。现如今,已经有 80 多个国家发现至少 130 种植物的缺硼现象。在 20 世纪七八十年代,美国发现有 44 个州出现不同程度的缺硼现象。有调查数据表明,我国缺硼土壤占耕地面积的比例高达 80% 以上。由于硼具有多方面的营养功能,因此植物缺硼的症状多种多样。缺硼植物的共同特征可以归纳为:①茎尖生长点的生长受到抑制,严重时枯萎,甚至死亡;②根的生长发育受到抑制,根短粗兼有褐色;③老叶叶片变厚变脆、畸形,枝条节间较短,并出现木栓化的现象;④生殖器官发育受阻,结实率偏低,果实小、畸形,缺硼导致种子和果实减产,严重时可能绝收。缺硼不仅造成作物减产,对作物的品质也会产生影响。缺硼时,对硼较为敏感的作物常会出现许多典型的症状,如油菜的"花而不实"、甜菜的腐心病、花椰菜的褐心病、苹果的缩果病等。

4. 植物硼的毒害

作物对土壤硼含量很敏感,土壤硼含量一旦超过某一特定区间,将会对作物产生毒害作用。一般认为,土壤有效硼含量为 0.5~1.0 mg/kg 时,对植物的生长是有益的。当土壤中热水溶态硼超过 5 mg/kg 时,植物将出现中毒现象。硼毒害问题已在世界上引起广泛的关注。但是,在我国,这方面的报道还比较少。据调查,我国高硼毒害土壤主要集中在硼矿区。例如辽宁丹东宽甸,部分土壤硼含量达到土壤正常背景值的 6 倍左右。

硼在植物体内的运输主要受到蒸腾作用的调控,因此硼中毒的症状多出现在成熟叶片的尖端和边缘。植物硼中毒时叶片中的硼含量可能为 100~1000 mg/kg,土壤硼浓度过高会影响到植物根系的发育。刘术新等人发现用不同浓度的硼溶液培养蔬菜一周后,植物主根数量减少,须根增多;并且随着时间的延长,高硼处理的植物主根、须根均变少、变短。植物硼中毒也会影响植物的株高和生物量,进而制约农作物的产量。Liu 等人用水培法研究了两种嫁接脐橙对硼的耐受性,发现在 50 mg/L 硼培养液中,它们的植株干重分别降低了 7.1 g 和 8.9 g。此外,高硼胁迫会对植物的生理机能、生长代谢以及营养物质的运输和吸收利用产生负面影响。

二、硼在烤烟中的生理功能及意义

1. 硼对烟草生理代谢的影响

硼参与烟草一系列的代谢过程,如蛋白质代谢、物质运输、生物碱的产生以及钾和钙等元素的交互作用,从而对烟草的产量和品质产生影响。硼进入烟株体内后,能够参与细胞的分裂和伸长,同时参与核糖核酸的代谢。缺硼能够抑制和停止烟株根系的伸长,这可能与硼参与细胞分裂这一生理过程有关。同时,缺硼可能导致核糖核酸酶的活性上升,使 RNA 迅速降解。硼通过与糖形成硼糖聚合体促进糖的长、短距离运输,来参与碳水化合物的代谢。硼在烟草碳水化合物代谢中有两个功能:糖的运输和细胞壁物质的合成。缺硼会引起烟株新叶中蛋白质含量降低,并堵塞筛板上的筛孔,导致糖分运输受阻。当硼缺乏时,烟株中烟碱含量可能升高。

2. 硼在烟草体内的积累特征

1964 年,刘铮通过调查表示,我国烟草中硼含量为 25 mg/kg。2008 年,巩永凯的研究结果显示,我国烤烟中部叶硼含量平均为 29.84 mg/kg。烤烟硼含量因品种不同而有差异,其中以 K326 的硼含量最高,为 34.61 mg/kg;云烟 87 的硼含量最低,为 26.13 mg/kg。陈江华等人从烟叶整体的角度研究了我国烟叶矿质养分元素及主要化学成分含量,指出我国优质烟叶硼含量范围是 14.00~31.06 mg/kg,而我国烟叶硼含量正常范围是 12.6~55.62 mg/kg。不同区域烟叶硼含量差异较大,河南、山东、辽宁烟区硼含量较高,其中河南中部最高可达到 100 mg/kg;而在鄂西、贵州、福建等地烟叶中硼含量相对较低,鄂西地区最低硼含量仅为 5.68 mg/kg。烟草中的硼主要积累在叶片中,茎和根中相对较少。由于硼在植物中的移动性较差,因此在烟叶的不同部位,硼含量呈现出下部叶>中部叶>上部叶的趋势。

3. 硼对烟草生长发育的影响

烟草是中等需硼作物,硼在烟株的生理生化过程中起着重要的作用。硼影响烟草植株生长素、激素细胞分裂素等的合成和糖类物质的运输,进而影响烟草植株的正常生长发育过程。硼对叶绿素有稳定结构的作用,缺硼会破坏叶绿素结构的稳定性。同时,缺硼会导致烟株生长迟缓、顶芽丛生。硼营养过量时,烟株株高降低,营养生长期缩短,导致烟叶产量和质量降低。另外,有研究发现,在香料烟底肥中增施硼肥,能使香料烟叶面积增大、茎围增大、叶片数增多。硼可以提高烟叶中叶绿素的含量,增强光合强度,从而使叶面积指数增大,使主根的伸长更加充分,使侧根更加发达,从而增加产量,具体的表现为:前期发育早,长势旺,团棵期提前,叶色较浓绿,植株生长整齐;后期烟叶落黄均匀。此外,硼还可以提高烟株的抗病、抗寒和抗旱能力。

4. 硼对烤烟经济性状及品质的影响

硼能够通过一系列的代谢作用影响烟碱的合成,并与钾、钙、镁等影响烟叶品质的关键元素相互作用,最终影响烟叶的产量和品质。大量的试验表明,在土壤有效硼缺乏的土壤上施用硼肥能够明显提高烟叶硼元素的含量,促进烤烟的营养平衡,并促进烤烟的生长,烤后烟叶的品质和经济效益也随之提高。同时,硼素通过在一定程度上增强烟株的光合强度,加快矿质元素的吸收和转运,从而增加干物质的积累量和烟叶钾含量。烤烟施硼能够明显增加烟叶的产量、产值、单叶重、均价、上中等烟比例。韦建玉等人的试验结果表明,施用硼肥可以明显增加烟叶的均价。崔国明等人在云南蒙自的田间试验表明,施用硼肥能够有效提高烟叶产量 7.52%,同时烟叶产值较对照增加 4.12%,上、中等烟叶比例相对于对照增加 10.80%。硼能够加快烟株的光合速率和蒸腾速率,使矿质元素的吸收和运输加快,使干物质的积累量和烟叶钾含量增加,使烟叶的产量、质量提高。施用硼肥能够改善烟叶内在化学成分的平衡性,提高烟叶的还原糖含量和钾含量,并降低氯离子含量,使烟叶品质在总体上得以提升。

第三节　植烟土壤中硼丰缺指标诊断

湖北省是我国烤烟的主要生产基地之一。近年来,湖北省主要烟区土壤微量元素缺乏已经成为限制烤烟高产优质的重要因子。朱信的研究结果表明,恩施烟区植烟土壤普遍缺乏镁、氯、硼、锌等中微量元素。郭燕对湖北恩施地区种烟土壤的微量元素进行了研究,结果发现,129 个土壤样本的有效锌含量偏低,平均值为(1.00±0.51) mg/kg,变幅为 0.17～2.49 mg/kg;62.79% 的土壤样本有效锌含量在临界值 1.0 mg/kg 以下,且其中土壤有效硼含量在临界值(0.5 mg/kg)以下的土壤样本占 88.67%,缺硼现象已经严重影响到烤烟的品质。此外,大量元素肥料的大量施用使得营养供应不协调,导致烟叶内在化学成分不协调,成为制约烤烟产量和品质的重要因素。

随着烟草新品种的研发试种和大面积施用氮磷钾肥,我国土壤中微量元素缺乏已经成为限制我国烤烟生产及品质安全的瓶颈问题。过去的研究充分认识到了中微量元素营养对烤烟的重要作用,提出了一系列合理施用技术,但目前湖北省烤烟中微量元素营养诊断及调控的原理和机制仍不清楚,肥料高效施用的技术仍然缺乏,微肥实验和推广的盲目性较大。因此,应明确湖北省重点烟区土壤硼元素的丰缺指标,建立适合湖北省典型烟区生态特点的烤烟微量元素营养诊断技术体系,从而为烤烟合理施肥、维护耕地的可持续生产、提高烤烟综合生产能力和农民收入、保障生态安全提供理论依据和科技支撑。

一、不同梯度硼肥力土壤对烤烟的影响

(一) 试验设计

1. 烤烟品种

试验所采用的烤烟品种为云烟 87。它的特点是:株式呈塔形,自然株高为 178～185 cm,大田着生叶片数为 25～27 片,腰叶呈长椭圆形,叶面皱,叶色深绿,叶缘呈波浪状,叶耳大。大田生育期为 110～115 d,种性稳定,抗逆力强,适应性广;各种化学品质协调,评吸质量档次为中等偏上。

2. 试验设计

采用盆栽和田间试验相结合的方式开展植烟土壤硼丰缺指标研究。

1) 盆栽试验设计

从恩施州各地区取 17 个点的土壤样品,通过分析选取土壤有效硼含量极缺的那个试验点的土壤。试验点土壤的基础理化性质如表 10-1 所示。

表 10-1 试验点土壤的基础理化性质

年度	有效硼 /(mg/kg)	有机质 /(g/kg)	全氮 /(g/kg)	碱解氮 /(mg/kg)	全磷 /(g/kg)	速效磷 /(mg/kg)	全钾 /(g/kg)	速效钾 /(mg/kg)
2011 年	0.16	21.64	0.96	122.65	0.93	25.87	29.84	48.85
2012 年	0.65	25.68	1.26	102.45	1.15	25.89	34.89	93.65

通过外源添加硼(硼酸)的方式,将试验点土壤分成 6 种不同梯度硼含量的土壤。不同梯度土壤有效硼含量如表 10-2 所示。

表 10-2 盆栽土壤有效硼含量　　　　　　　　　　　　　　单位:mg/kg

年度	Tr1	Tr2	Tr3	Tr4	Tr5	Tr6
2011 年	0.16	0.26	0.36	0.56	0.96	1.16
2012 年	0.65	0.73	0.75	0.8	0.98	1.0

每个梯度的土壤设置施肥(T)和对照(CK)两个处理。其中施肥处理是在对应梯度的土壤中添加 0.6 mg/kg 硼肥,然后放置陈化 4 周。各个处理设 3 次重复,每桶装土 12 kg,共 36 桶(72 株)。具体盆栽试验设计及施肥量如表 10-3 所示。

表 10-3 盆栽试验设计及施肥量

年度	处理	设计养分用量				实际施用肥料			
		N/(g/1 kg 土壤)	P₂O₅/(g /1 kg 土壤)	K₂O/(g /1 kg 土壤)	H₃BO₃/(mg /1kg 土壤)	硝酸铵/(g /12 kg 土壤)	磷酸二氢钾 /(g/12 kg 土壤)	硫酸钾/(g /12 kg 土壤)	硼酸/(mg /12 kg 土壤)
2011 年	CK	0.20	0.20	0.35	0.00	6.86	5.00	4.83	0.00
	T	0.20	0.20	0.35	0.60	6.86	5.00	4.83	52.00
2012 年	CK	0.15	0.15	0.30	0.00	4.29	10.30	5.56	0.00
	T	0.15	0.15	0.30	0.06	4.29	10.30	5.56	52.00

氮肥采用硝酸铵(含 N 35%),磷肥采用磷酸二氢钾(含 P_2O_5 52.2%、含 K_2O 34.6%),钾肥采用硫酸钾(含 KO_2 54%)。100%的微肥、磷肥和 70%的氮肥、钾肥在移栽前 15 d 基施,剩余 30%的氮肥、钾肥在移栽后 10~15 d 施用。

移栽前 30 d 取各个处理陈化后的土壤样,测定土壤的基本理化性质。所有处理于烟株移栽后在团棵期(移栽后 45 d)、打顶前(移栽后 60 d)分 2 次分别取 1 株烟株。团棵期和打顶期取第 7 叶位的叶片用于酶学指标的测定,剩余样品分为茎、叶(团棵期不分)在 105 ℃下杀青 0.5 h 后于 70 ℃下烘干,称重,粉碎机粉样,过筛(60 目),装入自封袋,待测。

2) 田间试验设计

试验地点位于湖北省恩施州。该地区平均海拔在 1200 m 以上,年均温度为 15.8 ℃,年均光照时长为 1318 h,年均降雨量为 1467 mm,其中,植烟季节(4—8 月)降雨量占全年的66%,雨热同期,属亚热带季风性山地湿润气候。

2011 年田间试验点土壤的基本理化性质如表 10-4 所示,田间试验肥料设计和用量如表 10-5 所示;2012 年田间试验点土壤的基本理化性质如表 10-6 所示,烤烟田间试验肥料设计和用量如表 10-7 所示。

表 10-4 2011 年田间试验点土壤的基本理化性质

试验点	有效硼 /(mg/kg)	全氮 /(g/kg)	碱解氮 /(mg/kg)	全磷 /(g/kg)	速效磷 /(mg/kg)	全钾 /(g/kg)	速效钾 /(mg/kg)	有机质 /(g/kg)
P1	0.02	0.98	139.5	0.49	49.77	29.3	69.5	22.6
P2	0.14	1.19	163.8	0.55	43.15	16.7	70.1	24.8
P3	0.24	1.37	188.78	1.25	32.91	28.4	49.7	33.6
P4	0.33	1.41	142.97	0.88	36.11	25.3	87.3	34.5
P5	0.42	1.5	165.18	1.02	39.74	29.2	91.6	38.5
P6	0.61	1.21	176.98	0.621	45.93	14.2	51.9	27.9
P7	1.29	0.97	179.76	0.58	29.92	27.8	47.2	24

表 10-5 2011 年田间试验肥料设计和用量

处理	设计肥料用量/(kg/亩)						肥料施用量/(g/10 m² 小区)					
	N	P_2O_5	K_2O	硫酸镁	大粒硼	大粒锌	硝酸铵	过磷酸钙	硫酸钾	硫酸镁	大粒硼	大粒锌
CK	4.80	5.76	12.0	10.0	0.500	1.00	200	620	360	170	7	15
T	4.80	5.76	12.0	10.0	0.500	1.00	200	620	360	150	0	15

表 10-6 2012 年田间试验点土壤的基本理化性质

试验点	有效硼 /(mg/kg)	全氮 /(g/kg)	碱解氮 /(mg/kg)	全磷 /(g/kg)	速效磷 /(mg/kg)	全钾 /(g/kg)	速效钾 /(mg/kg)	有机质 /(g/kg)
K1	0.3	0.76	112.65	0.83	28.87	26.84	46.85	18.64
K2	0.36	0.74	109.15	0.54	10.83	28.73	48.74	18.15
K3	0.38	0.81	126.13	0.61	19.8	20.24	135.91	19.85
K4	0.44	1.06	141.49	0.59	15.78	14.75	62.01	22.03

续表

试验点	有效硼/(mg/kg)	全氮/(g/kg)	碱解氮/(mg/kg)	全磷/(g/kg)	速效磷/(mg/kg)	全钾/(g/kg)	速效钾/(mg/kg)	有机质/(g/kg)
K5	0.51	0.63	101.87	0.52	10.17	24.92	86.64	16.22
K6	0.70	0.82	157.66	0.49	5.78	24.45	124.54	18.88
K7	0.95	1.15	222.34	0.71	18.77	13.54	211.72	26.63

表 10-7　2012 年田间试验肥料设计和用量

处理	设计养分用量/(kg/667 m²)						实际施用肥料/(g/10 m²)					
	N	P₂O₅	K₂O	硫酸镁	大粒硼	大粒锌	硝酸铵	过磷酸钙	硫酸钾	硫酸镁	大粒硼	大粒锌
CK	6.8	8.1	16.9	0.0	0.0	1.0	154.0	1012.0	354.0	0.0	0.0	15.0
T	6.8	8.1	16.9	10.0	0.5	1.0	154.0	1012.0	354.0	150.0	7.0	15.0

试验设计的 2 个处理具体为：①N P K Mg B Zn(施硼，即 T)；②N P K Mg Zn(缺硼，即 CK)。小区按 120 cm 的行距和 60 cm 的株距进行种植试验。烟苗采用漂浮育苗移栽方式。

氮肥采用硝酸铵(含 N 35%)，磷肥采用过磷酸钙(含 P_2O_5 12%)，钾肥采用硫酸钾(含 KO_2 50%)，镁肥采用硫酸镁(含 Mg 17%)，硼肥采用美国进口大粒硼(含 B 15%)。所有的微肥、磷肥和 70% 的氮肥、钾肥在移栽前 15 d 基施；剩余 30% 的氮肥、钾肥在移栽后 10~15 d 施用。基肥单行条施。追肥在离烟株 10 cm 的位置打孔穴施，孔的深度为 10 cm。

施肥起垄前，在各个试验点取土壤原样，测定土壤的基本理化性质。各个处理在团棵期(移栽后约 45 d)、打顶前(移栽后约 60 d)分两次取样。每个小区选取 3~4 株有代表性的烟样，收集烟株 4~5 片中部叶带回试验室，于 105 ℃下杀青 0.5 h 后于 70 ℃下烘干，称重，粉碎机粉样，过筛(60 目)，装入自封袋，待测。

3)测定分析方法

土壤速效氮采用常规测定方法进行测定，速效磷采用 0.5 mol/L 的 NaHCO₃ 浸提-钼锑抗比色法进行测定，速效钾采用 1 mol/L 的 NH₄OAc 浸提-火焰光度法进行测定。土壤全氮采用凯氏定氮法进行测定，全磷采用钼锑抗比色法进行测定，全钾采用火焰光度法进行测定，有机质采用重铬酸钾滴定法进行测定。

植物样品全硼采用 1 mol/L 盐酸浸提-姜黄素比色法进行测定。土壤样品有效硼采用热水浸提-姜黄素比色法进行测定。

植物样品全氮、全磷、全钾的测定：采用硫酸-双氧水消化，全氮取消化液采用凯氏定氮法进行测定，全磷采用钼锑抗比色法进行测定，全钾采用火焰光度法进行测定。

植物样品全钙、全镁的测定：采用硝酸-高氯酸消化，以原子吸收分光光度计法进行测定。

酶活性的测定：取鲜样 0.5 g 置于预冷的研钵中，用 5 mL 预冷的磷酸缓冲液和少许石英砂研磨提取，在 15 000 r/min 转速下离心 15 min，上清液即为粗酶液；取适量粗酶液，用分光光度计分别测定 SOD、POD、CAT 及蛋白质的含量。

抗性指标 MDA 的测定：称取叶片鲜样 0.5 g，用 5 mL 5% 的三氯乙酸溶液和少许石英砂研磨，在 5000 r/min 转速下离心 15 min，然后采用分光光度计法分别测定 MDA 的含量。

4）数据统计分析

对试验测定数据采用 SAS 8.0 统计分析软件进行方差分析，根据相关性（$P<0.05$ 和 $P<0.01$）的显著性进行比较。图表采用 SigmaPlot 10.0 制图软件绘制。

（二）植烟土壤硼丰缺指标诊断及研究

1. 不同梯度硼肥力土壤对烤烟硼含量的影响

1）盆栽试验结果

盆栽试验结果显示，土壤有效硼含量影响烤烟对硼元素的吸收。2011 年结果显示，在土壤有效硼含量为 0.56 mg/kg 时，打顶期叶部含量达到最大值；2012 年结果显示，在土壤有效硼含量为 0.8~1.0 mg/kg 时，烤烟各部位（叶部和茎部）硼含量达到最高点。

土壤施用硼肥显著提高烤烟不同时期及不同部位叶部的硼含量（2011 年打顶期茎部除外）。2011 年结果显示，施用硼肥后团棵期地上部硼含量提高了 10%，打顶期叶部硼含量提高了 6.2%~39.9%；2012 年结果显示，施用硼肥后团棵期叶部硼含量提高了 0.28%~45.5%，打顶期中部叶硼含量提高了 0.34%~12.2%。不同烤烟部位硼含量有明显的差别，表现为叶部硼含量显著高于茎部；而就部位而言，下部叶≈中部叶＞上部叶。同时，就不同时期而言，打顶期硼含量＞团棵期硼含量。

综合 2 年盆栽试验结果，确定土壤有效硼的丰缺临界值为 0.56~0.98 mg/kg，对应的烤烟硼营养诊断值为：（2012 年）上部叶，40.2~49.6 mg/kg；中部叶，62.7~70.1 mg/kg；下部叶，65.1~71.2 mg/kg；茎部，9.2~10.6 mg/kg。

在 2011、2012 年盆栽试验条件下绘制的相关图分别如图 10-1、图 10-2 所示。

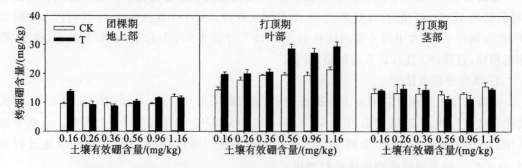

图 10-1　不同梯度硼肥力土壤对烤烟硼含量的影响（2011 年盆栽试验）

2）田间试验结果

田间试验结果与盆栽试验结果基本一致，烤烟叶部硼含量随土壤硼肥力的升高呈先增加后平稳甚至降低的趋势，即：当土壤硼肥力在一定范围内时，烤烟叶部硼含量随土壤硼肥力的增加而增加，而在土壤硼肥力超过一定值后，烤烟叶部硼含量则基本保持平稳，不再增加。2011 年结果显示，在团棵期土壤有效硼含量为 0.42 mg/kg，打顶期土壤有效硼含量为 0.33 mg/kg 时，烤烟叶部硼含量达到最大值；2012 年结果显示，在团棵期土壤有效硼含量为 0.51 mg/kg，打顶期土壤有效硼含量为 0.44 mg/kg 时，烤烟叶部硼含量达到最大值。与不施肥处理相比，土壤施硼肥后，2011 年、2012 年团棵期叶部硼含量依次平均增加 6.03%~314%、3.8%~50.9%，打顶期叶部硼含量依次平均增加 7.4%~205%、11.2%~72.6%，均达到显著水平。

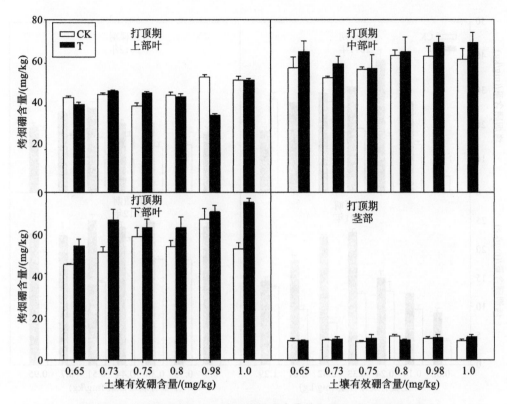

图 10-2　不同梯度硼肥力土壤对烤烟硼含量的影响(2012 年盆栽试验)

综合 2 年田间试验结果认为,烤烟团棵期土壤有效硼的丰缺临界值为 0.42～0.95 mg/kg,烤烟打顶期土壤有效硼的丰缺临界值为 0.95～1.29 mg/kg。

在 2011、2012 年田间试验条件下绘制的相关图如图 10-3 所示。

2. 不同梯度硼肥力土壤对烤烟氮含量的影响

1) 盆栽试验结果

施用硼肥对烤烟植株氮含量的影响没有明显的规律性。2011 年试验结果显示,打顶期茎部氮含量增加 0.4%～7.5%;2012 年试验结果显示,施用硼肥打顶期下部叶氮含量升高 0.4%～7.2%。

在打顶期,2011 年,土壤有效硼含量为 0.36～0.56 mg/kg 时叶部氮含量出现峰值,土壤有效硼含量为 0.56～1.16 mg/kg 时茎部氮含量出现峰值;2012 年,土壤有效硼含量为 0.73～0.98 mg/kg 时叶部氮含量出现峰值,土壤有效硼含量为 0.75～1.0 mg/kg 时茎部氮含量出现峰值。

烤烟不同部位氮含量总体呈现出叶部＞茎部,上部叶＞中部叶＞下部叶的规律。2011 年试验结果显示,打顶期叶部氮含量为 45.9～49.9 g/kg,茎部氮含量为 39.5～46.4 g/kg;2012 年试验结果显示,团棵期叶部氮含量为 30.6～34.8 g/kg,打顶期上部叶、中部叶、下部叶氮含量依次为 36.5～39.8 g/kg、27.2～32.6 g/kg、26.9～29.3 g/kg,打顶期茎部氮含量为 13.7～16.1 g/kg。

在 2011、2012 年盆栽试验条件下绘制的相关图分别如图 10-4、图 10-5 所示。

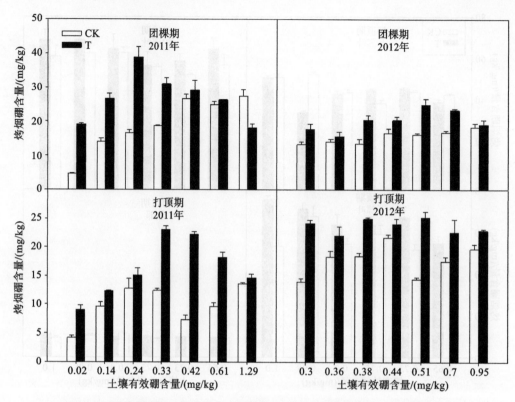

图 10-3　不同梯度硼肥力土壤对烤烟硼含量(叶部)的影响(2011、2012 年田间试验)

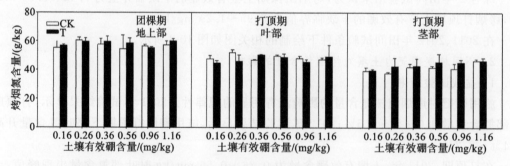

图 10-4　不同梯度硼肥力土壤对烤烟氮含量的影响(2011 年盆栽试验)

2）田间试验结果

田间试验结果显示,施用硼肥对烤烟叶部不同生育期氮含量的影响没有达到显著水平。2011 年田间试验结果显示,团棵期烤烟叶部氮含量均值为 43.2 g/kg,打顶期烤烟叶部氮含量均值为 27.7 g/kg;2012 年田间试验结果显示,团棵期烤烟叶部氮含量均值为 41.9 g/kg,打顶期烤烟叶部氮含量均值为 35.9 g/kg。由此可见,团棵期是烤烟氮营养吸收的主要时期,随着生育期的延长,烤烟体内氮素部分回流至根系,为根部烟碱合成做准备,使得烤烟叶部氮含量有一定的下降。

在 2011、2012 年田间试验条件下绘制的相关图如图 10-6 所示。

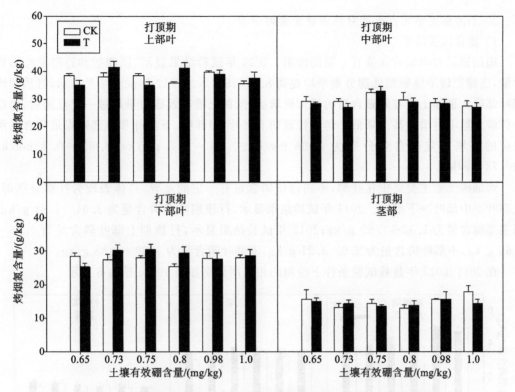

图 10-5 不同梯度硼肥力土壤对烤烟氮含量的影响（2012 年盆栽试验）

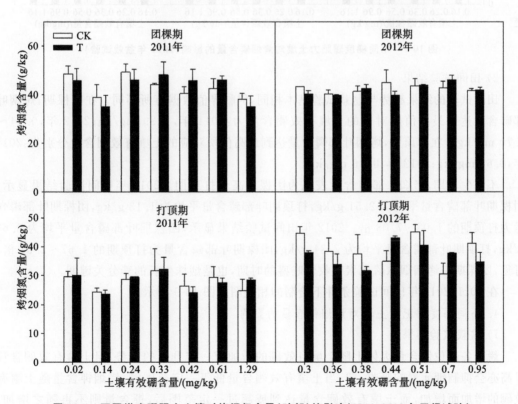

图 10-6 不同梯度硼肥力土壤对烤烟氮含量（叶部）的影响（2011、2012 年田间试验）

3. 不同梯度硼肥力土壤对烤烟磷含量的影响

1）盆栽试验结果

施用硼肥对烤烟磷含量有一定的影响。2011 年试验结果显示，团棵期和打顶期叶部磷含量，施硼肥较不施硼肥处理分别平均提高 8.8%、8.3%。2012 年试验结果显示，打顶期烤烟叶部磷含量随土壤有效硼含量的增加而增加，但在土壤有效硼含量超过一定范围后，烤烟叶部磷含量不再增加甚至降低。烤烟打顶期上部叶、中部叶、下部叶和茎部磷素最高含量所对应的土壤有效硼含量分别为 0.98 mg/kg、0.73～0.8 mg/kg、0.65～0.8 mg/kg 和 0.73 mg/kg。

烤烟磷元素主要集中在叶部，不同部位磷含量有一定的差异，具体表现为叶部＞茎部，上部叶＞中部叶＞下部叶。2011 年试验结果显示，打顶期叶部磷含量为 3.04～3.81 g/kg，而茎部磷含量为 1.32～1.69 g/kg；2012 年试验结果显示，打顶期上部叶磷含量为 4.56～5.65 g/kg，中部叶磷含量为 2.0～3.21 g/kg，下部叶磷含量为 1.39～1.85 g/kg。

在 2011、2012 年盆栽试验条件下绘制的相关图分别如图 10-7、图 10-8 所示。

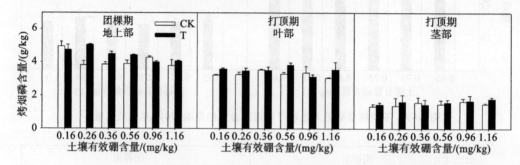

图 10-7　不同梯度硼肥力土壤对烤烟磷含量的影响（2011 年盆栽试验）

2）田间试验结果

田间试验的结果趋势与盆栽试验基本相同，但临界值数据有所不同。在团棵期，烤烟叶部磷含量达到最高值所对应的土壤有效硼含量为：2011 年，1.29 mg/kg；2012 年，0.44～0.70 mg/kg。在打顶期，烤烟叶部磷含量达到最高值所对应的土壤有效硼含量分别为：2011 年，0.61 mg/kg；2012 年，0.36 mg/kg。

不同生育期，烤烟叶部磷含量表现为团棵期高于打顶期。2011 年田间试验结果显示，团棵期叶部磷含量平均为 2.51 g/kg，打顶期叶部磷含量平均为 1.13 g/kg，团棵期叶部磷含量为打顶期的 1.08～7.03 倍。2012 年田间试验结果显示，团棵期叶部磷含量平均为 3.63 g/kg，打顶期叶部磷含量平均为 2.34 g/kg，团棵期叶部磷含量为打顶期的 1.67～2.51 倍。可见，团棵期是烤烟烟株磷元素吸收较旺盛的时期，也是烟株生长的养分关键期。

在 2011、2012 年田间试验条件下绘制的相关图如图 10-9 所示。

4. 不同梯度硼肥力土壤对烤烟钾含量的影响

1）盆栽试验结果

烤烟各部位钾含量大体上随土壤有效硼的增加有一定升高的趋势，但土壤有效硼含量过高亦会抑制钾元素的吸收，即：当土壤有效硼含量低于一定范围时，烤烟钾含量随土壤有效硼的增加而增加，而土壤有效硼含量达到或超过一定范围后，钾含量则不再随之增加。2011 年试验结果显示，土壤有效硼含量达到 0.26～0.36 mg/kg 后，烤烟打顶期叶部钾含量

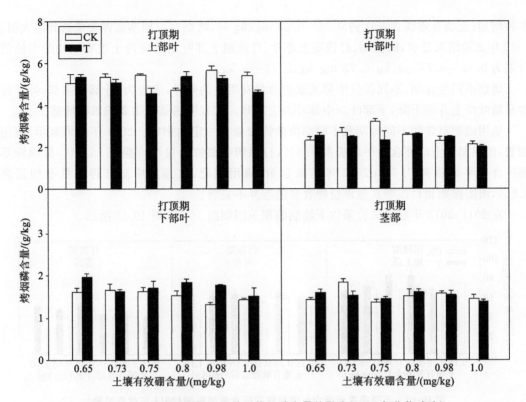

图 10-8　不同梯度硼肥力土壤对烤烟磷含量的影响（2012 年盆栽试验）

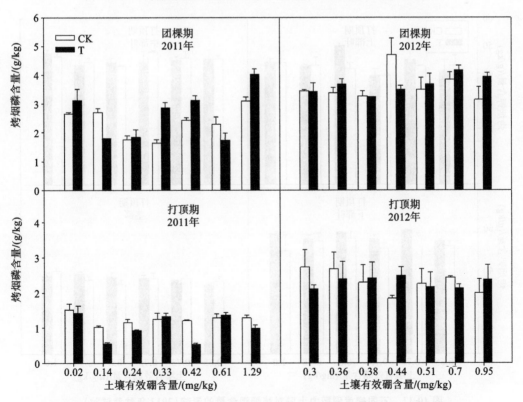

图 10-9　不同梯度硼肥力土壤对烤烟磷含量（叶部）的影响（2011、2012 年田间试验）

不再增加;土壤有效硼含量达到 0.36~0.56 mg/kg 时,烤烟打顶期茎部钾含量达到最大值。2012 年试验结果显示,团棵期、打顶期上部叶、打顶期下部叶所对应的土壤有效硼的丰缺值分别为 0.73~0.75 mg/kg、0.73 mg/kg、0.73 mg/kg。

烤烟不同生育期、不同部位中钾元素的含量有明显的差异,表现为:叶部>茎部,叶部钾含量随叶位上升而下降,下部叶>中部叶>上部叶。这表明烤烟钾主要积累在叶部。

施用硼肥对烤烟不同时期及不同部位的钾含量有一定的影响。2011 年结果显示,施用硼肥,团棵期地上部钾含量平均提高 7.9%,打顶期叶部钾含量平均提高 16.1%,打顶期茎部钾含量平均提高 7.7%;2012 年结果显示,施用硼肥,打顶期中部叶钾含量平均提高 6.8%,而团棵期和打顶期其他部位钾含量的差异不显著。

在 2011、2012 年盆栽试验条件下绘制的相关图如图 10-10、图 10-11 所示。

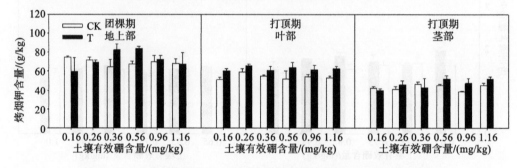

图 10-10   不同梯度硼肥力土壤对烤烟钾含量的影响(2011 年盆栽试验)

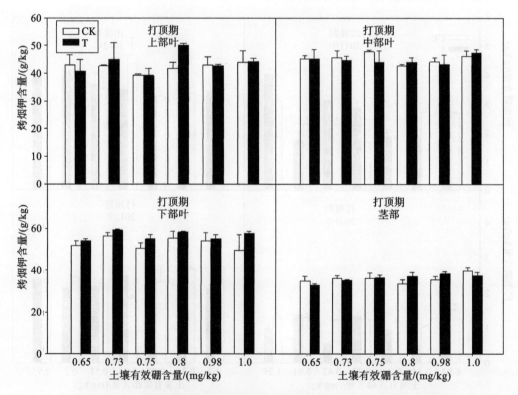

图 10-11   不同梯度硼肥力土壤对烤烟钾含量的影响(2012 年盆栽试验)

2）田间试验结果

2011 年试验结果显示，土壤有效硼含量为 0.61 mg/kg，团棵期烤烟叶部钾含量达到极大值。2012 年试验结果显示，土壤有效硼含量为 0.38～0.44 mg/kg 时，团棵期烤烟叶部钾含量达到极大值。土壤有效硼含量为 0.51 mg/kg，打顶期烤烟叶部钾含量达到极大值。

不同生育期，烟叶叶部钾含量有明显的差异，具体表现为团棵期钾含量显著高于打顶期。2011 年试验结果显示，团棵期烤烟叶部钾含量为 51.8～67.1 g/kg，打顶期叶部钾含量为 27.3～45.8 g/kg；2012 年试验结果显示，团棵期烤烟叶部钾含量为 32.7～42.8 g/kg，打顶期叶部钾含量为 25.8～37.1 g/kg。这表明团棵期烤烟对钾的需求量较大。

在 2011、2012 年田间试验条件下绘制的相关图如图 10-12 所示。

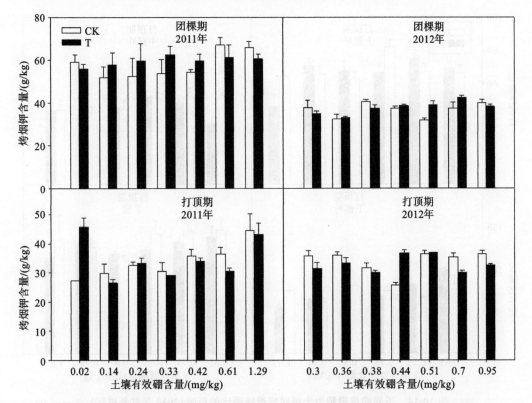

图 10-12　不同梯度硼肥力土壤对烤烟钾含量（叶部）的影响（2011、2012 年田间试验）

5. 不同土壤硼肥力及施用硼肥对烤烟镁硼比的影响

1）盆栽试验结果

镁和硼是烟草较为重要的两种中微量元素，两者也存在较为复杂的相互作用。施用硼肥能够显著影响烤烟不同生育期各部位的镁硼比。2011 年试验结果显示，施用硼肥后，团棵期和打顶期烤烟植株镁硼比分别平均降低了 9.9％和 22.8％。

不同生育期烤烟镁硼比的表现为团棵期＞打顶期，叶部烤烟镁硼比的表现为下部叶＞上部叶＞中部叶。2011 年试验结果显示，团棵期地上部镁硼比为 296.1～452.1；打顶期叶部镁硼比为 133.4～274.3，茎部镁硼比为 67.8～124。

在 2011、2012 年盆栽试验条件下绘制的相关图分别如图 10-13、图 10-14 所示。

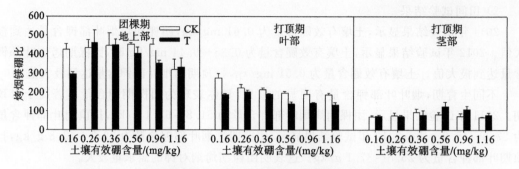

图 10-13　不同梯度硼肥力土壤对烤烟镁硼比的影响（2011 年盆栽试验）

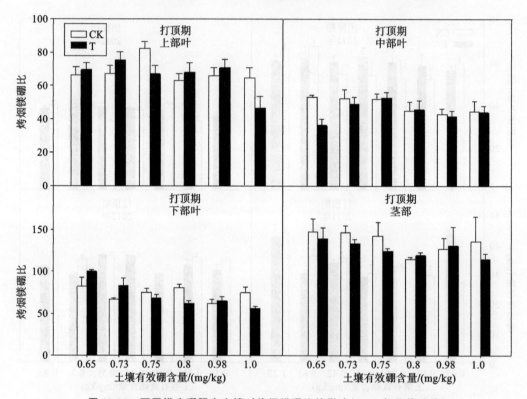

图 10-14　不同梯度硼肥力土壤对烤烟镁硼比的影响（2012 年盆栽试验）

2）田间试验结果

烤烟各部位镁硼比受土壤有效硼含量和施用硼肥的影响比较大。2012 年试验结果显示，土壤施用硼肥，团棵期和打顶期叶部镁硼比分别平均下降了 19.7%、19.5%。

在 2012 年田间试验条件下绘制的相关图如图 10-15 所示。

综合盆栽和田间试验结果判定，土壤有效硼的临界值为 0.56～0.8 mg/kg，对应的镁硼比诊断值为 71.6～215.3。

6. 不同梯度硼肥力土壤对烤烟钙硼比的影响

1）盆栽试验结果

试验结果显示，土壤有效硼含量对烤烟钙硼比有一定的影响。在团棵期，随土壤有效硼含量的增加，烤烟各部位钙硼比均下降。在打顶期，土壤对烤烟上部叶、中部叶和下部叶钙硼比的影响没有明显的规律性；但随着土壤有效硼含量的增加，烤烟茎部钙硼比呈先下降后

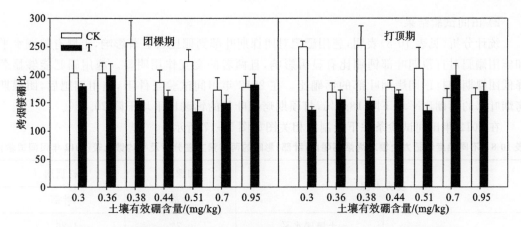

图 10-15　不同梯度硼肥力土壤对烤烟镁硼比(叶部)的影响(2012 年田间试验)

上升的趋势,并均在有效硼含量为 0.8 mg/kg 时达到最低值。

烤烟不同部位钙硼比表现不一,具体为:团棵期>打顶期,茎部>下部叶>中部叶>上部叶。在 2012 年盆栽试验条件下,在打顶期,烤烟各部位的钙硼比为:茎部,1244～1580;上部叶,229～315;中部叶,379～479;下部叶,821～1266。这也印证了钙是难转移元素,主要积累在老叶中。

钙硼比是衡量烟区土壤是否缺硼的重要指标,土壤施用硼肥能够显著降低烤烟不同时期及不同部位的钙硼比。例如,在 2012 盆栽试验条件下施用硼肥,打顶期中部叶钙硼比平均降低 15.9%,下部叶钙硼比降低 15%,茎部钙硼比下降 8.5%。

在 2012 年盆栽试验条件下绘制的相关图如图 10-16 所示。

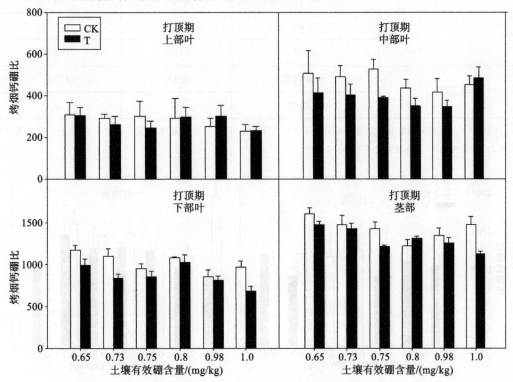

图 10-16　不同梯度硼肥力土壤对烤烟钙硼比的影响(2012 年盆栽试验)

2）田间试验结果

统计分析（见表 10-8）表明，施用硼肥对团棵期叶部钙硼比有显著影响，土壤有效硼水平和施用硼肥对打顶期叶部钙硼比有显著影响，且两者的交互作用明显。施用硼肥能够显著降低团棵期和打顶期烤烟叶部的钙硼比。在 2012 年田间试验条件下，施用硼肥后，团棵期烤烟叶部的钙硼比平均下降 18.5%，打顶期烤烟叶部的钙硼比平均下降 20.5%。

在 2012 年田间试验条件下绘制的相关图如图 10-17 所示。

表 10-8　不同梯度硼肥力土壤对烤烟钙硼比（叶部）影响的两因素方差分析及平均数比较（2012 年田间试验）

变异来源		团棵期	打顶期
		叶部	叶部
F 值	土壤硼水平	0.7ns	4.26**
	施硼肥	20.97**	27.72**
	土壤硼水平×施硼肥	2.18ns	5.22**
	2012 年	烤烟钙硼比 Duncan 平均数比较	
土壤硼水平/(mg/kg)	0.30	1174a	1409a
	0.36	1176a	1098bc
	0.38	1099a	1312ab
	0.44	1039a	1365a
	0.51	1080a	1345a
	0.70	1039a	1506a
	0.95	1120a	1095b
施硼肥	不施硼肥	1219a	1453a
	施硼肥	993b	1155b

注：各个试验点的每列数值右上角的不同字母表示在 P<0.05 上有显著差异；ns 表示在 P<0.05 上没有显著性差异；** 表示在 P<0.01 上有显著性差异，n=3，下同。

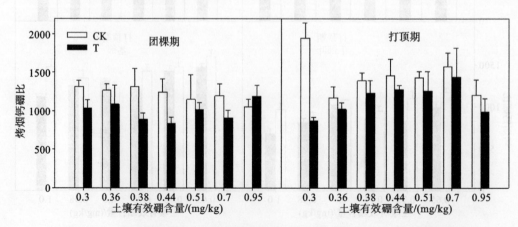

图 10-17　不同梯度硼肥力土壤对烤烟钙硼比（叶部）的影响（2012 年田间试验）

（三）不同梯度硼肥力土壤对烤烟抗氧化系统的影响

1. 对抗氧化酶活性的影响

盆栽试验结果（见表 10-9 和图 10-18）显示，土壤硼水平对于团棵期 SOD、POD 的活性以及打顶期 POD 的活性有显著影响。土壤硼水平和施硼肥两者的交互作用对团棵期和打顶期各抗氧化酶的活性均有显著影响（团棵期 POD 和打顶期 CAT 除外）。

表 10-9 不同梯度硼肥力土壤对烤烟酶活性（叶部）影响的两因素方差分析及平均数比较（2012 年盆栽试验）

变异来源		团棵期			打顶期		
		SOD	POD	CAT	SOD	POD	CAT
F 值	土壤硼水平	6.39^{**}	3.14^{**}	0.45^{ns}	1.34^{ns}	3.19^{*}	0.62^{ns}
	施硼肥	36.34^{**}	17.03^{**}	4.73^{**}	1.83^{ns}	0.05^{ns}	0.75^{ns}
	土壤硼水平×施硼肥	5.54^{**}	1.96^{ns}	2.78^{**}	3.25^{**}	2.55^{**}	1.12^{ns}
	2012 年	烤烟酶活性（U/mg）Duncan 平均数比					
土壤硼水平 /(mg/kg)	0.65	49.03^{bc}	458.7^{ab}	9.46^{a}	26.99^{ab}	189.8^{a}	4.85^{a}
	0.73	51.67^{b}	405.5^{b}	7.77^{a}	27.92^{ab}	144.8^{c}	5.55^{a}
	0.75	65.27^{a}	600.1^{a}	9.86^{a}	28.01^{a}	180.8^{ab}	5.07^{a}
	0.8	50.71^{b}	395.6^{b}	8.07^{a}	26.41^{ab}	169.5^{abc}	5.19^{a}
	0.98	37.47^{c}	310.3^{b}	7.65^{a}	25.41^{ab}	181.3^{ab}	4.80^{a}
	1.0	37.68^{c}	376.4^{b}	6.86^{a}	24.11^{b}	156.2^{bc}	3.72^{a}
施硼肥	不施硼肥	38.57^{b}	518.1^{a}	6.75^{b}	27.20^{a}	169.5^{a}	5.14^{a}
	施硼肥	58.71^{a}	330.7^{b}	9.81^{a}	25.75^{a}	171.3^{a}	4.58^{a}

注：各个试验点的每列数值右上角的不同字母表示在 $P<0.05$ 上有显著差异；ns 表示在 $P<0.05$ 上没有显著性差异；$*$ 和 $**$ 分别表示在 $P<0.05$ 和 $P<0.01$ 上有显著性差异，$n=3$，下同。

由图 10-18 可知，随土壤有效硼含量的提高，团棵期缺硼处理烤烟叶部 SOD 的活性呈降低的趋势，而施硼肥处理烤烟叶部 SOD 的活性随着土壤有效硼含量的升高呈现出先升高后下降的趋势，其饱和点所对应的土壤有效硼含量为 0.75 mg/kg；而在打顶期这一趋势不明显。同时，在 2012 盆栽试验条件下，团棵期施硼处理烤烟叶部 POD 的活性呈降低的趋势，而缺硼处理烤烟叶部 POD 的活性随着土壤有效硼含量的升高呈现出先升高后下降而后又升高的趋势，其饱和点所对应的土壤有效硼含量同样为 0.75 mg/kg。团棵期缺硼处理烤烟叶部 CAT 的活性随着土壤有效硼含量的升高呈现出先升高后降低的趋势，而施硼处理烤烟叶部 CAT 的活性随着土壤有效硼含量的升高大体呈现出相反的趋势，其拐点所对应的土壤有效硼含量均为 0.98 mg/kg；同样，打顶期这一趋势不明显。

整体来看，施用硼肥能够明显提高团棵期 SOD、CAT 的活性，降低 POD 的活性，而对打顶期酶的活性无显著影响。统计结果还说明，烤烟团棵期叶部各氧化还原酶的活性均显著高于打顶期。例如，2012 年盆栽试验，团棵期 SOD 的活性为 32.4～92.4 U/mg，POD 的活性为 286～797 U/mg，CAT 的活性为 4.8～15.0 U/mg；打顶期 SOD 的活性为 24.5～31.4 U/mg，POD 的活性为 152～204 U/mg，CAT 的活性为 3.1～6.8 U/mg。可见，烤烟叶部氧化还原酶的活性随着烟株生育期的延长而逐渐降低。

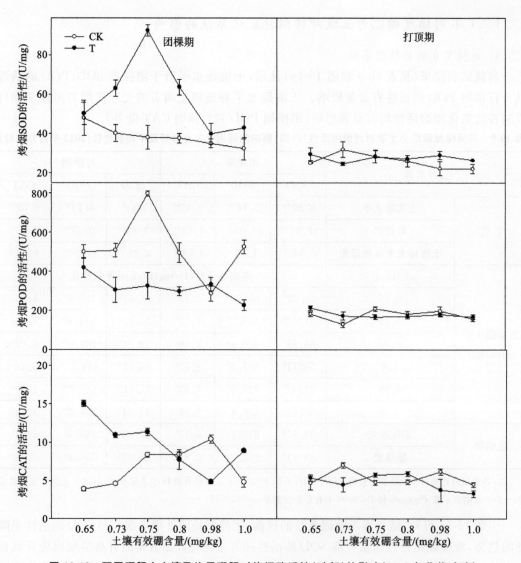

图 10-18　不同硼肥力土壤及施用硼肥对烤烟酶活性(叶部)的影响(2012 年盆栽试验)

2. 对烤烟 MDA 含量的影响

表 10-10 和图 10-19 表明,土壤硼水平和施用硼肥对于团棵期 MDA 含量有显著影响,施用硼肥会显著降低团棵期烤烟叶部 MDA 含量,提高烟株的抗逆性和抗衰老能力。与不施硼处理相比,施用硼肥后,烤烟团棵期叶部 MDA 含量显著下降 13.7%,而打顶期叶部 MDA 含量的下降不显著。

表 10-10　不同梯度硼肥力土壤对烤烟 MDA 含量(叶部)影响的两因素方差分析及平均数比较(2012 年盆栽试验)

变异来源		团棵期	打顶期
		叶部	叶部
F 值	土壤硼水平	3.72**	1.32ns
	施硼肥	4.35**	1.46ns
	土壤硼水平×施硼肥	1.4ns	0.26ns

续表

变异来源		团棵期	打顶期
		叶部	叶部
	2012 年	烤烟 MDA 含量 Duncan 平均数比较	
土壤硼水平/(mg/kg)	0.65	12.50[a]	13.17[a]
	0.73	9.99[b]	12.65[a]
	0.75	9.87[b]	13.79[a]
	0.8	8.28[b]	13.64[a]
	0.98	7.93[b]	12.80[a]
	1.0	10.17[ab]	12.34[a]
施硼肥	不施硼肥	10.51[a]	13.31[a]
	施硼肥	9.07[b]	12.82[a]

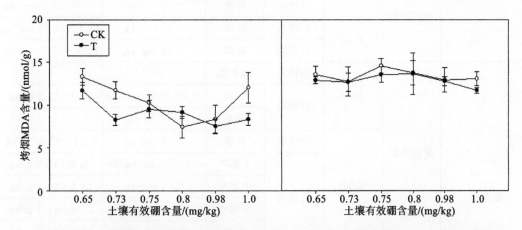

图 10-19 不同硼肥力土壤及施用硼肥对烤烟 MDA 含量(叶部)的影响(2012 年盆栽试验)

统计分析结果表明,随着土壤硼水平的提高,烤烟团棵期叶部 MDA 含量显著降低。在一定土壤硼水平范围内,烤烟叶部 MDA 含量随土壤硼水平的提高而降低,但存在一个底值,即在土壤硼水平超过一定范围后,烤烟叶部抗逆性指标的含量不再降低。2012 年盆栽试验,团棵期烤烟叶部 MDA 含量的极小值出现在土壤有效硼水平为 0.98 mg/kg 时,打顶期这一趋势不显著。同时,打顶期烤烟叶部 MDA 含量显著高于团棵期。

二、植烟土壤硼的丰缺指标和烤烟硼营养诊断指标

本书通过盆栽和田间试验研究,明确了不同梯度土壤硼肥力对烟叶氮、磷、钾及烟叶农艺性状和抗氧化指标的影响,为进一步确定土壤硼的丰缺指标和烟叶硼营养的诊断指标奠定了坚实的基础。

(一)植烟土壤硼的丰缺指标和烤烟硼营养诊断指标论述

植烟土壤有效硼的临界值与营养诊断指标如表 10-11 所示。

表 10-11　植烟土壤有效硼临界值与营养诊断指标

考察指标	试验类型	年份	生育期	部位	土壤有效硼丰缺临界值	植物硼营养丰缺诊断值
硼含量	盆栽试验	2011	团棵期	地上部	1.16 mg/kg	10.2~12.5 mg/kg
			打顶期	叶部	0.56 mg/kg	20.6~27.8 mg/kg
				茎部	—	—
		2012	团棵期	叶部		—
			打顶期	上部叶	1.0 mg/kg	40.2~49.6 mg/kg
				中部叶	0.98 mg/kg	62.7~70.1 mg/kg
				下部叶	0.98 mg/kg	65.1~71.2 mg/kg
				茎部	0.8 mg/kg	9.2~10.6 mg/kg
	田间试验	2011	团棵期	叶部	0.42 mg/kg	24.1~30.3 mg/kg
			打顶期	叶部	0.33 mg/kg	15.2~20.1 mg/kg
		2012	团棵期	叶部	0.51 mg/kg	18.1~23.51 mg/kg
			打顶期	叶部	0.44 mg/kg	20.8~25.6 mg/kg
氮含量	盆栽试验	2011	团棵期	地上部	—	—
			打顶期	叶部	0.36~0.56 mg/kg	42.7~55.6 g/kg
				茎部	0.56~1.16 mg/kg	40.2~48.5 g/kg
		2012	团棵期	叶部	0.73 mg/kg	32.4~37.8. g/kg
			打顶期	上部叶	0.73~0.98 mg/kg	36.6~42.8 g/kg
				中部叶	0.75 mg/kg	29.1~35.2 g/kg
				下部叶	0.73~0.75 mg/kg	27.4~31.3 g/kg
				茎部	0.98 mg/kg	14.7~17.8 g/kg
	田间试验	2011	团棵期	叶部	—	—
			打顶期	叶部	—	—
		2012	团棵期	叶部	0.38~0.7 mg/kg	40.5~47.5 g/kg
			打顶期	叶部	—	—
磷含量	盆栽试验	2011	团棵期	地上部	—	—
			打顶期	叶部	—	—
				茎部		
		2012	团棵期	叶部	—	—
			打顶期	上部叶	0.98 mg/kg	5.12~5.74 g/kg
				中部叶	0.73~0.8 mg/kg	2.35~3.01 g/kg
				下部叶	0.65~0.8 mg/kg	1.46~1.98 g/kg
				茎部	0.73 mg/kg	1.32~1.89 g/kg

考察指标	试验类型	年份	生育期	部位	土壤有效硼丰缺临界值	植物硼营养丰缺诊断值
磷含量	田间试验	2011	团棵期	叶部	1.29 mg/kg	2.83~3.95 g/kg
			打顶期	叶部	0.61 mg/kg	1.23~1.47 g/kg
		2012	团棵期	叶部	0.44~0.7 mg/kg	3.15~4.92 g/kg
			打顶期	叶部	0.36 mg/kg	2.62~3.18 g/kg
钾含量/(g/kg)	盆栽试验	2011	团棵期	地上部	0.56 mg/kg	72.8~78.7 g/kg
			打顶期	叶部	0.26~0.36 mg/kg	54.3~64.9 g/kg
				茎部	0.36~0.56 mg/kg	42.5~52.2 g/kg
		2012	团棵期	叶部	0.73~0.75 mg/kg	60.2~66.9 g/kg
			打顶期	上部叶	0.73 mg/kg	41.8~47.1 g/kg
				中部叶	—	—
				下部叶	0.73 mg/kg	48.1~55.2 g/kg
				茎部	—	—
	田间试验	2011	团棵期	叶部	0.61 mg/kg	56.2~66.3 g/kg
			打顶期	叶部	1.29 mg/kg	40.1~46.9 g/kg
		2012	团棵期	叶部	0.38~0.44 mg/kg	36.4~43.6 g/kg
			打顶期	叶部	0.51 mg/kg	35.5~36.7 g/kg
镁硼比	盆栽试验	2011	团棵期	地上部	0.26~0.96 mg/kg	381~453
			打顶期	叶部	—	150~255
				茎部	0.56~0.96 mg/kg	82.1~138.2
		2012	团棵期	叶部	0.65~0.75 mg/kg	108~198
			打顶期	上部叶	—	—
				中部叶	—	—
				下部叶	0.65~0.80 mg/kg	71.6~106
				茎部	0.65~0.75 mg/kg	108~169
	田间试验	2012	团棵期	叶部	0.30~0.38 mg/kg	145~238
			打顶期	叶部	0.30~0.38 mg/kg	155~249
钙硼比	盆栽试验	2012	团棵期	叶部	0.65~0.75 mg/kg	1112~1608
			打顶期	上部叶	—	—
				中部叶	0.8 mg/kg	362~415
				下部叶	0.75 mg/kg	799~1056
				茎部	0.8 mg/kg	1123~1382
	田间试验	2012	团棵期	叶部	—	—
			打顶期	叶部	0.70 mg/kg	1400~1609

续表

考察指标		试验类型	年份	生育期	部位	土壤有效硼丰缺临界值	植物硼营养丰缺诊断值
抗氧化系统酶	SOD	盆栽试验	2012	团棵期	叶部	0.75 mg/kg	37.4~97.8 U/mg
				打顶期	叶部	—	—
	POD			团棵期	叶部	0.75 mg/kg	325~806 U/mg
				打顶期	叶部	—	—
	CAT			团棵期	叶部	—	—
				打顶期	叶部	—	—
抗逆境指标	MDA	盆栽试验	2012	团棵期	叶部	0.73~0.98 mg/kg	8.09~13.4 U/mg
				打顶期	叶部	—	—

1. 烤烟土壤硼的丰缺指标

由表 10-11 可知,土壤硼的丰缺临界范围为 0.44~0.75 mg/kg。虽然每个诊断元素和比值、盆栽试验和田间试验以及不同部位都存在着差异,但是大部分的临界指标都在这一区间内。例如,烟草中全硼含量和土壤中钙硼比为衡量烤烟土壤有效硼临界值的重要指标,而二者所对应的土壤有效硼临界值都指向这一区间。同时,抗氧化系统酶和 MDA 含量所对应的土壤临界值也均在 0.75 mg/kg 左右。另外,通过分析烤烟中氮、磷、钾等大量元素与土壤有效硼之间的关系可以得出,所对应的土壤有效硼临界值也主要集中在 0.44~0.75 mg/kg。通过将前人研究结果相结合,我们提出烤烟的硼营养土壤临界值为 0.44~0.75 mg/kg。当土壤有效硼含量低于这一范围时,施用硼肥能够促进烤烟中氮、磷、钾以及硼元素的积累,提高烟叶产量和品质;而当土壤有效硼含量高于这一范围时,不需要施用硼肥,且过多施用硼肥甚至会造成毒害和减产。

土壤的养分含量丰缺指标是科学施肥的核心,也是作物高产、优质的基础。硼是植物中最重要的微量元素之一,与植物细胞的结构和功能、酚类化合物及木质素的含量、酶的活性、花粉管的生长发育等生理生化活动有密切关系,起着不可替代的作用。本试验研究结果表明,随着土壤有效硼含量的增加,烟株团棵期、打顶期不同器官硼含量整体上呈现增加的趋势,土壤有效硼的临界值为 0.46~0.75 mg/kg,土壤有效硼含量低于这一范围时,烟叶中硼含量随土壤有效硼含量的增加而增加。同时,田间试验和盆栽试验所得出的土壤有效硼的丰缺值是不同的。在田间试验条件下,土壤有效硼含量的丰缺值为 0.33~0.51 mg/kg;而在盆栽试验条件下的烤烟土壤硼的丰缺值则偏高,为 0.56~1.16 mg/kg。这与胡国松的结论(0.4 mg/kg 为土壤有效硼的临界值,当土壤有效硼含量在 0.10~0.40 mg/kg 区间时,烤烟将出现不同程度的缺硼现象;当土壤有效硼含量高于 1.00 mg/kg 时,烤烟叶片可能会毒害现象)相类似。施用硼肥有助于烟叶硼含量的增加,但供硼水平过高也会抑制养分的积累,不利于烟叶硼含量的进一步提高。当硼的施用量超过 1.00 mg/kg 时,烤烟的生长发育、干物重及各养分的积累均受到抑制。李红秀在辽宁的研究结果表明,辽宁植烟土壤有效硼的丰缺指标如下:<0.46 mg/kg 为缺乏,0.46~0.51 mg/kg 为低等,0.52~0.62 mg/kg 为中等,>0.62 mg/kg 为丰富。这些都与本试验条件下得出的研究结果相近。由此可见,只有在保证土壤有效硼的供应水平在土壤硼的临界范围内,配合合理科学施肥,才能切实提高烟叶的产量和品质。

2. 烤烟硼营养诊断指标

土壤有效硼临界值所对应的烟叶硼临界含量也是田间烤烟营养诊断的一个重要指标，然而对烟叶硼临界值的研究普遍缺乏定论。陈江华等人从烟叶整体的角度研究了我国烟叶矿质养分元素及主要化学成分的含量，并通过对比指出，我国优质烟叶硼含量范围是 $14.00 \sim 31.06$ mg/kg，而我国烟叶硼含量的正常范围是 $12.60 \sim 55.62$ mg/kg，当烤烟烟叶中硼含量低于或高于此范围时，烤烟烟叶将表现为硼缺乏或者硼毒害。在本试验条件下，土壤有效硼含量达到临界水平 $0.44 \sim 0.75$ mg/kg 时，对应的烤烟烟叶硼含量分别为：团棵期平均为 15.7 mg/kg，打顶期上部叶、中部叶、下部叶依次平均为 34.6 mg/kg、45.8 mg/kg、51.6 mg/kg。这与陈江华等人的研究结果相一致。由于各个研究结果受所对应的试验条件的限制，尤其是地域海拔、气候、降雨量、土壤酸碱性的变化对当地土壤有效硼的含量有极大的影响，不同学者的研究结果尚有差异，但综合看来，烟叶硼含量低于 15.7 mg/kg 时，烤烟必然缺硼，须补施一定量的硼肥。

（二）土壤硼肥力和施用硼肥对烤烟养分吸收的影响机制

众多研究揭示了土壤硼的供应与烤烟氮、磷、钾、钙之间的关系。与正常植株相比，缺硼植株蛋白质态氮减少，吸收硝态氮的能力也低于正常烟株。在本试验条件下，随着土壤有效硼含量的逐渐增加，烤烟各部位氮含量整体上呈现出先增后减的趋势，而它的临界值出现在 $0.56 \sim 0.75$ mg/kg 区间。同时，施用硼肥对于烤烟氮素的积累也有一定的影响。

前人的研究结果表明，缺硼除抑制植物对磷的吸收外，还会阻碍植物体内磷的转移。在2012年盆栽试验条件下，随着土壤有效硼含量的升高，烤烟团棵期、打顶期下部叶和茎部磷含量整体上呈现出先增加后减少的趋势，丰缺值出现在土壤有效硼含量为 $0.73 \sim 0.8$ mg/kg，而田间试验的丰缺值为 $0.36 \sim 0.44$ mg/kg，此时烤烟对于磷素的积累达到最大值。朱建华等人研究表明，缺硼显著抑制棉花对硼、磷、钾、镁的吸收，敏感品种受抑制更严重。这与本试验的结果相类似。

土壤有效硼的含量对烤烟各部位钾含量也有显著影响。据报道，硼和钾两种元素能够相互促进吸收。本试验研究结果显示，在低硼土壤条件下，烤烟钾含量随着土壤硼含量的增加而增加，说明适当的硼浓度可能促进钾的吸收；而当土壤有效硼含量继续增加至超过临界值 0.75 mg/kg 时，过量的硼会抑制烤烟对钾元素的吸收。徐畅等人通过在水培试验条件下研究不同硼水平对烤烟氮磷钾吸收的影响发现，在一定的硼浓度水平下，施用硼肥能够促进烤烟对钾的吸收，但是当硼浓度过高（大于 2.0 mg/L）时，烤烟烟株对钾素的吸收量开始随硼浓度的增加而逐渐减少。由此可见，在低硼条件下，镁与钾表现为协同作用；而在高硼条件下，二者表现为拮抗作用。

钙与镁是性质比较类似的中量元素，土壤有效硼含量的高低也直接影响到烤烟不同时期和器官中钙和镁的含量。同时，镁硼比和钙硼比也是衡量烤烟烟叶硼含量丰缺的重要指标。一般认为，硼能够在一定程度上促进镁的吸收，而与钙之间存在拮抗作用。本试验条件下的研究结果显示，土壤有效硼含量的增加显著降低烤烟镁硼比和钙镁比，土壤有效硼含量存在明显的丰缺值，且丰缺值在 $0.75 \sim 0.8$ mg/kg 区间，低于此区间时，硼能够促进镁的吸收而抑制钙的吸收；当土壤有效硼高于丰缺值时，上述趋势表现得不明显，甚至呈反趋势。

另外,王龙等人的试验研究结果表明,随着烟叶含硼量的增加,钙硼比下降。这与本书研究结果一致。

(三)烤烟对土壤硼肥力和施用硼肥的反应机制

硼对烟草来说是极其重要的微量元素。它参与蛋白质的合成和运输,影响生物碱(烟碱)的合成,与钾、钙等元素相互作用,并由此影响烟叶的产量和品质。硼元素参与烤烟生长的多个生理代谢活动,对烟株的活性氧代谢也起着重要作用。SOD是植物氧代谢的关键酶之一,普遍存在于动、植物体内。它的作用是清除作物体内超氧阴离子自由基的积累,通过催化反应使活性氧自由基还原成双氧水,保持和修复细胞膜,同时抑制膜内不饱和脂肪酸的分解产物丙二醛的累积。因此,SOD活性的强弱反映了植物本身清除活性氧能力的高低。本书田间试验结果表明,烤烟团棵期叶部SOD、POD的活性随土壤有效硼含量的增加呈现出一定的先升高后降低的变化趋势,由于SOD、POD活性的高低直接指示烤烟体内活性氧含量的高低,在土壤有效硼含量较低的情况下,烤烟体内活性氧随土壤有效硼含量的增加逐渐增加;土壤有效硼含量达到0.75 mg/kg(临界区间为0.75~0.8 mg/kg)时,烤烟生理缺硼问题得到缓解,因而上述氧化还原酶的活性得以下降。MDA是植物体内自由基作用于脂质发生过氧化反应的产物。在生物学上,MDA的含量可以用来衡量膜脂的过氧化程度,从而考察品种的抗逆和抗衰老能力:MDA含量越低,表明该品种的抗逆和抗衰老能力越强。由于硼元素是细胞膜运输载体的重要组成部分,当土壤有效硼含量较低时,烟株缺硼导致的细胞质膜脂质过氧化反应更剧烈,导致MDA含量显著上升。同时,施用硼肥能够有效地降低烤烟烟叶中MDA的含量,说明施用硼肥能够有效改善烟株的抗逆和抗衰老能力。

三、植烟土壤硼丰缺指标及烟叶硼营养诊断指标的确定

本书通过试验研究,确定了植烟土壤硼丰缺指标及烟叶硼营养诊断指标,具体如下。

(1)烤烟生长过程中对硼的积累表现为打顶期>团棵期,打顶期不同器官之间硼含量变化规律呈现出下部叶≈中部叶>上部叶>茎部的规律。土壤有效硼含量对烤烟硼元素的吸收量有显著影响,不同时期各个器官中硼的含量大体上随土壤有效硼含量的增加呈先增加后减少的变化,盆栽和田间试验共同验证土壤有效硼的丰缺值为0.44~0.75 mg/kg。

(2)烤烟生长过程中团棵期氮素的积累速度较打顶期快,两个生育期不同部位氮含量表现出叶部>茎部,上部叶>中部叶>下部叶的规律。土壤有效硼含量低于一定值(0.44~0.75 mg/kg)时,烟叶氮含量整体上随土壤硼含量的增加而增加;而土壤有效硼含量高于这一临界范围,会抑制烟株对氮的吸收和利用。

(3)烤烟磷素营养以团棵期为主、以打顶期为辅,以新叶需求为主、以老叶为辅,且团棵期叶部、茎部磷含量大体上均随土壤有效硼的增加呈先升高后降低的规律。同时,施用硼肥能够促进烤烟特定部位磷含量的增加。

(4)施用硼肥能够促进烤烟叶部和茎部对钾元素的积累,烤烟体内钾含量呈现叶部>茎部,下部叶>中部叶>上部叶的变化规律。随土壤有效硼含量的增加,烤烟钾含量先增加后降低,土壤有效硼含量为0.75 mg/kg时达最大值。同时,施用硼肥能够促进烤烟叶部对钾元素的吸收。

(5)在一定范围内增加土壤有效硼含量会促进镁在烤烟中的积累,同时抑制团棵期烤

烟对钙的吸收和利用,降低打顶期钙在茎部的含量。施用硼肥能显著降低烤烟团棵期、打顶期叶部的镁硼比和钙硼比。

(6) 土壤有效硼含量的高低对氧化还原系统有一定的影响。土壤有效硼含量的增加可以显著提高烤烟叶部 SOD 的含量,并且降低 POD 的含量。施用硼肥能使团棵期抗逆性指标 MDA 含量显著下降,指示烟叶生长的抗逆和抗衰老能力不断增强。

第四节　硼肥施用

一、硼肥的施用时期

一般认为,当南方烟区土壤有效硼含量低于 0.5 mg/kg 时,必须施硼。施用时,应根据当地气候条件、土壤肥力和理化性质,掌握好施用方法、施用量及施用浓度。有研究表明,在烟苗移栽前施用适量硼肥作为基肥,同时在进入团棵期和旺长期后喷施硼肥做追肥有较好的效果。基施硼肥能够保证在烟草整个生育期都有一个较好的硼元素储备和供应。同时,在进入团棵期,叶面积指数达到一定值时,即可进行第一次硼肥喷施;而进入旺长期以后,烟草对营养元素的需求更加迫切,所以在旺长中期,进行一次硼肥喷施能够有效促进烟叶的生长和发育。另外,硼肥的施用应结合土壤的硼肥力状况进行,若土壤中不存在硼的缺乏问题,在不同时期过多施用硼肥反而可能会造成硼的毒害。

二、硼肥在农业生产中的应用

硼肥是我国施用量最多的微肥之一。硼肥常见的种类有硼砂和硼酸。硼砂含硼量为 11.3% 左右,为无色透明结晶或白色粉末,溶于 40 ℃ 热水,为品质较好的硼肥。硼酸含硼量为 17.5%,为无色透明结晶或者白色粉末,易溶于水。此外,硼镁肥和硼镁磷肥也是较为常见的硼肥种类。硼肥在烟草中施用最主要的方法有蘸根、作底肥和叶面喷施。

近年来出现了不少新型硼肥,这些硼肥纯度高、水溶性好,具有安全高效、专一性强的特点。湖北省农业科学院植保土肥研究所从美国进口原料生产出的大粒硼,纯度大于 99%。四川省农业科学院开发出新型高效液体硼肥,实现了固体硼肥液态化,彻底解决了硼砂低温难溶的问题,同时通过利用硼系表面活性剂的反应机理,形成了"肥料-表面活性剂"稳定的物理体系,提高了养分在叶片表面的附着性和耐雨水冲刷性。北京新禾丰农化资料有限公司生产的禾丰硼,主要成分是聚合硼酸钠,纯度大于 99%,纯硼的含量大于 21%,具有溶解度高且快、混配性好、高效安全的特点。持力硼是美国硼砂集团生产的大粒状的土壤施用硼肥,纯硼含量为 15%,一般作为土壤施肥基施或者追施用。持力硼具有缓释长效的特点,易被植物吸收,肥效明显,适合与氮、磷、钾肥配制成含硼混合肥(BB 肥),不会造成土壤中硼积累过量、作物中毒现象。

参考文献

[1] 翁伯琦,黄东风. 我国红壤区土壤钼、硼、硒元素特征及其对牧草生长影响研究进展[J]. 应用生态学报,2004,15(6):1088-1094.

［2］ ELRASHIDI M A，O'CONNOR G A. Boron sorption and desorption in soils［J］. Soil Science Society of America Journal，1982，46(1)：27-31.

［3］ MATOH T，ISHIGAKI K，MIZUTANI M，et al. Boron nutrition of cultured tobac-co BY-2 cells. Ⅰ. Requirement for and intracellular localization of boron and selection of cells that tolerate low levels of boron［J］. Plant & Cell Physiology，1992，33(8)：1135-1141.

［4］ HU H，BROWN P H. Localization of boron in cell walls of squash and tobacco and its association with pectin (evidence for a structural role of boron in the cell wall)［J］. Plant Physiology，1994，105(2)：681-689.

［5］ PATNUDE E，NELSON S. Boron deficiency of palms in Hawaii［J］. Plant Disease，2012.

［6］ 赵竹青，王运华，吴礼树. 缺硼对黄瓜生长素代谢的影响［J］. 华中农业大学学报，1998，17(3)：232-236.

［7］ 杨国顺，倪建军，邓建平，等. 湖南主要李品种花粉生活力的研究［J］. 湖南农业大学学报(自然科学版)，2001，27(4)：280-282.

［8］ 王震宇，张福锁，王贺，等. 缺硼与低温对黄瓜幼苗一些生理反应的影响［J］. 植物生理学报，1998，24(1)：59-64.

［9］ 刘铮，等. 微量元素的农业化学［M］. 北京：农业出版社，1991.

［10］ 张晓博. 硼对植物营养与生长的影响［J］. 安徽农业科学，2010，38(22)：11962-11963.

［11］ 刘鹏. 硼胁迫对植物的影响及硼与其它元素关系的研究进展［J］. 农业环境保护，2002，21(4)：372-374.

［12］ 祖艳群，林克惠. 硼在植物体中的作用及对作物产量和品质的影响［J］. 云南农业大学学报，2000，15(4)：359-363.

［13］ 方益华. 高硼胁迫对油菜光合作用的影响研究［J］. 植物营养与肥料学报，2001，7(1)：109-112.

［14］ 刘术新，郑海峰，丁枫华，等. 18种蔬菜品种对硼毒害敏感性的研究［J］. 农业环境科学学报，2009，28(10)：2017-2022.

［15］ LIU G D，JIANG C C，WANG Y H. Distribution of boron and its forms in young "Newhall" navel orange(*Citrus sinensis* Osb.)plants grafted on two rootstocks in response to deficient and excessive boron［J］. Soil Science & Plant Nutrition，2011，57(1)：93-104.

［16］ 左天觉. 烟草的生产、生理和生物化学［M］. 朱尊权，等，译. 上海：上海远东出版社，1993：450-451.

［17］ 白宝璋，史芝文. 植物生理学［M］. 北京：中国科学技术出版社，1992，38-58.

［18］ 龙怀玉，张认连，刘建利，等. 中国烤烟中部叶矿质营养元素浓度状况［J］. 植物营养与肥料学报，2007，13(3)：450-457.

［19］ 胡国松，彭传新，杨林波，等. 烤烟营养状况与香吃味关系的研究及施肥建议［J］. 中国烟草科学，1997，(4)：23-29.

［20］ RUIZ J M，GARCIA P C，RIVERO R M，et al. Response of phenolic metabolism to the application of carbendazim plus boron in tobacco[J]. Physiologia Plantarum，1999,106(2):151-157.

[21]　钟勇玉,杜军宝,薛三勋,等.土壤缺硼对桑叶光合作用和呼吸作用的影响[J].西北农业学报,1996,5(1):58-62.

[22]　李光西,宗会,温华东,等.硼肥对香料烟产量品质的效用研究初报[J].云南农业大学学报,2005,20(3):356-359.

[23]　侯庆山,张玉东.镁锌硼肥在烤烟生产中应用效果的研究[J].土壤,1997,3:149-151.

[24]　刘国顺.烟草栽培学[M].北京:中国农业出版社,2003.

[25]　韦建玉,王军,何远兰,等.硼对烤烟碳氮代谢及产、质量的影响研究[J].中国烟草科学,2000,(1):32-36.

[26]　崔国明,黄必志,柴家荣,等.硼对烤烟生理生化及产质量的影响[J].中国烟草科学,2000,(3):14-18.

[27]　徐淑芬,宁辉,李昌德.微量元素对烤烟产量影响的研究[J].黑龙江农业科学,1995,(5):20-22.

第十一章　植烟土壤钼营养与施肥

第一节　土壤中的钼

一、土壤钼含量与分布

钼是较晚发现的一种金属元素——1782 年由瑞典化学家埃尔姆（Hjelm）将用亚麻籽油调过的木炭和钼酸混合物密闭灼烧而得到。土壤中钼主要来源于钼矿石，但是钼矿石钼含量很低，一般为 0.1~10 mg/kg，平均含量为 2.0 mg/kg，与地壳中平均钼含量（2.3 mg/kg）基本一致。研究表明，我国土壤钼含量略低于地壳中平均钼含量，全钼含量一般为 0.1~6 mg/kg，平均为 1.7 mg/kg。

二、土壤中钼的存在形态

含钼矿石经过物理-化学-生物等一系列生理生化过程后，钼便以不同的形态进入土壤。土壤中钼以含氧酸根和阴离子的形态存在，主要分为以下 4 类。

①水溶态钼。土壤 pH 值大于 5 时，钼主要以 MoO_4^{2-} 形态存在。MoO_4^{2-} 是植物吸收利用钼的主要形态，含量为 2.2~8.1 mg/kg。

②交换态钼。交换态钼主要指被带正电荷的黏土矿物和氧化物吸附的钼酸根（MoO_4^{2-}、$HMoO_4^-$）。这些钼酸根可以被 OH^- 代换进入土壤溶液中，供植物吸收利用。研究发现，在酸性土壤中，有效钼的含量很低时，即使全钼的含量较高，缺钼现象也时常发生。我国酸性土壤多分布于黄壤亚区和红黄壤亚区，土壤中水化氧化态铁、铝含量较高，释放出正电荷并与钼酸根牢固结合，降低了钼的有效性。一般施用石灰可以提高酸性土壤中钼的有效性。

③矿物态钼。矿物态钼指存在于土壤原生矿物或次生矿物晶格中的钼，主要以辉钼矿（MoS_2）、$PbMoO_4$ 矿物等形态存在。这种形态的钼占土壤钼的 45%~79%，溶解度低，是不能被植株吸收利用的。

④有机态钼。有机态钼主要来源于各种植物的残体，是能够与土壤有机质结合的钼，一般随有机质的矿化作用被释放出来供植物生长利用。

研究表明，这 4 种形态之间存在着动态平衡，在一定条件下可以进行相互转化。

三、钼的有效性及影响因素

土壤中有效钼的化学形态尚不能完全确定,在土壤和植物营养诊断中常用的浸提剂为 Tamm 溶液(pH 值为 3.3 的草酸-草酸铵)。采用该法浸提的钼一般包括交换态钼和一部分铁铝氧化物中的钼,这部分钼含量在 0.02~0.14 mg/kg 范围内。土壤中钼的含量受成土母质以及土壤质地、有机质含量和酸碱度等因素的影响,特别是 pH 值,对土壤中钼的含量影响较大。酸性土壤中钼的有效性很低,因为酸性土壤中铁铝氧化物和高岭石等对钼具有强烈的吸附和固定作用,如果 pH 值升高,钼会被重新释放出来,又变成有效态钼。研究发现,土壤水分、黏粒含量和有机质的增加会提高钼的有效性。

(一) pH 值

土壤钼的有效性受土壤 pH 值变化的影响较大。研究表明,土壤 pH 值影响钼的形态、溶解度、代谢作用和吸附作用,进而影响植物对钼吸收的有效性。植物可以吸收利用的钼形态主要为 MoO_4^{2-}。在 pH 小于 5 的酸性土壤中,MoO_4^{2-} 容易被土壤中的铁铝氧化物吸附,从而降低钼的有效性;但在碱性土壤中,铁铝氧化物的吸附能力会降低,进而提高钼的有效性。研究表明,土壤 pH 值每提升一个单位,水溶态钼含量增加 100 倍。例如,我国南方大部分红壤呈酸性,全钼含量高,有效钼含量低,植物往往表现出缺钼症状,这主要是由于酸性条件对有效钼的吸附作用大。

另外,土壤湿度也可通过影响 pH 值影响有效钼的含量。土壤 pH 值一般随土壤含水率的增加有提高的趋势,酸性土壤淹水后 pH 值会迅速升高。黏土矿物也具备吸附一定量钼的能力,且钼的吸附量与 pH 值也具有较大的关系。但土壤 pH 值过高也会降低钼的有效性,pH 值大于 8 时,石灰性土壤中 HCO_3^- 含量过高,也会抑制钼的有效性。pH 值对钼存在形态的具体影响如表 11-1 所示。

表 11-1　pH 值对钼存在形态的具体影响

pH 值	钼存在形态
>5	MoO_4^{2-}
2.5~5	$HMoO_4^-$、$Mo(OH)_6$、$HM_2O_7^-$
<2.5	H_2MoO_4

(二) 成土母质

土壤中矿质元素的含量往往与成土母质具有很大的关系,不同成土母质中的全钼含量存在较大差异,直接会影响到土壤有效钼的含量。酸性火成岩、沉积岩、变质岩中钼的含量较高,平均含量可达 2 mg/kg;辉长岩、玄武岩等基性火成岩中钼含量略低,约为 1.4 mg/kg;碳酸盐中钼含量较低,仅为 0.2~0.4 mg/kg。在我国,北方黄土母质和黄土性物质发育的各种土壤中全钼和有效钼的含量都很低。黄土母质钼含量低与矿物组成有关,黄土母质的矿物主要由石英和长石以及云母、碳酸盐碎屑组成,这些矿石中钼含量很低。我国南方红壤区缺钼的主要土壤类型为红壤、砖红壤和赤红壤,这些土壤中全钼的含量高,但有效钼的含量却很低。全钼含量高主要受成土母质的影响,有效钼含量低受土壤条件的影响。我国南北纬度和东西经度跨度较大,环境气候具有明显差异,土壤类型复杂多样,导致我国不同类型土壤钼含量具有较大差异。我国土壤类型及其全钼含量如表 11-2 所示。

表 11-2　我国土壤类型及其全钼含量

土壤类型	全钼含量/(mg/kg)
森林土、白浆土	1.3～6
草甸土、黑土、黑钙土、褐土	0.2～5
碱土、盐土	0.5～2
栗钙土	0.1～1.2
砂土	0.1～0.7
红壤	0.36～0.68

(三)土壤有机质含量

由于有机质与钼具有较强的亲和力,钼可以与土壤有机质产生多种作用,如离子交换作用、表面吸附作用、共沉淀作用和络合作用。土壤钼可被有机质还原,以交换态阳离子的形态存在。另外,土壤钼还可以与特定的黏土矿物结合形成一种有机-无机复合体。有机态钼是钼存在的主要形态之一,它的来源除了动植物腐殖质中残留的钼外,还包括土壤有机质吸附固定的钼。在有机质含量高的土壤中,钼含量平均高达 20 mg/kg。胡瑞文等人指出,不同土层(0～10 cm、10～20 cm、20～30 cm)有效钼的含量会随有机质的增加而增加,土层超过 30 cm 后,有效钼含量随有机质的增加呈现先增加后稳定的趋势。王珊等人通过对土壤有效态微量元素影响因素进行分析发现,有机质与 Cu、Fe、Zn、B、Mo 均呈显著或者极显著正相关关系。因此,对于土壤缺钼的地区,提高有机质含量是增加土壤有效钼含量的有效措施。也有人指出,有机质含量不宜过高,过多会促使土壤中 Mo^{6+} 被还原成 Mo^{4+},反而会降低有效钼的含量。

(四)农艺措施

(1)石灰施用:在酸性土壤中施用适量的石灰能够中和土壤的酸度,对钼肥的利用效果有一定的正面影响。土壤酸度下降后,能提高土壤中钼的有效性,使土壤提供较多的钼来满足(或部分满足)农作物对钼的需要。

(2)磷、硫肥施用:Mo、P、S 这三种元素间存在着比较复杂的关系,因此 Mo、P、S 的缺乏往往会同时发生。施磷肥对植物吸收钼有协同作用:施磷肥后,$H_2PO_4^-$ 能替代阴离子交换复合物中的 MoO_4^{2-},从而增加钼的有效性;在碱性土壤上过量施磷肥会降低钼的有效性。农业生产上施用含 SO_4^{2-} 的酸性肥料,不仅会降低土壤 pH 值,而且 SO_4^{2-} 会和 MoO_4^{2-} 争夺作物根表面上的吸附位点,进而降低植物对钼的吸收利用。

四、钼的吸附与解吸

在土壤介质中,土壤颗粒、铁铝氧化物、黏土矿物以及腐殖质等都可吸附和固定钼,且不同化合物吸附钼的能力有较大的差异。土壤中钼被吸附的形式可分为 3 种:①阴离子代换吸附;②形成难溶态钼的盐;③固定在铁、铝、锰等氧化矿物的晶格内。一般认为,土壤钼通过钼酸根阴离子与胶体表面 OH⁻ 或其他阴离子进行配位交换而被吸附。钼主要以第一种形式被吸附,土壤中 MoO_4^{2-} 和 $HMoO_4^-$ 因被胶体表面上的阴离子 OH^-、SO_4^{2-}、$H_2PO_4^-$ 等代换,而被土壤中的正电荷吸附,这种吸附易于解吸。目前关于土壤中钼吸附的描述已建立了不少的化学模型,如 Langmuir 等温吸附方程、Freundlich 等温吸附方程及 Temkin 等温吸附方程。有关土壤中钼的解吸研究甚少,Zhang 和 Sparks 利用 R-JUMP 松弛技术进行了针形矿中钼吸附-解吸的动力学研究,并建立了相关的动力学方程。

五、钼的迁移和淋洗

钼是较易迁移的元素,在土壤中有较大的移动性。一般只有溶解在水溶液中的钼才可以迁移,因此土壤中交换态钼、有机态钼和难溶态钼只有转变为水溶态钼后才能移动。通常钼在土壤中的迁移并无规律,植物根系大多通过质流将钼迁移至根附近,少部分也可通过截取和扩散方式获得钼。钼的淋洗较少发生,当降雨量较大或在盐碱干旱地区进行灌溉时,土壤中钼盐易通过淋洗而损失。

第二节　钼在植物体中的生理功能

目前已知植物必需营养元素有 17 种,钼较晚被证实是植物必需的营养元素。1939 年,阿农(Arnon)和斯托德(Stout)在试验时发现番茄中某些症状受缺钼的影响,由此证明钼是植物必需的营养元素。目前证明钼必需性的植物已有 50 多种。研究发现,钼同样也是人类必需的营养元素。由于钼影响哺乳类动物的代谢,目前被广泛应用于医学中乳腺癌、胃癌等疾病的诊断方面。

钼是动植物体内必需的微量营养元素之一,含量虽少,但营养功能强大且不可替代。经大量研究发现,钼素主要以含钼酶的形式在植物体内起作用。目前在高等作物中确定了 4 种含钼酶:硝酸还原酶(NR)、黄嘌呤脱氢酶(XDH)、醛氧化酶(AO)、亚硫酸盐氧化酶(SO)。含钼酶通过参与植物体内氧化还原反应控制植物的碳氮代谢等过程,调节植物的生理变化。另外,在提高植物抗寒能力、光合效率、抗逆性以及激素调节等方面,钼也有重要作用。

一、钼在植物体内的含量与分布

植物对钼的需要量低于其他任何一种必需营养元素。在正常生长的植株的干物质中,钼的平均含量仅有 0.1 mg/kg。钼是移动性中等的养分元素,主要存在于植物的韧皮部和维管束薄壁细胞组织中,在韧皮部可以转移。在不同的生长环境中,钼在植物体各器官中的含量与分布不同。刘鹏等人研究发现:缺钼时,钼优先分配给根和叶;钼供应正常时,钼主要分布于根和茎中;随着植物生长期的推进,种子中钼含量逐渐提高。另外,不同作物中钼的含量与分布也存在差异,如豆科作物钼含量高于禾本科作物,豆科种子钼含量可以达到 0.5~20 mg/kg,在根瘤中钼含量也很高(比叶片高 10 倍左右);谷类作物中钼含量为 0.2~1 mg/kg,主要分布于幼嫩的器官中,且叶片>茎部>根部。一般作物在钼含量低于0.1 mg/kg时表现出缺钼症状,而豆科作物可能在钼含量低于 0.4 mg/kg 时出现症状。

二、钼在植物体内的吸收和转运

植物从土壤中吸收钼的主要形态是 MoO_4^{2-}，但对于钼的吸收方式目前仍存在争议。有学者认为，钼以被动吸收的方式进入植物体，植物吸收钼的量与外界钼浓度正相关；也有部分学者认为，植物吸收钼的方式是主动吸收，提高外界环境中磷酸盐的供给能明显促进植物对钼的吸收。

目前在植物体内已经发现几种钼转运蛋白，揭示了钼在植物体内的转运机制。例如，根据在番茄生长的过程中，如果外界硫酸盐浓度很低，植株对钼的吸收量显著增加可以推断出，钼酸盐的吸收是通过硫酸根的运输系统完成的。之后研究证实了硫酸盐转运蛋白 SHS-TI 可以作为一种非特异性钼酸盐转运子。在拟南芥和绿藻中发现了钼转运蛋白 MOT1，并证明了它具有调控钼酸根离子转运的功能。以后又发现了位于拟南芥液泡膜上的 MOT2 也可以调控细胞内的钼酸盐浓度平衡。

三、钼的营养功能

(一) 是硝酸还原酶的组分

硝酸还原酶(nitrate reductase,NR)在植物体内和微生物中广泛分布,绝大多数有机体与硝酸盐共存时可以诱导形成硝酸还原酶。硝酸还原酶是植物体内进行氮代谢的关键酶,而氮代谢是植物体内重要的生理生化过程,是限制植物生长发育和形成产量的首要因素。钼是硝酸还原酶和固氮酶的重要组分,在植物氮代谢过程中至关重要。

植物吸收硝态氮之后,需经过一系列的还原过程,将 NO_3^--N 还原成 NH_3 才能用于合成氨基酸和蛋白质。硝态氮还原的第一步是在细胞质中将 NO_3^--N 经硝酸还原酶的作用还原成 HNO_2 分子,第二步是在叶绿体中经亚硝酸还原酶将 HNO_2 还原成 NH_3。硝酸还原酶是一种黄素蛋白酶,包含几种辅基,如黄素腺嘌呤二核苷酸(FAD)、细胞色素和钼。在同化过程中,NADHP(或 NADH)为电子供体,FAD 为辅基,钼为辅基中的金属元素,并发生化合价的变化。钼在硝酸还原酶中起电子传递的作用,电子通过 NADHP(或 NADH)转移至 FAD 上,使其变为 $FADH_2$,由 $FADH_2$ 把电子转移到氧化态钼(Mo^{6+}),使钼转变为 Mo^{5+},Mo^{5+} 最后把电子转移给硝酸根,使其还原成亚硝酸。

钼与部分蛋白质结合,构成酶不可缺少的部分。研究表明,钼对硝酸还原酶的活性具有明显影响。在低钼条件下,硝酸还原酶的活性降低,抑制硝态氮的同化作用,导致植物体内硝酸盐积累,氨基酸和蛋白质的数量明显减少。大豆中硝酸还原酶在碱性缓冲液中透析时,钼会从蛋白质上解离出来,酶活性也随之丧失,但重新加入钼以后硝酸还原酶的活性会完全恢复。关于钼对冬小麦硝酸还原酶的研究也较多。在常温条件下,钼对冬小麦体内硝酸还原酶活性的影响不大;在低温胁迫下,增施钼肥显著增加小麦地上部、根部硝酸还原酶的活性,降低叶片中 NO_3^--N 的含量,减轻硝酸盐的毒害作用。

(二) 参与根瘤菌的固氮作用

参与根瘤菌的固氮作用也是钼重要的一项营养功能。豆科植物与根瘤菌的共生固氮作用是自然生态系统和可持续农业中可吸收氮的主要来源之一。豆科植物的固氮作用是借助于固氮酶将大气中的 N_2 固定为 NH_3，再由 NH_3 合成有机含氮化合物。固氮酶中重要的蛋白组分包含钼铁氧还蛋白和铁氧还蛋白。研究表明，这两种蛋白单独存在时不具有固氮酶的活性，只有两者聚合构成复合体才具有固氮酶的活性。

在固氮过程中，一般认为铁氧还蛋白具有电子传递作用，钼铁氧还蛋白起固氮作用。钼是固氮酶的活性中心，可以直接与游离氮结合，通过获得能量和电子之后还原得到 NH_3。在研究固氮酶反应过程中钼的作用时，Mckenna、Benemann 等人用钒代替钼未能获得固氮酶活性；Mckenna 等人用钨代替钼也未获得固氮酶活性。另外，Bill 等人指出，在用钨代替钼形成的固氮酶中加入一个钼辅助因子，固氮酶又可以重新获得活性，因此钼在固氮过程中是必不可少的。

钼除了参与硝酸盐还原和固氮作用外，还可能参与氨基酸的合成与代谢。研究发现，在缺钼胁迫下，植物体内硝酸还原酶的活性降低，谷氨酸脱氢酶的活性也会下降；给植物供应钼时，谷氨酸的浓度增加。

（三）调控植物体内的抗氧化系统和激素代谢

当植物感受到逆境信号时，植物自身会通过生理代谢机制的调整最大限度地适应不良环境。在逆境胁迫下，一方面，植物体内产生大量的 H_2O_2、O_2 和 ·OH 等活性氧，这些高破坏性的活性氧将启动膜脂过氧化作用，造成膜系统的损伤；另一方面，植物体可调动保护系统中的酶类物质抵御和清除活性氧，抑制膜脂过氧化，维持膜系统的稳定性，使各种代谢有序进行。例如，低钼胁迫对大豆最显著和直接的效应是产生活性氧，使各类保护酶的活性明显降低，增加膜的通透性，破坏膜的完整性。聂兆君等人所进行的试验表明，随着钼水平的提高，小白菜中抗坏血酸过氧化物酶、单脱氢抗坏血酸还原酶、脱氢抗坏血酸还原酶的活性均呈上升趋势，抗坏血酸氧化酶的活性下降。徐晓燕等人研究表明，低钼胁迫使烟叶中的抗坏血酸氧化酶、多酚氧化酶的活性明显增加，使过氧化物酶、超氧化物歧化酶的活性下降，并且施钼还能够促进烟草中的抗膜脂过氧化胁迫，从而提高烟草植株体内的酶类协同抗氧化。

黄嘌呤脱氢酶（XDH）和醛氧化酶（AO）是与激素代谢（ABA、IAA）、活性氧代谢等有关的含钼酶。武丽等人研究发现，烤烟在缺钼胁迫下培养 20 天后，XDH 和 AO 的活性显著降低。XDH 活性的降低造成黄嘌呤代谢受阻，使氮从植株下部叶向上部叶和籽粒运输困难，进而导致植物生长不良。在拟南芥中，醛氧化酶同工酶（AO3）参与催化 ABA 合成的最后一步。孙学成等人研究表明，施用钼肥能提高低温期间冬小麦 ABA、可溶性糖、游离氨基酸和可溶性蛋白质等低分子量碳氮化合物的含量，显著提高质膜中磷脂的含量和脂肪酸的不饱和度。缺钼植物叶片大多会出现枯萎现象，这可能是由缺钼会抑制 ABA 的合成，致使气孔开张异常、水分蒸发等原因引起的。施木田和陈如凯关于苦瓜叶面喷施锌、钼肥料的研究表明，钼可以显著提高苦瓜叶片 IAA 的含量。

（四）促进植物体内有机含磷化合物的合成

钼与植物磷代谢密切相关。钼酸盐不仅影响正磷酸盐和焦磷酸酯类化合物的水解，还会影响植物体内有机磷（Po）和无机磷（Pi）的相互转化。缺钼提高了磷酸酶的活性，促使 Po 含量降低；而施钼可使植物体内的 Pi 转化成 Po。另外，在缺磷时，植物体内会积累大量的钼酸盐，从而造成钼中毒。

（五）参与体内光合作用和呼吸作用

钼不仅参与氮代谢，也参与植物碳代谢过程。缺钼抑制光合色素的合成，导致植株叶片黄化、还原糖含量减少，导致作物生长不良、产量降低、品质下降等一系列问题产生。

叶绿素是参与光合作用的重要物质，其含量的增减影响光合效率。研究表明，钼是维持叶绿体正常结构不可缺少的营养元素。在示踪元素试验中，叶绿素减少的区位往往位于缺钼的同一脉间区内。钼通过维持叶绿体的稳定性和扩大光合叶面积来增强大豆的光合作用。研究表明，施钼植物的光合作用强度与对照组相比提高 10%～40%。用钼酸铵拌种的大豆，叶片中叶绿素的含量在盛花期增加 3.64%～9.30%，在盛荚期增加 3.06%～6.76%。随着钼酸铵含量的增加，大豆叶片的光合效率先升高后降低。缺钼时，冬小麦叶绿素的含量明显降低，结构发生异常，基粒发育不良，光合作用强度下降。最新研究通过扫描电镜（SEM）和透射电镜（TEM）等分析方法，发现适量施钼影响小麦叶片的超微结构，细胞中叶绿体组织较好，具有一致的椭圆结构，大多附着于或更接近细胞壁，更有利于进行光合作用。另有研究指出，施钼可提高冬小麦碳同化产物可溶性总糖、纤维素和半纤维素等的含量。

碳代谢中另一个重要的过程是呼吸作用。光合作用是利用光能将二氧化碳和水转化成有机物的同化过程，呼吸作用则是在酶的作用下逐渐氧化释放能量的过程。多酚氧化酶（PPO）、抗坏血酸氧化酶（AAO）、乙醇酸氧化酶（GO）是植物呼吸作用的关键酶，这些酶将底物的电子传递给氧分子，形成 H_2O 和 H_2O_2 来适应底物和外界环境的变化，以保证植物体的正常生命活动。研究发现，在冬小麦分蘖期和拔节期，施钼会降低 PPO、AAO 和 GO 的活性，抑制小麦叶片的呼吸作用，减少碳同化产物降解，同时促进光合产物在营养器官中积累；在小麦孕穗期和灌浆期，施钼更能提高 AAO 和 GO 活性上升的速度，促使叶片中碳水化合物向生殖器官中转移，使小麦籽粒饱满、叶片早衰、成熟提前。

（六）促进生殖器官的建成

豆科作物根瘤和叶片脉间组织中钼含量较高，在生殖器官中钼含量也很高。这表明钼在受精和胚胎发育中具有特殊作用。当植物缺钼时，花的数目减少。番茄缺钼时，花特别小，并丧失开放能力。玉米缺钼时，花粉的形成和活力会受到显著抑制。

研究表明，种子钼含量有时可作为预测植物对钼反应敏感程度的指标。当豌豆种子中钼的含量为 0.65 mg/kg 时，施钼肥没有反应；而钼的含量为 0.17 mg/kg 时，施用钼肥有良好的效果。在缺钼的土壤上，当玉米种子钼含量为 0.08 mg/kg 时，正常出苗；钼含量为 0.03～0.06 mg/kg 时，幼苗会出现缺钼症状；而钼含量低于 0.02 mg/kg 时，会出现严重的缺钼症状。

四、植物缺钼与钼中毒症状

（一）植物缺钼症状

研究及试验表明，缺钼胁迫下植物的共同特征是植株矮小、生长缓慢、叶片失绿，且有大小不一的黄色或橙黄色斑点，严重时叶缘萎蔫，叶片扭曲呈杯状，老叶变厚、焦枯，以致死亡。由于钼在植物体内属于可移动元素，因此缺钼症状一般首先出现在老叶或成熟叶，以后向幼叶发展。不同种类植物,缺钼症状也有所不同。例如,豆科植物的缺钼症状与缺氮症状相似,而且根瘤发育不良,形状很小。二者的不同之处是严重缺钼叶片的症状特征,NO_3^--N 积累致使叶缘出现坏死组织。十字花科的花椰菜缺钼时,叶片明显缩小,叶肉坏死、脱落,形成不规则的畸形叶或鞭尾状叶,这通称为鞭尾病、鞭尾现象或鞭尾症(whiptail)。柑橘缺钼表现为成熟叶片沿主脉局部失绿,严重时可出现坏死,叶背有褐色的胶状小突起,即得黄斑病。

　　土壤缺钼造成作物缺钼的表现有两种:一种是叶片脉间失绿变黄,老叶易出现斑点,新叶出现症状较迟;另一种是叶片瘦长畸形、叶片变厚,甚至焦枯。土壤缺钼所造成的作物缺钼一般表现出叶片上出现黄色或橙色大小不一的斑点,叶缘向上卷曲,呈杯状;叶内脱落残缺或发育不全。土壤缺钼时,植物中硝酸盐、亚硝酸盐含量增加,反之则减少。主要原因在于钼是植物硝酸还原酶的重要组分,缺钼时植物中硝酸盐不能还原成铵,进而形成氨基酸和蛋白质,于是硝酸盐与亚硝酸盐就在植物体内累积起来,直接影响氮代谢及氨基酸、生物碱和碳水化合物等物质的合成与运输。

(二)植物钼中毒症状

　　植物缺钼的临界值较低(0.10 mg/1 kg 干物重),但忍耐高钼的能力很强,大多数植物在钼含量大于 100 mg/kg 情况下无不良反应。不同植物对钼的忍耐程度也具有较大的差异。Adriano 报道,当大豆、棉花和萝卜的叶片钼含量分别达 80 mg/kg、1585 mg/kg 和 1800 mg/kg 时,生长仍未见异常。刘鹏等人在大豆盆栽试验中发现,当土壤施钼量达 17.61 mg/kg,大豆叶片钼的含量最高可达 61.87 mg/kg 时,大豆叶片中硝酸还原酶的活性与正常施钼相近,大豆根系的活力虽低于正常施钼却仍高于缺钼处理。番茄植株中钼含量达到 1000～2000 mg/kg 时,叶片上才会出现缺钼症状;而牧草中钼浓度高于 15 mg/kg 时,就可对动物产生毒害作用,尤其是奶牛最为敏感。

第三节　钼在烤烟中的生理功能

　　烤烟是一种重要的特殊经济作物,在我国有大面积的种植区域,在河南、安徽、湖南、四川、贵州、云南等地均有种植。在我国,烤烟种植区域可以分为五大烟区:西南烟区、东南烟区、长江中下游烟区、黄淮烟区和北方烟区。近些年,烤烟种植区域发生变迁。张媛媛等人研究发现,中国烤烟种植呈现出"北烟南移"格局,尤其是向西南地区迁移的趋势明显。这主要受土壤条件和环境气候的影响,土壤条件和环境气候对烤烟的生长发育特征、产量以及品质会产生较大的影响,不仅影响烤烟的形态特征以及农艺性状,而且影响烤烟叶片中的化学成分。

　　烤烟是喜光植物,其产量和品质的形成依赖于光合作用产生的有机物质,提高烤烟产量和品质的根本途径是改善烤烟的光合性能。叶绿体在光合作用中起重要作用,而钼是维持叶绿体正常结构必需的金属元素,同时钼在植物氮碳代谢以及蛋白质合成、激素代谢中起不可缺少、不可替代的作用。因此,研究钼素营养对提高烤烟产量和品质具有重要的意义。

一、烤烟中钼的含量与分布

　　钼在烤烟中是微量的,目前在烟草上对于钼营养还没有明确的丰缺值,依然将在同类作物中界定的 0.1～0.2 mg/kg 作为烟草缺钼的临界值。但是对大多数植物而言,当钼含量超过 0.1 mg/kg 时,几乎不可能出现缺钼现象。

钼主要以 MoO_4^{2-} 的形态被烟草吸收。烟草既可以通过根部从土壤中吸收钼,也可以通过叶片吸收钼,主要以根部吸收为主,但是张西仲等人发现叶面施钼显著提高烟草中的钼含量。烟草所吸收的钼主要分布于叶片中,北方烟叶钼含量略低于南方烟叶钼含量。适当浓度的钼可在一定程度上提高烟叶中钼的累积量和分配比例,不同钼肥用量的烤烟体内钼分配情况不同,烟株各器官中钼的分配比例为花芽＜根、茎＜叶片,上部叶＜中部叶＜下部叶。

二、钼素对烤烟生长发育的影响

钼是植物生长必需的重要微量元素之一,在植物体内参与组成钼酶或钼辅因子,通过进行催化反应、氧化反应以及还原反应等调控植物体内的碳氮等代谢过程而发挥生理作用。钼对烟草的氮素营养以及提高烟叶中叶绿素的含量和稳定性、增强光合作用、促进碳水化合物的合成转运具有重要作用。施钼能显著提高烟草生长前期的光合速率,增加干物质的积累。亚硝胺(TSNA)形成的前体物是烟草生物碱、硝酸盐和亚硝酸盐。研究表明,施钼能明显提高烟草生育中前期硝酸还原酶的活性,促进硝态氮向有机氮转化,降低硝酸盐在烟株体内的累积,进而抑制硝酸盐和亚硝酸盐等合成 TSNAs,减少致癌物质的产生。

烤烟缺钼会直接或间接影响叶绿素的含量及相关酶的活性,降低光合速率和根系的活性,进而影响光合产物合成以及植物根系对养分的吸收能力,从而影响烤烟的正常生长发育,降低其产量、产值。研究表明,在缺钼的植烟土壤中增施钼肥可显著促进烤烟的生长发育,使烟叶具有成熟度高、落黄早、品质高等特点。

烤烟缺钼会导致烟株生长缓慢,株型矮小,根系瘦弱,叶片狭长,脉间叶肉皱缩,叶面有坏死小斑,易早花、早衰等不良症状。在缺钼的土壤上合理施用钼肥,具有明显的增产和增值效果。需要注意的是,由于烟草对钼的需求量较少,钼肥施用不当易造成钼中毒。

三、钼在烤烟中的生理功能

烟草是一种叶用模式经济作物,碳氮代谢的强弱和协调程度直接或间接影响着烟草的生长发育以及含氮化合物和碳水化合物等物质的合成和积累。烟株各种生理生化代谢过程和转化都是在碳氮关键酶的作用下进行酶促反应的。钼素营养调节着烟草的碳氮代谢进程,对烟叶的正常落黄有重要意义。

(一)钼对烤烟氮代谢的影响

钼是 NR 的活性组分,在植物氮代谢中有着非常重要的作用。作为含钼酶之一,NR 是进行硝酸盐同化的关键酶,同时也是氮代谢中的限速酶,其活性的高低直接反映出植株的氮代谢水平。许多研究表明:叶面喷施钼肥能明显提高不同品种烟草生育前期叶片 NR 的活性,降低 NO_3^--N 的含量,从而降低烟株中硝酸盐的积累,减少致癌物质的产生。

烟草对氮素的同化是氮代谢的重要生理过程。环境中的无机氮被植物吸收后,通过谷氨酸合成酶循环被同化为谷氨酸(Glu) 和谷氨酰胺(Gln),然后形成各种氨基酸和含氮化合物。武丽等人研究发现,缺钼胁迫显著影响了 Glu、Gln 的合成,显著降低了烟草中含钼酶和碳氮代谢关键酶的活性或含量,使氮代谢受阻,并加快了氮代谢向碳代谢的提前转换,使叶片提前落黄。

（二）钼对烤烟叶绿素含量、光合作用的影响

大量研究表明，缺钼时，植物体叶绿素的含量显著减少，叶绿体结构受到破坏，叶绿体内叶绿素与胡萝卜素的含量降低，进而影响烟叶细胞 PSⅡ 的光化学效率，使细胞的光合作用强度降低。关于钼影响叶绿素机理方面，喻敏等人研究表明，在叶绿体基质转化过程中，缺钼会使 δ-氨基-γ-酮戊酸（ALA）向尿卟啉原Ⅲ（UroⅢ）的转化受到抑制，导致叶绿素的合成受阻。

刘鹏等人发现，施钼有利于维持叶片中叶绿素的稳定性，增加叶片表面积，扩大光合作用接触面积。张纪利等人发现，施钼能明显提高烟草 K326 前期（旺长期到打顶期）叶绿素的含量。许嘉阳的研究表明，施钼可显著增加烟叶中叶绿素 a 和叶绿素 b 的含量，提高烤烟的净光合速率（Pn），促进烤烟的光合作用。

（三）钼对烤烟抗氧化系统和激素代谢的影响

徐晓燕等人通过盆栽试验提出，在低硼、低钼的胁迫条件下，烟草 NC89 和中烟 90 叶片的质膜透性（MP）、丙二醛（MDA）含量、多酚氧化酶（PPO）和 Vc 氧化酶（AO）的活性均增加；超氧化物歧化酶（SOD）、过氧化物酶（POD）、Vc 过氧化物酶（AP）、过氧化氢酶（CAT）的活性均下降；烟叶钾含量较低。施用钼肥的处理使烟叶钾含量以及烟草体内保护系统中酶类抗氧化的能力均得到了提高，并且增强了烟草抗膜脂过氧化的胁迫，保护了膜的完整性和稳定性。

（四）钼对烤烟抗病、抗逆能力的影响

烟草青枯病是世界范围内一种毁灭性的细菌病害，已经成为限制烟草生长的关键病害，大大降低了烟草的产量和品质。研究发现，矿质营养元素不仅可以为植物提供营养，而且可通过直接或间接的方式对病原微生物的侵染和繁殖及宿主植物的抗病、抗菌产生一定的作用。烟草是一种喜温作物，18～28 ℃是烟草较为适宜的生长温度。当环境温度低于 10～13 ℃时，烟草的生长会受到抑制。我国南方烟区早春温度低，冷害易发生，严重影响了南方烟区优质烟叶的生产。

郑世燕通过盆栽试验发现，Ca、Mo、B、Mg 四种矿质营养元素对烟草青枯病均具有一定的抑制作用，其中增施 Ca、Mo 效果显著，并且以叶面喷施 0.2％的钼酸铵对烟草青枯病的控制效果最好。这主要是因为施钼可抑制植物中丙二醛（MDA）的活性，提高 POD、CAT 与 SOD 的活性，这些氧化酶共同组成了植物体内活性氧清除酶系统，维持了膜系统的稳定性，提高了植物抗性，因此在植物体内抵御病原微生物侵染中起重要作用。

许多研究表明，过量表达钼辅因子硫化酶编码基因（LOS 5/ABA 3），能够提高脯氨酸合成酶基因（P5CS）在转基因植物中的表达量，有利于提高植物的抗寒性。研究发现：脯氨酸（Pro）引发后的幼苗抗氧化酶（抗坏血酸过氧化酶 APX 和愈创木酚过氧化物酶 GPX）的活性和抗氧化剂（AsA 和 GSH）的含量明显提高，MDA 含量降低，进而减缓和降低了由干旱和低温引起的氧化胁迫及其伤害，最终提高了烟草种子及幼苗的抗旱性和抗寒性。

第四节　钼肥施用对烤烟产量和品质的影响

　　钼对烤烟的影响最直观的表现是产量和品质。烟草产量由单叶重、种植密度和单株叶片数三个因素构成,烟草品质主要包括外观质量、内在质量、物理特性以及安全性。烟株的化学成分可直接或间接影响烟叶的品质。能够反映烟叶品质优劣的化学成分主要包含烟碱、多酚、还原糖、总糖、蛋白质等。

一、钼肥对烤烟产量的影响

　　近年来,关于钼能够提高烟草产量和品质的研究很多。陈志厚等人研究表明,钼肥无论是施入土壤还是叶面喷施均可使烤烟烟叶的产量提高、品质改善并且增加烟叶钼含量。宋泽民等人研究表明,施钼处理可以增加烤烟上部叶、中部叶的长度和宽度,对增加烤烟产量具有较好的效果。崔国明等人报道,云南烤烟施钼能促进烟株的生长,增加烟叶的产量和产值。在烤烟团棵期、旺长期、现蕾期喷施钼肥,烤烟的产量和产值都显著提高。

　　生物量、干物质累积量是评价作物生长发育情况的重要指标。胡珍兰研究表明,在高氮(0.24 g N/1 kg 土、0.40 g N/1 kg 土)施肥水平下,施钼能够显著增加烤烟的产量和干物质累积量。许嘉阳研究发现,施钼显著提高了烤烟移栽后 70 d 和 80 d 中部叶的生物量和干物质累积量。

二、钼肥对烤烟品质的影响

　　缺钼烟田施钼能够显著增加烟草生长前期的叶绿素含量,增强烟草生长前期的光合速率,具有明显的增糖降碱作用,并提高烟叶的钾含量、产量、产值和中上等烟的比例,降低烟叶烘烤中酶促棕色化反应,提高烤后烟丝的燃烧性、香气以及烟叶油分等,对烟叶品质的形成具有重要作用。

(一) 施用钼肥对烤烟矿质养分含量的影响

　　营养元素在土壤和植物体内并非单独起作用,往往会产生相互影响。钼在植物体内也与其他元素存在一定的关系。研究表明,钼与磷、硼之间是协同促进的作用关系;与硫、铜、铁、锰等是拮抗的作用关系,钼的存在会降低植物对这些元素的吸收。

　　对烟草喷施钼肥能够促进烟草对钼的吸收。研究表明,叶面喷施钼肥能显著提高烟叶钼含量,使上部叶钼含量平均增加到 0.89 mg/kg,使中部叶钼含量平均增加到 0.85 mg/kg。另外,喷施钼肥会影响到烟叶对其他矿质养分元素的吸收,且钼对其他矿质元素的影响因烟叶部位而异。研究发现,施钼可以抑制烟株中部叶硫、镁、锰、铜、硼元素的增加,促进上部叶铜、锰、锌元素的积累。

　　烟草需硫一般为 0.4%(干物质)左右,在烟株生长过程中硫素供应不足和过量,烟叶的生长均会明显受阻。施用适量的硫肥能提高烟叶品质、改善烟叶等级结构,硫肥施用过多和过少均不利于烤烟产量和质量的提高。镁是影响植物光合作用的关键元素,烤烟缺镁时,烟叶质量明显下降,烟叶质量和烘烤特性变差,且烘烤后烟叶外观质量、评吸质量以及吸味质量均显著降低。微量元素锰、铜、硼等缺乏,也会造成烟叶生长畸形、质量下降,影响烟叶的燃烧质量和评吸质量。

(二) 施用钼肥对烤烟烟碱、还原糖含量的影响

烟草中烟碱含量、还原糖含量、氮碱比、糖碱比与烤烟的香气和品味有密切的关系,是衡量烤烟内在质量的重要化学指标。优质烟以烟碱含量为 25 g/kg、还原糖含量为 160 g/kg、氮碱比为 0.6~1、糖碱比为 10 左右为佳。

施用钼肥能协调烟叶中各化学成分,可有效地降低上部烟叶中的烟碱含量,提高钾素含量,改善烟叶油分。李余湘等人研究表明,烤烟叶面喷施钼肥可以促进叶片生长、提高烟叶产量和上等烟叶的比例,对上部叶具有明显的增糖降碱效果。施钼后可以提高烤烟中部、上部叶总糖和还原糖含量,并促进中部叶淀粉的转化。

周初跃等人认为,施钼处理的烟叶中总氮、烟碱以及蛋白质的含量均有所下降。张纪利等人的研究结果也同样证实了这一观点。施钼显著降低打顶后上部烟叶烟碱含量,且叶面喷施钼肥可显著降低烤后烟叶上橘二(B2F)的烟碱含量。烤烟各部位烟叶烟碱含量的大小顺序为下部叶>中部叶>上部叶;烤烟打顶以后,各部位烟叶烟碱含量迅速增加,尤其以上部叶增加最为显著,表明打顶后根中合成的烟碱可以迅速向地上部转移,施钼则能够降低上部叶烟碱含量,钼素营养和打顶均可以影响烟碱合成酶的活性,降低烟株根部 ADC、ODC、PMT 等烟碱合成酶的活性。李春光等人认为,在烟草团棵期喷施钼肥可明显提高烟叶的氮碱比、糖碱比,并增加烟叶中性致香物质和降低苯并[a]芘含量,使各化学成分更为协调。

(三) 施用钼肥对烘烤中酶促棕色化反应的影响

酶促棕色化反应是绿色植物细胞正常的生理生化反应,在提高植物抗性、调节光合作用等方面发挥着积极的作用。在烟叶烘烤过程中,酶促棕色化反应的发生由多酚氧化酶(polyphenol oxidase,PPO)介导,在一定条件下能将多酚类化合物催化氧化转化为 σ-醌。当 σ-醌类物质聚集积累过多时,会进一步发生聚合反应,产生黑色素,使烟叶失黄,导致烤后烟叶产生挂灰和杂色。另外,酶促棕色化反应还会使烟叶叶片变薄、质量减轻、弹性变差、破碎度加大、燃烧力减弱,使烟叶的质量下降。由于多酚类物质是构成烟叶品质和香吃味的必备物质,因此,酶促棕色化反应的发生是造成烟叶质量下降的重要原因之一。抗坏血酸(AsA)是一种强抗氧化剂,可以抑制多酚氧化酶的活性。在缺钼时,烟株中抗坏血酸的含量降低;施钼可提高上部成熟烟叶抗坏血酸的含量,降低多酚氧化酶的活性,提高中、上等烟叶比例,显著减少杂色烟比例。

张纪利等人在大田土壤有效钼为 0.03 mg/kg 的条件下研究发现,施钼后 4 个烤烟品种 K326、云烟 85、CB-1 和红大的成熟烟叶中 AsA 的含量升高,PPO 的活性降低,且上、中等烟叶比例显著提高,杂色烟比例显著降低。因此,增施钼肥能够有效抑制烤烟在烘烤过程中酶促棕色化反应的发生,更有利于改善烤烟烟叶的品质。

(四) 施用钼肥对烤烟香气、燃烧性的影响

烤烟的燃烧性和香气也是判断烤烟品质优劣的重要因素。烟叶的燃烧性不仅是烟叶物理特性的一项指标,也是烟叶感官质量的一项重要指标,燃烧性的好坏影响烟叶的可用性和

安全性。

钾是烟草的品质元素,影响烟叶的燃烧性和吸湿性,能改善叶片的身份和颜色。烟叶钾含量较低是限制我国优质烟叶生产的重要因子之一。国外优质烟叶的钾含量一般在 3% 以上,而我国烟叶钾含量普遍在 2% 左右。

烟草是公认的"忌氯"作物,但氯也是烟草生长重要的必需营养元素之一。研究发现,适宜的氯含量可以增加烟叶的弹性和油润性,降低烟叶的破碎率,提高烟叶的内、外品质。氯对烟叶的燃烧质量有显著影响。一般烟叶氯含量随土壤氯含量的增加而增加,但烟叶氯含量过高(大于 1%)或土壤氯离子含量高于 45 mg/kg,烟叶的燃烧质量明显下降。许自成等人研究表明,氯含量低于 0.7% 时,烟叶的燃烧性处于较好状态;氯含量高于 0.7% 时,烟叶的燃烧性分值急剧下降,燃烧性变差;氯含量大于 1.0% 时,烟叶的燃烧性下降至最低;氯含量为 0.3%~0.5% 时,烟叶的燃烧性分值最高。

另外,烟叶的身份和油分也是影响烟叶燃烧性的重要因素。烟叶的身份一般可分为厚、稍厚、中等、稍薄、薄 5 个等次,且自由燃烧速度随着烟叶厚度的增加而减慢。李章海等人研究表明,烟叶的油分与燃烧性有密切的关系,烟叶的油分充足可以有助于烟叶的燃烧。大量研究表明,在烟草种植过程中施用钼肥对提高烟叶中的钾含量和钼含量具有明显效果,并且钼可以使烤烟叶片变薄,提高烟叶的油分含量。

黄泰松等人研究表明,施钼可提高中上部烟叶中性和酸性香气成分的总量,其中酸性香气成分总量增幅较大,可在一定程度上提高香气指数 B 值。一般香气指数 B 值越大,烟草香味底韵(基香)和吸味越好,经济价值也就越高。盛丰等人研究发现,在烟草叶面同时喷施 1% 的过磷酸钙和 0.1% 的钼酸铵可有效地增加烟叶中性香味物质和新植二烯的含量,对烟叶品质的提高具有良好的效应。

第五节　钼的丰缺指标及烟草钼肥施用

一、土壤钼的丰缺指标

通常土壤某种养分的临界值是指土壤有效养分水平低于该临界值时,作物生长发育受阻或产量下降,施入该养分能促进作物的生长发育或有增产效果。

参照《中国植烟土壤及烟草养分综合管理》,按植烟土壤有效钼含量将土壤分为Ⅰ、Ⅱ、Ⅲ、Ⅳ、Ⅴ五类。其中,Ⅰ表示严重缺钼,Ⅱ表示较为缺钼,Ⅲ表示钼含量适宜,Ⅳ表示钼含量丰富,Ⅴ表示钼含量极丰富,相应的钼含量如表 11-3 所示。

表 11-3　植烟土壤分类及其有效钼含量和临界值

等级	Ⅰ	Ⅱ	Ⅲ	Ⅳ	Ⅴ	临界值
有效钼含量/(mg/kg)	≤0.10	0.10~0.15	0.15~0.20	0.20~0.30	>0.30	0.15

研究表明,我国土壤有效钼含量整体偏低,长江以南的华中、华东和华南地区土壤有效钼缺乏严重;长江中下游地区土壤有效钼含量均低于土壤缺钼临界值,特别是湖北、安徽、江苏三省,土壤有效钼含量低于 0.10 mg/kg,属严重缺钼土壤。钼吸收和积累量与土壤中钼的含量呈显著正相关关系。植烟土壤适宜的钼含量为 2~4 mg/kg,有效钼缺乏临界值

为0.15 mg/kg。

李章海等人研究了烤烟分别在盆栽和田间试验下的土壤有效钼临界值。对于盆栽试验,把0.3 mg Mo/kg作为烤烟产量性状的钼临界值,把0.1 mg Mo/kg作为烤烟油分性状的钼临界值。在田间试验条件下,把0.15 mg Mo/kg作为烤烟产量性状的钼临界值,把0.3 mg Mo/kg作为上等烟的钼临界值。烟田土壤有效钼含量低于0.20 mg/kg时,烤烟会表现不同程度的缺钼症状;高于0.30 mg/kg时,烤烟钼素营养丰富。

王林等人测定了湖南烟区1347个土壤样本的有效钼含量,有56.35%的土壤样本有效钼含量处于临界值以下,均属缺乏状态。刘国顺等人对贵州省毕节地区298个植烟土壤样品有效钼含量的分析结果表明,超过2/5的土壤缺钼。黔南州植烟土壤有效钼含量的平均值为0.146 mg/kg,缺钼土壤高达83.81%。王东胜等人对江西15个植烟县市76个土壤样品进行分析,结果表明耕层土样有效钼含量为0.088 mg/kg,严重缺钼。李良木在曲靖烟区9个县市区的中海拔植烟土壤中采集了1605个样品,测定结果表明该区土壤有效钼平均含量为0.199 mg/kg,变幅为痕量~1.976 mg/kg,地区差异性显著。其中有效钼含量低于0.15 mg/kg的土壤占50.03%,需要增施钼肥;高于0.3 mg/kg的土壤占16.60%,此类土壤应控制施钼量,避免对烟株造成毒害作用。

二、植物钼营养诊断指标

植物钼含量很低,但变异幅度很大,依植物种类、不同部位、不同生长条件而异,一般情况下为0.1~2 mg/kg。豆科植物、十字花科等钼含量高,禾本科钼含量低。作物含钼范围和营养评价指标如表11-4所示。

表11-4 作物含钼范围和营养评价指标

作物(生育期、部位)	含钼状况(mg/kg,干基)		
	缺乏	适宜	过剩
水稻	<0.04	—	
小麦	0.03	—	0
冬大麦(拔节—抽穗,地上部)	—	(0.3~0.4)~3.0	
冬黑麦(抽穗期,尖端)	<0.11	0.19~2.19	>2.19
燕麦(拔节—抽穗,地上部)	0.03	(0.3~0.4)~3.0	
玉米(开花初,穗下第一叶)	<0.1	>0.20	
苜蓿(花前至初花)	0.2	0.5~5.0	5.1~10.0
蚕豆(8周苗,地上部)	—	0.4	
棉花	<0.5		
甜菜(6月末~7月初中部完全叶)菠菜(8周苗叶)	<0.1	0.2~2.0	2.1~20
番茄(温室,上部成熟叶)	—	1.6	—
柑橘	<0.13	0.3~0.7	0.7
苹果	0.03~0.08	—	—

作物(生育期、部位)	含钼状况(mg/kg,干基)		
	缺乏	适宜	过剩
梨	0.05	—	—
油菜	<0.05	—	—
马铃薯(始花期,老叶)	—	>0.3	—

张继榛提出,烟叶钼含量低于 0.18 mg/kg 时可能缺钼,而低于 0.13 mg/kg 时可能出现缺钼症状。另外,也有学者认为,作物成熟叶的缺钼范围为 0.1~0.5 mg/kg,钼含量为 0.5~1.0 mg/kg 时植物正常生长。胡珍兰等人研究表明,在施氮量为 0.42 g/kg 时,配施 0.30 mg/kg 的钼肥,成熟期烟叶中钼含量范围为 0.3~0.6 mg/kg,整体仍处于较低水平。

三、钼肥施用

钼肥(molybdenum fertilizer)是指钼酸铵、钼酸钠、含钼过磷酸钙和钼渣等含钼素化学肥料的总称。钼肥是我国农业中最早施用的微肥,在东北农业生产中最早开始大规模施用,并获得了较高的产量和经济效益。钼是多种酶的组分,参与植物体内氮代谢和碳代谢,并调节各种激素和抗氧化酶的活性,影响叶绿素的含量、光合效率以及其他矿质养分的吸收,对作物的生长具有一定的重要性。因此,钼肥在大豆、冬小麦、烟草、花生、小白菜等植物上得到广泛应用。

(一)常用钼肥种类

我国农业生产上常用的钼肥包含钼酸铵(含钼 54.3%)、钼酸钠(含钼 35.5%)、三氧化钼(含钼 66%)、钼渣、含钼玻璃肥料等。

(二)钼肥的有效性

钼肥的有效性与土壤中有效钼的含量密切相关。一般土壤中有效钼含量高时,钼肥的利用效率降低,使用效果不好。中国科学院南京土壤研究所刘铮等人将我国钼肥有效地分成以下 3 个区。

(1)钼肥显效区:土壤有效钼含量<0.1 mg/kg,北方有黄潮土、褐土、棕壤、白浆土等,大豆、花生等作物需施钼;南方有赤红壤、紫色土等,大豆、花生、豆科绿肥等作物需施钼。

(2)钼肥有效区:土壤有效钼含量为 0.1~0.15 mg/kg,北方有黄绵土、褐土、棕壤、黑土等,南方有红壤、砖红壤、黄棕壤等。该区豆科作物等施钼有效。

(3)钼肥可能有效区:西部有效钼<0.15 mg/kg 的土壤,可能也是钼肥有效地区,这有待进一步试验。

(三)钼肥的施用方法

钼肥既可以做基肥或追肥施入土壤,也可以用于种子处理和根外追肥等。

(1)基肥:播种前与常量元素肥料一起施入土壤,每公顷施入 10~50 g 钼酸铵,可以采用条施或穴施,肥效持续时间较长,一般具有后效。

（2）追肥：作物生长前期与常量元素混合追施，每公顷施入 10～50 g 钼酸铵，可以采用条施或穴施。由于钼肥用量很少且难以撒施均匀，因此一般不采用基施和追肥的方法。

（3）种子处理：种子处理是钼肥施用效果较好而且均匀的一种方式，可以分为浸种和拌种两种方式。

①浸种：用 0.05%～0.1% 的钼酸铵，种液比为 1∶1，浸种 12 h 左右，经晾干后即可进行播种。

②拌种：适用于对溶液吸收量大的种子，用肥量为每千克种子 2～3 g。先用适量的水将种子湿润，然后将种子与按量所需的肥液搅拌均匀，晾干后进行播种。种子钼含量小于 0.2 mg/kg 时，钼肥拌种效果较好；种子钼含量为 0.5～0.7 mg/kg 时，钼肥拌种效果可能会降低。

（4）叶面喷施：叶面喷施是可以防止养分被土壤固定的一种见效快、效率高的施肥方式，是施用钼肥较为常用的方法。钼肥宜根据作物不同的生长特点或营养关键期进行喷施，可在植物出现缺钼症状时及时供应钼素缓解症状。一般用 0.05%～0.1% 的钼酸铵喷施，用肥量约为 405 g/hm^2，喷液量为 750～1125 L/hm^2，在苗期和开花前喷 2 或 3 次。

四、烤烟中钼肥的施用

钼是硝酸还原酶的组分，对烟草的氮代谢有重要的作用。烟株缺钼时，硝酸还原酶的活性降低，造成氮素供应不足而使蛋白质不能代谢，对烟叶的品质产生影响。钼营养能提高烟叶中的叶绿素含量，增强光合作用以及促进植物体内有机含磷化合物的合成。缺钼时，烟株生长缓慢，叶片狭长，叶面有坏死斑点，易早花早衰。有效钼含量的高低影响烤烟的产量和质量，因此提高土壤有效钼含量以及提高钼肥利用效率在烤烟种植中尤为重要。

（一）钼肥施用影响因素

土壤中有效钼的含量会影响钼肥施用的效果，钼含量较高土壤中钼肥利用率较低，过量施用后，会产生烤烟钼中毒症状，降低其产量和品质，造成经济损失。一般在缺钼土壤上施用钼肥具有明显增产增值效果。另外，不同土壤类型也会影响钼肥利用率。廖晓勇等人研究表明，酸性土壤喷施钼肥能明显提高烟草的农艺和经济性状，增加烟叶的蛋白质和烟碱含量，降低还原糖的含量，而石灰性土壤喷施钼肥效果不明显。

烟草不同生长时期对钼的吸收存在较大的差异。旺长期至打顶期是烟叶中钼累积速率增长最快的阶段，钼含量和钼积累量在打顶期达到最高，所以在旺长期至打顶期这一关键时期适当追施钼肥可提高钼肥利用率，有利于提高烟叶的钼含量和钼累积量。

（二）钼肥施用方式及用量

钼属于可移动元素，烤烟中钼肥的施用大多采用叶面喷施的方式，这种方式具有见效快、效率高的特点，钼肥施用后能够满足作物的生长需求。因地区和烤烟品种不同，也会选择土壤基施。齐永杰等人在湖南省郴州市通过田间试验提出硼、锌、钼等微肥基施效果好于喷施，可显著提高云烟 87 上部叶类胡萝卜素降解物、苯丙氨酸类降解物、棕色化产物、茄酮、石油醚提取物等香气物质含量。赵羡波等人研究发现，每株施用 80 mL 钼肥稀释液，移栽时浇施和现蕾期等量喷施相结合的方式的效果最好，两个时期等量喷施的效果次之。

　　宋泽民等人在黔南多地区采用田间试验研究了不同施钼量对烤烟常规化学成分、香气成分、经济性状和评吸结果的影响。结果表明,黔南缺钼烟区施钼量为每株施用 80 mL 烟草专用钼肥稀释液（MoO_3,2 mg/株）,烟叶的品质较高且综合表现较好。普匡等人通过研究表明,在云南新化采用常规施肥＋0.04％钼酸铵的施肥用量,可使烤烟 K326 产量、产值最高。申洪涛等人通过田间试验,以烤烟 K326 为材料,确定了南平烟区钼酸铵施用量以 90 mg/株为宜。周童等人在湖南省湘西州研究了钼肥用量和施用方法对烤烟生长发育和产量品质的影响。结果表明,每亩施用 90 g 钼酸铵,其中 50 g 于移栽 15 d 后与提苗肥混合进行追施,20 g 在移栽 50 d 后喷施,剩余 20 g 在第一次采收后喷施,这种搭配施用方法和用量的效果最好,可显著提高烤烟的干物质量,各部位烟叶化学成分含量较适宜、协调性较好且提高了上中等烟比例、产量、产值和均价等。

（三）钼肥施用时期

　　烟草从移栽到采收需要经过 100～120 d。目前大田管理的总体策略是前期保证烟苗能够快速生根和个体壮大,后期保证烟叶分层落黄、不早衰、不恋青,相应的养分供应要求是"少时富,老来贫"。因此,在大田烟草生长期,肥料施用的基本原则是基追结合,基肥为主,追肥为辅,基肥要足,追肥要早。在施用钼肥时,可以分期进行喷施,以满足不同生长阶段烤烟对钼肥的需求,防止烤烟出现缺钼症状。烤烟在旺长期吸肥量最多,为了满足这一时期烤烟对养分的大量需要,追施钼肥应在团棵前进行。

（四）钼肥配施

　　对于烤烟,钼肥通常会配合其他常量元素或微量元素肥料一起施用。有研究表明,钼肥配施氮、硼、镁、锌、硒肥等,效果比单独施用某种肥料更好。钼锌混合喷施,上部叶叶面积、化学成分协调性以及中性致香物质总量均优于钼锌的单独施用,对烤烟上部叶片的物理性状、内在品质的改善效果较佳。

　　烤烟生长中钾肥的主要来源为硫酸钾。Gupta 研究发现钼酸根和硫酸根离子半径大小相似、化合价相同,因此在植物吸收矿质营养的过程中钼酸根和硫酸根之间存在拮抗作用。Alhendawi 等人进一步的研究表明,硫肥的施用对植物根系对钼的吸收存在抑制作用。

　　研究表明,钼、磷两种元素对植物养分吸收、产量和品质等方面存在显著协同作用。施钼和施磷均可增加烟叶叶片叶绿素含量,提高光合速率。施钼和施磷均显著降低油菜叶片硝态氮含量并显著提高叶片可溶性蛋白质含量,且钼磷配合施用效果更好。因此,在烟草中钼磷配施在降低植烟中硝酸盐含量、提高蛋白质含量方面具有显著效果。

　　钼、硒互作可以提高小白菜的产量、钼硒含量和累积量、可溶性糖和可溶性蛋白质含量,并降低小白菜硝酸盐含量。烟叶中硒含量增加既能提高吸烟者的血硒含量,也可降低卷烟中焦油的毒性,减轻卷烟对人体健康的危害。有研究表明,钼、硒营养对烟叶的外观质量、内在成分以及安全性具有积极的作用。刘晓迪研究发现,在团棵期和打顶期同时喷施 5 g/L 钼和 25 mg/L 硒,可以提高烤后烟叶中钾、香气物质和总糖含量,降低氯含量、含氮化合物含量,对增加烤烟的产量、产值具有积极的作用,有利于优质烤烟的生产。

　　因此,在烤烟中施用钼肥需要考虑植烟土壤中有效钼的含量、烤烟需肥特性、钼肥施用方式和用量以及钼肥与其他肥料配施,使钼肥施用效果达到最好,以提高烤烟的产量、产值与品质,进而提高烤烟的经济效益。

参考文献

[1]　刘铮,朱其清,徐俊祥,等.中国土壤中钼的含量与分布规律[J].环境科学学报,1990,10(2):132-137.

[2]　刘铮.我国农业中施用微量元素的前景与分区[J].土壤,1983,15(5):161-170.

[3]　于天仁.中国土壤的酸度特点和酸化问题[J].土壤通报,1988,(2):49-51.

[4]　李小娜,王金云.我国土壤中钼的赋存形态现状[J].世界有色金属,2019,(13):248-250.

[5]　刘鹏,杨玉爱.土壤中的钼及其植物效应的研究进展[J].农业环境保护,2001,20(4):280-282.

[6]　袁可能.植物营养元素土壤化学的若干进展[J].土壤学进展,1981,(3):1-9.

[7]　汪新民.土壤对钼的吸附与土壤供钼能力[J].安徽农学院学报,1990,17(4):280-287.

[8]　张继榛.影响安徽省土壤中有效钼含量的因素研究[J].土壤学报,1994,31(2):153-160.

[9]　郭朝晖,黄昌勇,廖柏寒.模拟酸雨对红壤中铝和水溶性有机质溶出及重金属活动性的影响[J].土壤学报,2003,43(3):380-385.

[10]　邹邦基.土壤微量元素测试及其应用[J].应用生态学报,1990,(2):186-193.

[11]　鲍士旦.土壤农化分析[M].3版.北京:中国农业出版社,2018.

[12]　劳秀荣,刘春生,杨守祥,等.花生吸钼规律及钼肥施用的研究[J].土壤通报,1998,29(1):33-35.

[13]　李良木.曲靖中海拔烟区土壤有效钼含量分布特点及其与烟叶品质的关系分析[D].郑州:河南农业大学,2018.

[14]　胡瑞文,刘勇军,唐春闺,等.稻作烟区土壤硼钼养分垂直分布及与有机质的关系[J].中国烟草科学,2020,41(3):9-15.

[15]　王珊,于帅,刘娜.土壤有效态微量元素的影响因素分析[J].农业科技通讯,2021,(9):82-84.

[16]　STOUT P R,MEAGHER W R,PEARSON G A,et al. Molybdenum nutrition of crop plant [J]. Plant and Soil,1951，3:51-57.

[17]　GOLDBERG S,FORSTER H S. Factors affecting molybdenum adsorption by soils and minerals[J]. Soil Science,1998,163(2):109-114.

[18]　REYES E D,JURINAK J J. A mechanism molybdate adsorption on αFe_2O_3[J]. Soil Science of America Journal,1967,31(5):637-641.

[19]　REISENAUER H M,TABIKH A A,STOUT P R. Molybdenum reactions with soils and the hydrous oxides of iron,aluminum,and titanium[J]. Soil Science of America Journal,1962,26(1):23-27.

[20]　XIA M Z,XIONG F Q. Interaction of molybdenum,phosphorus and potassium on yield in *Vicia faba* [J]. Journal of Agricultural Science,1991,117(1):85-89.

[21]　ZHANG P C,SPARKS D L. Kinetics and mechanisms of sulfate adsorption/desorp-

ton on gogthite using pressure-jump relation[J]. Soil Science Society of America Journal,1989,53:1028-1034.

[22] SHEPPARD M I,THIBAULT D H. Desorption and extraction of selected heavey metals from soils[J]. Soil Science Society of America Journal,1992,56(2):415-423.

[23] 喻敏,王运华,胡承孝.高等植物钼酶研究进展[C]//青年学者论土壤与植物营养科学——第七届全国青年土壤暨第二届全国青年植物营养科学工作者学术讨论会论文集,2000.

[24] 孙学成,胡承孝.高等植物含钼酶与钼营养[J].植物生理学通讯,2005,41(3):395-399.

[25] 韦司棋,李愿.钼元素在植物体内效应的研究[J].资源节约与环保,2015,(3):252.

[26] 徐根娣,刘鹏,任玲玲.钼在植物体内生理功能的研究综述[J].浙江师大学报(自然科学版),2001,24(3):292-297.

[27] 刘鹏,吴建之,杨玉爱.钼、硼供给水平对大豆钼、硼吸收与分配的影响[J].浙江大学学报(农业与生命科学版),2005,31(4):399-407.

[28] ALHENDAWI R A,KIRKBY E A,PILBEAM D J. Evidence that sulfur deficiency enhances molybdenum transport in xylem sap of tomato plants[J]. Journal of Plant Nutrition,2005,28(8):1347-1353.

[29] FITZPATRICK K L,TYERMAN S D,KAISER B N. Molybdate transport through the plant sulfate transporter SHST1[J]. FEBS Letters,2008,582(10):1508-1513.

[30] GASBER A,KLAUMANN S,TRENTMANN O,et al. Identification of an *Arabidopsis* solute carrier critical for intracellular transport and inter-organ allocation of molybdate[J]. Plant Bilolgy,2011,13(5):710-718.

[31] TEJADA-JIMÉNEZ M,LLAMAS A,SANZ-LUQUE E,et al. A high-affinity molybdate transporter in eukaryotes[J]. PNAS,2007,104(50):20126-20130.

[32] TOMATSU H,TAKANO J,TAKAHASHI H,et al. An *Arabidopsis thaliana* high-affinity molybdate transporter required for efficient uptake of molybdate from soil [J]. PNAS,2007,104(47):18807-18812.

[33] 杜应琼,王运华,魏文学,等.钼肥对小麦体内氮、钼营养影响的研究[J].华中农业大学学报,1994,13(4):384-389.

[34] 刘鹏,杨玉爱.钼、硼对大豆氮代谢的影响[J].植物营养与肥料学报,1999,5(4):347-351.

[35] 陈因.含钼酶和钼在其中的作用[J].植物生理学通讯,1989,(3):67-74,80.

[36] 李文学,王震宇,张福锁,等.低温对缺钼冬小麦幼苗生长的影响:Ⅱ.对氮代谢的影响[J].植物营养与肥料学报,2001,7(1):88-92.

[37] 胡承孝.冬小麦钼营养特性及钼、氮营养关系和机理研究[D].武汉:华中农业大学,1999.

[38] 陆景陵.植物营养学(上册)[M].北京:中国农业大学出版社,1994.

[39] 刘鹏,杨玉爱.钼、硼浸种对大豆幼苗生理特性的影响[J].浙江大学学报(理学版),2003,30(1):83-88.

［40］ 聂兆君,胡承孝,孙学成,等.钼对小白菜抗坏血酸氧化还原的影响[J].植物营养与肥料学报,2008,14(5):976-981.

［41］ 徐晓燕,李东亮,李卫芳,等.硼钼对烟叶膜脂过氧化及体内保护系统和钾吸收的影响[J].中国烟草学报,2002,8(2):6-10.

［42］ MENDEL R R,KRUSE T. Cell biology of molybdenum in plants and humans[J]. Biochimica et Biophysica Acta,2012,1823(9):1568-1579.

［43］ 武松伟,胡承孝,谭启玲,等.钼与植物抗寒性研究进展[J].湖北农业科学,2016,55(1):13-16,42.

［44］ 武丽,张西仲,唐兴贵,等.钼胁迫对烟草含钼酶和碳氮代谢关键酶的影响[J].核农学报,2015,29(12):2385-2393.

［45］ 孙学成,胡承孝,谭启玲,等.施用钼肥对冬小麦游离氨基酸、可溶性蛋白质和糖含量的影响[J].华中农业大学学报,2002,21(1):40-43.

［46］ 施木田,陈如凯.锌硼营养对苦瓜叶片碳氮代谢的影响[J].植物营养与肥料学报,2004,10(2):198-201.

［47］ NAUTIYAL N, CHATTERJEE C. Molybdenum stress-induced changes in growth and yield of chickpea[J]. Journal of Plant Nutrition,2004,27(1):173-181.

［48］ 刘鹏,杨玉爱.钼、硼对大豆光合效率的影响[J].植物营养与肥料学报,2003,9(4):456-461.

［49］ LICHTENTHALER H K. Chlorophyll fluorescence signatures of leaves during the autumnal chlorophyll breakdown[J]. Journal of Plant Physiology,1987,131(1):101-110.

［50］ 孙学成,胡承孝,谭启玲,等.低温胁迫下钼对冬小麦光合作用特性的影响[J].作物学报,2006,32(9):1418-1422.

［51］ 喻敏,胡承孝,王运华.钼对冬小麦叶绿素含量变化的影响[J].麦类作物学报,2006,26(2):113-116.

［52］ RANA M S,HU C X,SHAABAN M,et al. Soil phosphorus transformation characteristics in response to molybdenum supply in leguminous crops[J]. Journal of Environmental Management,2020,268(15).

［53］ 庞静,胡承孝,王运华,等.钼对黄棕壤上冬小麦碳代谢的影响[J].华中农业大学学报,2001,20(1):33-35.

［54］ 梁炫强,潘瑞炽,周桂元.活性氧及膜质过氧化与花生抗黄曲霉侵染的关系[J].中国油料作物学报,2002,24(4):19-23.

［55］ 甘巧巧,孙学成,胡承孝,等.施钼对不同钼效率冬小麦叶片呼吸作用相关酶的影响[J].植物营养与肥料学报,2007,13(1):113-117.

［56］ 刘鹏.钼、硼对大豆产量、品质影响的营养生理机制研究[D].杭州:浙江大学,2000.

［57］ 李国萍,宋玉霞,陈立新.土壤有效钼对农作物的影响及改善措施[J].农村科技,2007,(9):19.

［58］ 张娜娜,苏新宏,何雷,等.我国烤烟生产区域布局的变迁及其成因分析[J].河南科学,2017,35(3):486-493.

[59] 赵胜利.钼素营养对烟草生理生化特性及产量产值的影响[D].合肥:安徽农业大学,2009.

[60] 韩锦峰,王瑞新,刘国顺.烟草栽培生理[M].北京:农业出版社,1986.

[61] 张纪利,杨梅林,罗红香,等.土壤钼素营养状况及钼在烟草上的应用研究进展[J].贵州农业科学,2009,37(4):96-100.

[62] 李余湘,张西仲,李章海,等.烤烟叶面喷施钼肥效应研究[J].贵州农业科学,2011,39(2):60-62,66.

[63] 武丽,张西仲,李余湘,等.钼营养对烤烟干物质积累、钼素分配和利用率的影响[J].江西农业大学学报,2012,34(3):445-450,469.

[64] 秦亚光,王留兴,樊青霞,等.施钼对烤烟硝酸盐和亚硝酸盐含量的影响[J].河南农业科学,2008,(7):54-56.

[65] 钱晓刚,杨俊,朱瑞和.烟草营养与施肥[M].贵阳:贵州科技出版社,1991,47-63.

[66] 吴兆明.植物的微量营养[M].北京:科学出版社,1982:129-186.

[67] 熊瑶,陈建军,王维,等.秸秆还田对烤烟根系活力和碳氮代谢生理特性的影响[J].中国农学通报,2012,28(30):65-70.

[68] 张纪利,罗红香,杨梅林,等.施钼对烤烟叶片硝酸还原酶活性、硝态氮含量及产质的影响[J].中国烟草学报,2011,17(1):67-71.

[69] 李章海,宋泽民,黄刚,等.缺钼烟田施钼对烟草光合作用和氮代谢及烟叶品质的影响[J].烟草科技,2008,(11):56-58,66.

[70] 曹恭,梁鸣早.钼——平衡栽培体系中植物必需的微量元素[J].土壤肥料,2004,(3):加2-加3.

[71] 武丽,李章海,叶文玲,等.钼胁迫对烟草光合荧光参数和叶绿体超微结构的影响[J].农业机械学报,2014,45(8):262-268.

[72] 喻敏,胡承孝,王运华.低温条件下钼对冬小麦叶绿素合成前体的影响[J].中国农业科学,2006,39(4):702-708.

[73] 张纪利,李余湘,罗红香,等.施钼对烟草叶绿素含量、光合速率、产量及品质的影响[J].中国烟草科学,2011,32(2):24-28.

[74] 许嘉阳.钼对烤烟烟碱代谢及品质的影响[D].武汉:华中农业大学,2016.

[75] 慕康国,赵秀琴,李健强,等.矿质营养与植物病害关系研究进展[J].中国农业大学学报,2000,5(1):84-90.

[76] 陈卫国,李永亮,周冀衡,等.烤烟品种耐寒性及相关生理指标的研究[J].中国烟草科学,2008,29(3):39-42,47.

[77] 郑世燕,丁伟,杜根平,等.增施矿质营养对烟草青枯病的控病效果及其作用机理[J].中国农业科学,2014,47(6):1099-1110.

[78] LI Y,ZHANG J,ZHANG J,et al. Expression of an *Arabidopsis* molybdenum cofactor sulphurase gene in soybean enhances drought tolerance and increases yield under field conditions[J]. Plant Biotechnology Journal,2013,11(6):747-758.

[79] YUE Y,ZHANG M,ZHANG J,et al. *Arabidopsis LOS*5/*ABA*3 overexpression in transgenic tobacco (*Nicotiana tabacum* cv. *Xanthi-nc*) results in enhanced drought

tolerance[J]. Plant Science,2011,181(4):405-411.

[80] LU Y,LI Y,ZHANG J,et al. Overexpression of *Arabidopsis* molybdenum cofactor sulfurase gene confers drought tolerance in maize (*Zea mays* L.)[J]. PlOS One,2013,8(1):21-26.

[81] BOUDMYXAY KHAMPHENG,沈镭,钟帅,等.脯氨酸引发提高烟草种子和幼苗抗逆性及其与抗氧化系统的关系[J].山西农业科学,2019,47(1):39-48.

[82] 梁声侃,覃剑峰,郭凌飞,等.烟草高产优质栽培技术研究进展[J].农业研究与应用,2012,(1):49-52.

[83] 武丽.烤烟优质生产调控技术的研究[D].合肥:安徽农业大学,2005.

[84] 陈志厚,郑国建,吴平,等.南平烟区中部烟叶含钼状况及烤烟施钼效应[J].江西农业学报,2010,22(10):67-69.

[85] 宋泽民,李余湘,李章海,等.黔南烟区烤烟钼肥适用量研究[J].中国烟草科学,2014,35(4):41-47.

[86] 崔国明,张辉.Mo肥对烟叶产量品质的影响[J].烟草科技,2000,(3):39-41.

[87] 普匡,缪一飞,李钊,等.钼肥施用量对烤烟产量产值的影响[J].云南农业科技,2005,(2):11-12.

[88] 胡珍兰.钼氮配施对烤烟碳氮代谢及产量、品质的影响[D].武汉:华中农业大学,2013.

[89] 刘鹏.钼胁迫对植物的影响及钼与其它元素相互作用的研究进展[J].农业环境保护,2002,21(3):276-278.

[90] 曾宇,李小勇,韩助君,等.增施钼肥对烤烟叶片矿质元素含量及常规化学成分的影响[J].浙江农业科学,2021,62(11):2226-2228.

[91] 刘勤.烟草硫素营养代谢及对烟叶品质影响的研究[D].南京:中国科学院南京土壤研究所,1999.

[92] 余洁,陆引罡,周建云,等.硫素营养对南江三号烤烟生长及品质的影响[J].广东农业科学,2011,38(20):60-62.

[93] 尹永强,何明雄,韦峥宇,等.烟草镁素营养研究进展[J].广西农业科学,2009,40(1):60-66.

[94] 史宏志,韩锦峰,官春云.烟叶香气前体物在成熟和调制过程中的变化[J].作物研究,1996,10(2):44-49.

[95] 苟剑渝,何楷,吴峰,等.施钼对烤烟化学成分及产质量的影响[J].安徽农业科学,2012,40(24):12039-12040.

[96] 周初跃,徐晓燕,江晓红,等.喷施 Mg、B、Mo、Ca 对烤烟烟碱、多酚类等成分的影响[J].烟草科技,2007,(7):27-29.

[97] 张纪利,曾祥难,苟剑渝,等.施钼量对烤烟化学成分和经济性状的影响[J].安徽农业科学,2013,41(1):95-96,98.

[98] 李春光,陈建中,刘穗君,等.喷施钼对烟叶化学成分的影响[J].甘肃农业科技,2021,52(3):51-56.

[99] 杨树勋.烟草酶促棕色化反应机理及其调控研究进展[J].作物研究,2019,33(3):

246-250.

[100] 彭新辉,周清明,易建华,等.烟草多酚氧化酶研究进展[J].烟草科技,2006,(12):
38-42.

[101] 雷东锋,蒋大宗,王一理.烟草中多酚氧化酶的生理生化特征及其活性控制的研究
[J].西安交通大学学报,2003,37(12):1316-1320.

[102] 李章海,宋泽民,黄刚,等.钼对烤烟烘烤过程中酶促棕色化和烟叶质量的影响[J].
中国烟草科学,2011,32(3):46-50.

[103] 张纪利,李章海,李余湘,等.钼对烤烟烘烤过程中酶促棕色化反应相关指标的影响
[J].烟草科技,2010,(10):52-55.

[104] 温明霞,易时来,李学平,等.烤烟中氯与其他主要营养元素的关系[J].中国农学通
报,2004,20(5):62-64,67.

[105] 许自成,郑聪,李丹丹,等.烤烟钾含量与主要挥发性香气物质及感官质量的关系分
析[J].河南农业大学学报,2009,43(4):354-358.

[106] 李荣兴,闫克玉,李兴波,等.烤烟(40级)各等级河南烟叶评吸质量和配方特点的研
究[J].烟草科技,1995,(5):6-9.

[107] 黄泰松,张纪利,金亚波,等.施钼对烟草香气成分含量的影响[J].江苏农业科学,
2012,40(6):94-95.

[108] 李章海,王能如,王东胜,等.烤烟香气指数的建立及其与烟叶质量特征的关系[J].
安徽农业科学,2007,35(4):1055-1056,1073.

[109] 盛丰,张学伟,张红立,等.磷钼营养对烤烟色素和中性香味物质的影响[J].江西农
业学报,2011,23(11):77-79,84.

[110] 洪松,陈静生,周智强,等.长江中下游黄棕壤中若干元素的环境地球化学特征[J].
地理科学,2000,20(4):320-325.

[111] 李章海,张西仲,武丽,等.烤烟土壤有效钼临界值的初步研究[J].烟草科技,2012,
(1):69-73.

[112] 王林,许自成,肖汉乾,等.湖南烟区土壤有效态微量元素含量的分布特点[J].土壤
通报,2008,39(1):119-124.

[113] 刘国顺,腊贵晓,李祖良,等.毕节地区植烟土壤有效态微量元素含量评价[J].中国
烟草科学,2012,33(3):23-27.

[114] 武德传,陈永安,张西仲,等.黔南山地植烟土壤有效钼空间变异分析[J].云南农业
大学学报,2012,27(6):851-857.

[115] 胡珍兰,张海伟,胡承孝,等.钼氮配施对烤烟钼吸收和分配的影响[J].中国土壤与
肥料,2016,(1):107-111,128.

[116] 焦峰,吴金花,郑树生,等.大豆钼营养研究进展[J].中国农学通报,2005,21(9):
260-262,283.

[117] 孙学成.钼提高冬小麦抗寒力的机理研究[D].武汉:华中农业大学,2000.

[118] 赵明生.钼肥对花生增产效果试验[J].现代农业,2020,(9):44-45.

[119] 任雪岩,李慧敏,刘光财,等.不同浓度钼肥对小白菜产量和品质的影响[J].广东农
业科学,2017,44(11):80-85.

[120]　廖晓勇,向明,秦毅.喷施钼肥对四川烤烟农艺与经济性状的影响研究[J].中国生态农业学报,2005,13(3):51-53.

[121]　齐永杰,徐茂华,潘武宁,等.硼锌钼肥及其配施对烤烟上部叶香气物质含量的影响[J].天津农业科学,2015,21(6):116-119.

[122]　赵羡波,唐兴贵,蒙祥旭,等.不同施钼技术对烤烟生长和质量的影响[J].福建农业学报,2013,28(12):1234-1239.

[123]　申洪涛,段卫东,李冬,等.钼肥对植烟土壤酶活性及烤烟产量和品质的影响[J].河南农业科学,2020,49(6):42-47.

[124]　赖荣洪,黄锡春,许威,等.施用镁硼钼肥对山地紫色土烤烟产质量的影响[J].江西农业学报,2018,30(4):75-78.

[125]　赵佳佳,任志广,杨立均,等.钼肥与锌肥配施对烤烟上部叶内在品质的影响[J].现代农业科技,2017,(22):1-3.

[126]　GUPTA U C. Molybdenum in agriculture[M]. Cambridge:Cambridge University Press,1997:71-90.

[127]　TOGAY Y,TOGAY N,DOGAN Y. Research on the effect of phosphorus and molybdenum applications on the yield and yield parameters in lentil (*Lens culinaris* Medic.)[J]. African Journal of Biotechnology,2008,7(9):1256-1260.

[128]　刘红恩,胡承孝,聂兆君,等.酸性黄棕壤中钼磷配施对甘蓝型油菜苗期碳氮代谢的影响[J].中国油料作物学报,2012,34(1):62-68.

[129]　张木,胡承孝,赵小虎,等.钼硒互作对小白菜产量及营养品质的影响[J].华中农业大学学报,2013,32(3):72-76.

[130]　黎妍妍,李锡宏,王林,等.富硒烟叶对烟气有害成分释放量作用分析[J].中国烟草学报,2013,19(2):7-11.

[131]　孟贵星,白胜,霍光,等.烟草施用硒矿粉等硒肥对烟叶生长及品质的影响[J].中国烟草科学,2011,32(增刊1):71-75.

[132]　刘晓迪.漯河烤烟香味质量与根外追施营养物质效应研究[D].郑州:河南农业大学,2014.

附录 A 烤烟镁肥施用技术规程

一、范围

本文件规定了烟田土壤镁肥施用技术标准。

本文件适用于烟田土壤镁丰缺诊断及镁肥施用。

二、规范性引用文件

下列文件中的条款通过本文件的引用而成为本文件的条款。凡是注日期的引用文件,仅注日期的版本适用于本文件。凡是不注日期的引用文件,其最新版本(包括所有的修改单)适用于本文件。

GB/T 20937—2018:《硫酸钾镁肥》。

GB/T 26568—2011:《农业用硫酸镁》。

NY/T 496:《肥料合理使用准则 通则》。

NY/T 497:《肥料效应鉴定田间试验技术规程》。

GB/T 19203—2003:《复混肥料中钙、镁、硫含量的测定》。

NY/T 1121.13—2006:《土壤检测 第13部分:土壤交换性钙和镁的测定》。

三、术语和定义

下列术语和定义适用于本文件。

镁肥(fertilizer of magnesium):能够提供作物生长的镁营养,施入土壤能提高土壤供镁能力,并且具有镁(Mg)标明量的肥料。

四、镁肥施用的总体原则

按照 NY/T 496 和 NY/T 497 的规定,根据气候条件、土壤性状、肥料特性、烤烟生长的营养特性、肥料资源等因素综合确定含镁肥料的种类。

根据烤烟生长发育需要、土壤供镁状况和烟叶产、质量状况,通过测土和肥效试验,选择合适的镁肥种类,确定合理的施镁量、施用时期和施用方法。

五、镁肥施用技术

（一）施用原则

1. 植株叶片观测

烤烟缺镁症状在移栽后 30～40 d 开始显现，下部叶片的尖端、边缘和脉间失绿，随后扩展到叶基部失绿，烟草叶脉及周围保持绿色，极少数叶片干枯或产生坏死的斑点；移栽后 55～60 d 后，下部烟叶由于缺少镁，光合作用受阻，叶片基本枯萎、掉落。

2. 土壤检测

根据 NY/T 1121.13—2006 的规定检测植烟土壤有效镁含量。土壤有效镁含量的临界范围为 70～100 mg/kg，土壤有效镁含量低于 70 mg/kg 时为缺镁。

（二）镁肥种类选用

根据土壤酸碱度选用相应的镁肥种类。对于中性及碱性土壤，选用生理酸性镁肥，如硫酸镁、硫酸钾镁；对于酸性土壤，选用缓效性镁肥，如白云石粉、碳酸镁。

（三）施用量

根据土壤有效镁的含量进行镁施用量计算，具体计算公式如下：

$$m = \frac{(a-b) \times 10^{-6} \times 150\ 000}{c}$$

式中：m——镁肥施用量（kg/667 m²）；

a——土壤有效镁的浓度，数值取 70～100 区间任一数值（mg/kg）；

b——土壤实测有效镁浓度（mg/kg）；

c——镁肥中镁的含量（%）；

10^{-6}——换算系数；

150 000——常数，土壤的质量（kg/667 m²）。

（四）施用方法

1. 基肥施用

施肥起垄前，称取依据公式计算出的镁肥用量，与其他肥料混合均匀后，作为基肥一次施用。

2. 叶面施用

选择易溶于水的镁肥种类，溶液浓度为 1‰～3‰，每 667 m² 喷施肥液 50 kg 左右，在移栽 30～75 d 间可以间隔喷几次，镁肥需要量按照公式计算得出。

六、注意事项

（1）镁肥的肥效取决于土壤理化特性，在沙质土、酸性土、高度淋溶性的土壤上肥效较好。

（2）在大量施用钾肥、钙肥、铵态氮肥的条件下，易造成作物缺镁，故镁肥宜配合施用。

（3）水溶性镁肥宜作追肥，微水溶性镁肥宜作基肥施用。

附录 B　烤烟锌肥施用技术规程

一、范围

本文件规定了烟田土壤锌肥施用技术标准。

本文件适用于烟田土壤锌丰缺诊断及锌肥施用。

二、规范性引用文件

下列文件中的条款通过本文件的引用而成为本文件的条款。凡是注日期的引用文件，仅注日期的版本适用于本文件。凡是不注日期的引用文件，其最新版本（包括所有的修改单）适用于本文件。

GB/T 17420—2020：《微量元素叶面肥料》。

NY/T 496：《肥料合理使用准则 通则》。

NY/T 497：《肥料效应鉴定田间试验技术规程》。

NY 1428—2010：《微量元素水溶肥料》。

NY/T 890：《土壤有效态锌、锰、铁、铜含量的测定　二乙三胺五乙酸(DTPA)浸提法》。

HG 3277：《农业用硫酸锌》。

三、术语和定义

下列术语和定义适用于本标准。

(1) 锌肥(fertilizer of zinc)：能够提供作物生长的锌营养，施入土壤中能提高土壤有效锌含量，增强土壤供锌能力，并且具有锌(Zn)标明量的肥料。

(2) 螯合态锌肥(chelated zinc fertilizer)：与螯合剂结合的可溶于水并且具有锌(Zn)标明量的锌螯合肥料。

四、总体原则

按照 NY/T 496 和 NY/T 497 的规定，根据土壤中有效锌的含量、烤烟对锌的需求以及不同锌肥种类供肥特性，安全、合理施用锌肥。对于土壤中有效锌含量较高或过量的土壤，不需要施用锌肥；对于土壤中有效锌缺乏或含量较低的土壤，需要施用锌肥。

五、核心技术要素

（一）施用原则

1.缺锌植株判定

烤烟植株缺锌时,下部叶片的叶尖、叶缘褪色,接着出现枯死和破碎组织;植株生长停滞、节距缩短,植株矮小,叶片变厚较小,叶面皱缩,顶叶呈簇生状。

2.土壤检测

按照 NY/T 1121.8 的规定进行土壤有效锌含量的测定。土壤有效锌含量的临界范围为 1.70～1.90 mg/kg,当土壤有效锌含量低于 1.70 mg/kg 时,为缺锌。

（二）锌肥种类

硫酸锌:包括七水硫酸锌($ZnSO_4 \cdot 7H_2O$),一水硫酸锌($ZnSO_4 \cdot H_2O$),肥料标准符合 HG 3277 要求。

螯合态锌:乙二胺四乙酸锌(EDTA-Zn)、柠檬酸锌(CA-Zn)、氨基酸锌、氨基三乙酸锌(NTA-Zn)、糖醇锌等。

（三）施用量

根据土壤实际测定的有效锌的含量进行锌肥施用量的计算,具体计算公式如下:

$$m = \frac{(a - b) \times 10^{-6} \times 150\ 000}{c}$$

式中:m——锌肥施用量(kg/667 m²);

　　　a——设定的目标土壤有效锌含量,其值可选取 1.7～1.9 区间任一数字(mg/kg);

　　　b——土壤实测有效锌含量(参照 NY/T 890 测定,mg/kg);

　　　c——锌肥中锌的含量(%);

　　　10^{-6}——换算系数;

　　　150 000——常数,土壤的质量(kg/667 m²)。

烟田土壤锌肥推荐施用量如附表 B-1 所示。

附表 B-1　烟田土壤锌肥推荐施用量

序号	土壤有效锌含量/(mg/kg)	锌肥推荐施用量/(kg/667m²)			
		七水硫酸锌(含锌量按22%计)	一水硫酸锌(含锌量按34%计)	乙二胺四乙酸锌(含锌量按14%计)	柠檬酸锌(含硼量按32%计)
1	0～0.5	0.95～1.30	0.62～0.84	1.50～2.04	0.66～0.89
2	0.5～1.0	0.61～0.95	0.40～0.62	0.96～1.50	0.42～0.66
3	1.0～1.5	0.27～0.61	0.18～0.40	0.43～0.96	0.19～0.42
4	1.5～1.7	0.14～0.27	0.09～0.18	0.21～0.43	0.09～0.19
5	1.7～1.9	0～0.14	0～0.09	0～0.21	0～0.09

（四）施用方法

烤烟移栽后 30～35 d 是锌肥施用的关键时期，选择易溶于水的锌肥种类（肥料应符合 GB/T 17420—2020 或 NY 1428—2010 的规定），按照公式或根据推荐锌肥施用量确定锌肥需求量，按照需求量称好肥料之后，溶于水后，配制成浓度为 0.2%～0.5%（质量分数）的溶液，用喷雾器将肥料溶液均匀喷至叶面至充分湿润。

叶面喷施在晴天傍晚进行喷施效果最好，喷施后 4 h 内遇雨，应重新喷施。

锌肥肥料用量不超过用上述公式计算的数值或推荐施用量。

六、注意事项

（一）防施用过量

土壤有效锌含量适宜时，能够促进农作物的生长；土壤有效锌含量过低作用不明显；土壤有效锌含量过高对作物产生毒害作用。

碱性土壤容易引起缺锌，因此，在碱性土壤上施用锌肥，可适当加大用量；在酸性土壤上施用锌肥，可适当降低用量。当土壤中有效锌含量高于 1.9 mg/kg 时，停止施用锌肥。

（二）防偏、滥施用

锌肥施用不宜偏、滥，应根据土壤特性和作物需求进行施用。

（三）防与磷肥同时施用

锌肥与磷肥混合施用时，容易形成磷酸锌沉淀，不仅降低锌肥的有效性，而且使磷肥的肥效大大降低。

（四）防与碱性肥料、碱性农药混用

锌肥与碱性肥料混合时，容易与碱性离子发生反应而降低肥效。同理，锌肥与碱性农药混合后，锌的有效性和农药药效同样会降低。

（五）防"以锌代肥"施用

施用锌肥等微量元素肥料只有在满足了作物对大量元素（氮、磷、钾等）肥料需要的前提下，才会表现出明显的增产效果。因此，不能减少氮、磷、钾肥料的用量而以锌肥代替。

附录 C 烤烟硼肥施用技术规程

一、范围

本文件规定了烟田土壤硼肥施用技术标准。

本文件适用于烟田土壤硼丰缺诊断及硼肥施用。

二、规范性引用文件

下列文件中条款通过本标准的引用而成为本文件的条款。凡是注日期的引用文件,仅注日期的版本适用于本文件。凡是不注日期的引用文件,其最新版本(包括所有的修改单)适用于本文件。

NY/T 496:《肥料合理使用准则 通则》。

NY/T 497:《肥料效应鉴定田间试验技术规程》。

GB/T 34319:《硼镁肥料》。

GB/T 14540:《复混肥料中铜、铁、锰、锌、硼、钼含量的测定》。

NY/T 1121.8—2006:《土壤检测 第8部分:土壤有效硼的测定》。

NY 1428—2010:《微量元素水溶肥料》。

GB/T 17420—2020:《微量元素叶面肥料》。

三、术语和定义

下列术语和定义适用于本文件。

硼肥(fertilizer of boron):能够提供作物生长的硼营养,施入土壤能提高土壤供硼能力,并且具有硼(B)标明量的肥料。

四、硼肥施用的总体原则

按照 NY/T 496 和 NY/T 497 的规定,根据土壤特性、烤烟对硼素的需求、营养元素之间的平衡关系以及品种特性合理施用。

五、硼肥施用技术

(一)施用原则

1. 植株叶片观测

在移栽后 40 d 左右,植株矮小,新叶呈淡绿色,尤其是叶基部,新的生长点部分有坏死现象,叶片相对较厚,叶色光泽度弱。打顶期(移栽后 70 d)后,从下部到顶部,烟叶有淡黄趋势。

2. 土壤检测

根据 NY/T 1121.8 的规定检测植烟土壤有效硼含量。土壤有效硼含量的临界范围为 0.44～0.75 mg/kg,土壤有效锌含量低于 0.44 mg/kg 时为缺硼。

(二)硼肥种类

硼砂:白色细小结晶体,易溶于热水,分子式为 $Na_2B_4O_7 \cdot 10H_2O$。
硼酸:白色粉末状晶体或三斜轴面的鳞片状带光泽结晶,易溶于水,分子式为 H_3BO_3。
聚硼酸钠:白色细微粉末,易溶于水,分子式为 $Na_2B_8O_{13} \cdot 4H_2O$。

(三)施用量

根据土壤有效硼的含量进行硼肥施用量的计算,具体计算公式如下:

$$m = \frac{(a-b) \times 10^{-6} \times 150\,000}{c}$$

式中:m——硼肥施用量(kg/667 m^2);

a——土壤有效硼的浓度,数值取 0.44～0.75 区间任一数值(mg/kg);

b——土壤实测有效硼浓度(mg/kg);

c——硼肥中硼的含量(%);

10^{-6}——换算系数;

150 000——常数,土壤的质量(kg/667 m^2)。

(四)施用方法

1. 基肥施用

称取计算好的硼肥,可与细土或有机肥、化肥混合均匀,在起垄时条施,然后起垄。

2. 叶面喷施

在烤烟移栽后 20～30 d 和移栽后 50 d 左右是喷硼的关键时期,应各喷 1 次较为适宜;硼浓度以 0.1%～0.2% 为宜,水溶液喷雾均匀喷至叶面至充分湿润;在晴天傍晚喷施效果最好,喷后 4 h 内遇雨,应重喷。

六、注意事项

(一)防施用过量

硼的浓度适当能促进农作物的生长,过低作用不明显,过高则对作物产生毒害作用。

（二）防偏、滥施用

硼不宜偏、滥施用，应因土壤、作物对症施用。

（三）防与碱性肥料混用

硼与碱性肥料混合，易与碱性离子发生反应而降低肥效。

附录 D 烤烟中微量元素丰缺症状

一、烤烟缺镁及镁过量症状

1. 烤烟缺镁症状

烤烟缺镁症状在团棵期(移栽后 30～40 d)开始显现,下部叶片的尖端、边缘和脉间失绿,随后扩展到叶基部失绿,烟草叶脉及周围保持绿色,极少数叶片干枯或产生坏死的斑点;旺长期(移栽后 55～60 d)后,烟叶的下部烟叶由于缺少镁,光合作用代谢受阻,叶片基本枯萎、掉落。

烤烟缺镁症状如附图 D-1 所示。

附图 D-1 烤烟缺镁症状

2. 烤烟镁过量症状

烤烟镁过量症状在移栽后到 40 d 左右开始显现,新叶深绿,无光泽;新叶较窄,叶尖、叶缘有发焦趋势,主脉变黄,叶片有坏死斑点。

烤烟镁过量症状如附图 D-2 所示。

二、烤烟缺锌及锌过量症状

1. 烤烟缺锌症状

烤烟植株缺锌,植株矮小,节距缩短,叶面皱缩,烟叶整体开片不是很好,烟叶较窄,下部

附图 D-2　烤烟镁过量症状

叶出现不规则枯焦坏死;烟叶从主脉向两侧开始变黄,并有坏死斑点。

　　烤烟缺锌症状如附图 D-3 所示。

附图 D-3　烤烟缺锌症状

　　2. 烤烟锌过量症状

　　烤烟植株锌过量时,在初期,植株新叶窄小,失绿,黄化且早花,节距缩短。叶面、叶柄变褐,最后枯萎。

　　烤烟锌过量症状如附图 D-4 所示。

附图 D-4 烤烟锌过量症状

三、烤烟缺硼及硼过量症状

1. 烤烟缺硼症状

烤烟缺硼症状在移栽后 40 d 左右开始显现,植株矮小,新叶淡绿色,尤其是叶基部,新的生长点部分有坏死现象,叶片相对较厚;叶色光泽度弱,打顶期(移栽后 70 d)后,从下部到顶部,烟叶有淡黄趋势。

烤烟缺硼症状如附图 D-5 所示。

附图 D-5 烤烟缺硼症状

2. 烤烟硼过量症状

烤烟植株硼过量,植株矮小,从叶尖、叶缘开始变黄,黄色斑点如点缀在叶缘,随后从叶缘往主脉方向移动;从叶尖、叶缘开始变褐,最后枯焦。

烤烟硼过量症状如附图 D-6 所示。

附图 D-6 烤烟硼过量症状